科学計測のための データ処理入門

科学技術分野における計測の基礎技術

南 茂夫 監修　河田 聡 編著

CQ出版社

〈監修者略歴〉
南　茂夫（みなみ・しげお）
1929年　大阪生まれ
1951年　大阪大学工学部精密工学科卒
　　　　大阪大学工学部応用物理学科教授，
　　　　大阪電気通信大学学長を経て
現　在　大阪大学名誉教授，工学博士
専　門　応用光学，科学計測学

〈編著者略歴〉
河田　聡（かわた・さとし）
1951年　大阪生まれ
1974年　大阪大学工学部応用物理学科卒
1979年　同大学院博士課程修了，工学博士
現　在　大阪大学大学院工学研究科教授，
　　　　理化学研究所主任研究員
専　門　ナノフォトニクス，信号処理

〈執筆者〉
中村　収（元大阪大学大学院生命機能研究科教授，工学博士）
笹木敬司（北海道大学電子科学研究所教授，工学博士）
田中拓男（理化学研究所先任研究員，工学博士）

〈カバーデザイン〉MINO MIED・K　〈本文イラスト〉藤波　淳

監修のことば

研究開発のための計測技術を，科学計測学という計測工学の一分野として体系化することを提唱し，ミニコンが登場してからマイコン，パソコンの普及にいたる間，科学計測へのコンピュータ利用について一貫した研究を進めてきた．われわれが研究を始めて後，世界的にも実験室・研究室・試験室におけるコンピュータの活用が爆発的に進行し，ラボラトリーオートメーション(LA)という言葉が認知されるようになった．一般の計測・制御のオートメーション化が省力化と省人化を目的としているのに対し，科学計測のオートメーション化は知的作業の自動化と研究開発期間の短縮化をねらっている．

歴史的に見ると，ミニコンの登場はそれまで聖域となっていた汎用コンピュータの入出力側を一般ユーザーに開放したという点で，画期的な事柄だった．科学計測においては高機能で高感度な科学計測機器が主要な道具であり，そのパラメータ設定や操作が複雑である上，収集されるデータから確度の高い最終情報を抽出するために種々の数値処理を必要とする．ミニコンはコストパフォーマンスの点で科学計測支援に最適の利器であり，われわれも分光機器をはじめとする各種科学機器とのオンライン活用を展開した．それから10年を経て現れたマイコンを，当初は単純な数値処理と機器制御のための内蔵部品として機器に埋め込む形で採用を進めたが，一方，マイクロプロセッサのビット幅の増加，メモリの低廉化などでパソコンへの指向が加速される．その普及を予測して，われわれも汎用パソコンをオンライン利用する方向で，研究への積極的採用を推進するようになった．

以上のようなコンピュータ環境の急激な変化にともない，市場に現れる科学機器のほとんどがパソコンをシステム部品として使う形に変化し，システムの全自動化はいうに及ばずコンピュータの数値演算処理能力をフルに活用して計測機器のハードウェア性能を間接的に向上する方向へと向かう．このような状況下では，ユーザーは機器メーカー独自の処理シナリオにより，コンピュータから直接に最終機器出力データを得ることになり，機器からの生データがどのように数値処理されて出力されるかが，ブラックボックスの中に隠されてしまう．一方，種々の数値処理プログラムが次々と公開されるとともに流通ソフトとしても出回るようになってきたため，ユーザーが機器ハードからの生データをもとに，自己の知的能力を駆使して納得いく形でこれら公開演算ソフトを自由に使えるようになってきた．科学計測においては，ユーザーが計測対象について精通しており，メーカーまかせのソフトに疑問や物足りなさを感じることも少なくはなく，この点が逆に科学計測を特徴付けているとも考えられる．

これらの傾向が出始めた頃，CQ出版社の勧めにより，雑誌『インターフェース』1983年2月，3月号に研究室各員の分担執筆による特集記事をまとめた．科学計測機器とコンピュータのインターフェース，各種波形数値処理の原理ならびに自作の波形数値処理プログラムの実例などの内容であったが，当時類似の出版物はなく，全国の研究者，技術者の方々から大きな反響を得たのは幸いであった．続いて単行書としての出版を企画，加筆修正の後『科学計測のための波形データ処理』として上梓し，1986年以来17刷を重ねた．大学のテキストとしてご採用いただいたところも多く，心から感謝している．

わが国のパソコンLAの本格的普及は，NEC PC-9801やIBM-PCなど16ビット機が誕生する1982年頃からであろう．当時われわれの研究室では，LA用に多くの種類の8ビットパソコンを使っており，続いて16ビット機の採用へと進むが，やはりBASICマシンを中心とした利用が多かった．そのため，上記書物の中のプログラムはBASICとアセンブリ言語で記述されている．その後CP/MやMS-DOSなど本格的なパソコンOSが現れ，それらがさらに進化するとともにC言語が一般的な存在となったが，われわれにはプログラム実例を修正して再版する時間的余裕のないまま今にいたってしまった．

出版されて15年，パソコンの歴史からみれば化石的存在となってしまった旧版の内容を全面的に一新し，新版としてこのたび世に問うのが本書である．当時の執筆者のほとんどが四散してそれぞれの分野の管理者となっているため，今回は後継者である大阪大学河田 聡教授を編著者とし，新進気鋭の執筆者を加えて装いも新たに上梓されることとなった．

研究開発におけるパソコン環境は大きく変わり，また，波形処理の種類やアルゴリズムも日々進歩を続けている．本書のあらすじは一部旧版を踏襲しながらも，内容的には最新の手法を含め全体にわたってより理解しやすい形にまとめられている．また，その裏には，パソコンを科学計測の援用に使うという古い考え方から，パソコンなしでは実現不可能な科学計測法を開発するという志向がある点も汲み取っていただきたい．

この新版が旧版以上に，研究開発者，現場実務者はもとより，学生諸氏の傍らで手垢にまみれる存在となることを期待している．

監修者　南 茂夫

はじめに

『科学計測のための波形データ処理』を筆者らが出版したのは，はや15年も前のことになる．当時は，パーソナルコンピュータの登場により，計算センターでオフライン処理や，ミニコンピュータを使った規模の大きい計測・制御システムの時代から，一般の計測環境においてもコンピュータが手近にしかも有効に利用できるようになってきた頃だった．幸い，この企画は，多くの読者の支持を得ることができ，広く実用書として，また教育書として使われるところとなった．

しかし，その後の15年の間に，パーソナルコンピュータは，ハードウェアにおいてもソフトウェアにおいても，またその機能と容量と経済性においても，さらに著しい進歩と普及を遂げた．ハードウェアはワークステーションを経て再びパーソナルコンピュータへ戻り，言語もC言語に移行した．MathematicaとExcelのような組み合わせも一般化しつつある．科学計測においても，この10年間のコンピュータの進歩は，そのデータ処理の基本的な考え方を根源から換えてしまわねばならないほどの，大きなインパクトを与えている．

ここにおいて，われわれは再び，この新しい情報化社会の要請に応えるべく，『波形データ処理』を書き改めなくなければならなくなった．新しい時代においては，たんにコンピュータの技術進歩にとどまらず，「科学計測」に取り組む基本的なアプローチをも変えてしまいつつある．計測において，データ処理において，何が「重要」であるか，あるいは何が「些細」なことであるか，の判断が大きく変わってきているのである．

かつて重要であった計算アルゴリズムの開発やモデルを近似するための理論が必要でなくなり，基礎原理がよりたいせつとなり，計算は力ずくでなされる．これはコンピュータのパワーが強くなってきたおかげであり，シミュレーション物理やシミュレーション工学などの分野が，成熟しつつある．計算精度が上がると，計測環境をコンピュータの中で正確に実現することができ，それを実体験した計測データと対応させることによって，測定対象を同定し，測定パラメータを推定する．あるいは，これまではまったく不可能だった多次元大容量のデータを扱った計算ができるようになって，3次元空間・時間を自由の遊ぶことができる．

計測と処理の結合，すなわちオンライン処理が15年前の計測現場の変革であったろうが，いまでは処理から計測へのフィードバックが確立され，計測と処理は完全に一体のシステムとして取り扱われる．

このフィードバックループの中には，測定系において，コンピュータによるディジタル処理において，あるいは計測結果を求める人間の判断において，非線形な応答や閾値を含んでいる．このような非線形数理は，計測学にかぎらず物理学全体，あるいは地球科学，生命科学，化学などの自然科学全体，さらには経済学，社会科学など，すべての分野において起こりはじめている1990年代以降の共通の流れである．本書においても，カオス(Chaos)理論や自己組織化，自己回帰モデルなど，このような新しい発想をデータ処理に加えていく．

今回は，10年先を見越したデータ処理の考え方を説いていきたいので，内容的に少し新しすぎる印象をもたれるかもしれない．しかしそれでも，このままのテンポでコンピュータと計測機器の進歩が続くと，おそらく10年後には再び書物をまとめねばならないであろう．本書では，そこへいたる新しい「科学計測」の道の入り口まで，皆さんをご案内したい．ゴールは，まだまだ，その先にある．

本書は，時間のない研究者のために，前から順番に読まなくてもどこからでも，必要とする計算技法やその理論を理解できるように，工夫してまとめた．しかし，この本に一貫して流れる哲学は，むしろ順に前から読んでみて初めてわかるようになっている．技法・テクニックは哲学・フィロソフィがあって初めて生まれる．

忙しいときには必要な項目を丹念に読んでいただき，時間があるときには，全体を読み物として通読していただければ，なおありがたい．

「第1章」では，新しい科学計測と波形データ処理について整理をした．そこに含まれるカオス，フラクタル，不確定性，など，現代科学の存在を感じ取っていただければ幸いである．

「第2章」では，第1章の新しい考え方に基づく，信号と雑音について，とくにその発生の原理と解釈について述べた．従来，存在する雑音の統計的性質について述べられるのが一般であるのに対し，その発生源を考えることによって雑音を説明しようと試みた．

「第3章」では，波形処理の基礎である周波数解析について述べた．とくに，時間的に変動する信号の解析手法であるウェーブレット変換やMARS(Moving Auto-reggressive System)など，新しい周波数解析方法についても，その考え方と特徴を解説した．「第4章」では前版の最大エントロピー法の章をさらに充実させ，究極の超解像としての自己回帰モデルと最大エントロピー法について，あるいは減衰波形や振動する減衰波形のパラメータ推定法を解説した．

「第5章」は本書のオリジナルである．アナログ信号を2値化したときに得られる零交差値，あるいは信号をフーリエ変換やz変換したときの零点情報を利用することによって，新しいさまざまなデータ処理が可能となることを示した．

「第6章」では，データ処理の基本となる重回帰分析（最小2乗法）について，独自の説明を試みた．計測におけるコンピュータの本来の仕事は，得られたデータを整理して，必要とする正しい情報を引き出すことであるが，最小2乗法はその基本である．最小2乗法と主成分分析法との関係についても整理を行った．また，最小2乗を計算するアルゴリズムについても詳しく述べた．多くのエンジニアが苦手という固有値解析を，本章でもって理解していただくことができれば幸いである．「第7章」では，最小2乗法を一般化した非線形最適化法について，その考え方を述べた．とくに勾配法的考え方とモンテカルロ的考え方の二つに整理し，最近流行の言葉として聞かれるニューラルネットワークや遺伝子アルゴリズム，シミュレーティドアニーリングなどが，じつは非線形最適化の簡単なアルゴリズムの例であること，などを示した．

「第8章」では，周波数解析に基づくフィルタリングと，フーリエ変換では取り扱えない信号回復論について，その原理と応用について述べた．科学計測とは，いろいろな技術を用いて観測された信号から本来の物質情報や科学的情報を引き出すことを目的とするが，これは，いま，はやりの「逆問題」の例題の一つとしてとられることができる．このとき計測できる情報は，求めたい本来の情報のほんの1部であり，決してすべてではない．すなわち，不足している情報から，物の全体，真実を見い出さなければならないわけで，その観点から，「科学計測における波形データ処理」は，考古学と似たようなものである．あるいは，「種の起源」，「生命」，「宇宙の発生」など，現代の人間に与えられたほんのわずかなデータから，永遠の謎をとくための壮大な研究とも，相通ずるのである．信号回復論は，数学的で取っ付きにくいかもしれないが，そのような観点からみると面白いかもしれない．

「第9章」では，主成分分析について解説する．主成分分析は，未知の成分からなる計測データの分析において必要不可欠なものであり，ここではとくに主成分分析に非線形最適化法を加えた新しい成分分析法を紹介する．この手法により，まったく未知な信号波形に対して，そこに含まれる原成分が発見・分離することができる．最近注目を浴びている独立成分分析法は，じつはこの手法と同等であり，それについても詳述する．

なお，付録として「FORTRAN，BASICユーザーのためのC言語解説」を加えた．コンピュータ言語は時代によって変わり，それが世代間の断絶を生み出している．学生時代にFORTRANを学んだ世代，アセンブラ言語を勉強した世代，BASIC言語を使った世代，そしてC言語世代．コンピュータを必ずしも専門としない本書の読者層に対し，どの言語のプログラムを提供すべきかは，世代の選定につながってしまう．前版の『科学計測のための波形データ処理』(1986年)ではBASIC言語を用い，2冊目の『科学計測のための画像データ処理』(1994年)では，FORTRAN, BASIC, C言語のプログラムを混在させた．本書では，時代の流れにしたがいすべてのプログラムをC言語で示すかわりに，C言語以前の世代の方々に対するサービスとして「FORTRAN，BASICユーザーのためのC言語解説」を付録として加えた．本書の理解とともに，C言語学習の一助となれば幸いである．

本書は『科学計測のための波形データ処理』の全面改訂版であるが，姉妹編の『科学計測のための画像データ処理』とは内容・説明の重複を避けるよう工夫した．本書を補う書として，『科学計測のための画像データ処理』を参考にしていただければ，幸いである．

最後に，編著者は富士写真フィルム足柄研究所において約十年にわたり，新しいデータ処理についてのセミナー(Sゼミ)を行ってきた．本書のアイデアの多くは，そのときの講義メモと，ゼミに参加された研究者たちとのディスカッションから生まれた．Sゼミに参加された方々の研究意欲と膨大な量の演習と議論に感謝したい．また，本書の元になる『インターフェース』1994年1月号特集記事の執筆において中心メンバとして参加してくれた南慶一郎博士，川田善正博士には，その後著者の研究室を離れたため，今回の執筆には加わっていただかなかったが，本書の基礎を作っていただいた．またいくつかの研究は，研究室の学生・大学院生（当時）の岡山裕昭君，谷武晴君，中村真君の成果である．あわせて感謝したい．

大阪，千里にて
河田　聡

参考文献

1)南茂夫編著，『科学計測のための波形データ処理』，CQ出版(株)，(1986)
2)南茂夫，河田聡編著，『科学計測のための画像データ処理』，CQ出版(株)，(1994)
3)河田聡ほか，特集「科学計測におけるデータ処理技法」，『インターフェース』，1994年1月号
4)河田聡ほか，特集「技術者のための科学計測入門」，『インターフェース』，2001年5月号

――本書に掲載したプログラムリストについて――

本書に掲載したプログラムリストは，以下に示すWebページからダウンロードできます．
https://www.cqpub.co.jp/hanbai/books/36/36941.htm
＊もしWebページが見つからないなどの場合は，小社刊行物の検索トップページ
https://www.cqpub.co.jp/
もご利用ください．

◆目　次◆

第1章 センサフュージョン，シングルチャネル検出法，ハイフネーテッド計測など

科学的な計測とデータ処理の考え方

「科学計測」とは，最先端の科学技術分野での基礎・応用研究，あるいは先端的技術現場における研究開発などにおいて駆使される各種計測技術のことをいう．これは，産業や医学分野で定着している工業計測や臨床医用計測などの実用計測技術の源ともなるもので，研究的側面だけでなく，実用的側面も強くもつ重要な技術である．

この科学計測も，コンピュータや計測器の処理能力の向上により，考え方が大きく変わってきた．本章では，現代の科学計測のポイントといえる計測の多角化(センサフュージョン)，選択化(シングルチャネル検出法)，非線形効果の利用による選択的検出法と間接的検出法について，解説する．

1.1 データ処理の役割は科学計測の第六感

人間には五つの感覚器官，つまり，目(視覚)，耳(聴覚)，鼻(嗅覚)，舌(味覚)，皮膚(触覚)がある．そして，マイクロフォン，フォトディテクタ，ガスセンサ，各種化学センサ，圧力センサなどの計測機器は，それらを人工的に作ったものであるといえよう．

ところがさらに，これら五つに加えて人間には，六つめの感覚である「第六感」がある．これは，ほかの五つの器官(**ハードウェア**)と異なり，それらから得られるデータを総合的に整理して，かつ過去に得られたデータを解析して結論を導出する**ソフトウェア**であるといえよう．

人はこれを「勘」と呼ぶが，決していいかげんなものではなく，けっこうよく当たる．それは，豊富な過去のデータの蓄積を用いた解析が役立っているからである．科学計測(Scientific instrumentation)における「データ処理・解析」は，まさに**コンピュータによる第六感をめざす**のである．

計測によって得られる情報はつねに不十分で，そのデータを処理・解析するには，大胆な推論が必要である．不足した情報から，あるいは雑音に埋もれて汚れた信号から，いかに正しい答を得るか，あるいはいかにもっともらしい答を導くか？ それが，データ処理・解析の役割であり，妙味でもある．

第六感を感じるためには，最初に，正しいデータの整理と分析が必要だが，それに加えて，計測の方法も重要である．**図1.1**は，一人の少年が見たことのない物体（恐竜）を計測して分析しようとしているところである．

まず，遠くからぼんやり眺めるが，そのうち，近づいて虫眼鏡をもってきて見たり，違う向きからも眺めてみる．本物かどうか騙されないように，見るだけではなく触ってみる．生きているかどうかわからなければ，声をかけて答えがあるかどうか耳をすませて聞き，応答がなければ，叩いたりつねったりして反応をみる．

ただし，あまり強く叩いてはいけない．「死にかけている」ようならば，強く叩くことによって本当に死んでしまうかもしれないからだ．

ここに，科学計測における新しいデータ処理のヒントがたくさん隠されている．複数のセンサを用いて得られる複数のデータソースから多角的・統合的に計測データを解釈すること（**センサフュージョン**）や，センサ側から能動的に刺激を与えて応答を見るという**アクティブフィードバック**などといった基本的な概念を，これから述べる．

図1.2は，コンピュータによる計測データの処理・解析の構成図を示している．**図1.2**(**a**)は従来の計測・データ処理解析法であり，**図1.2**(**b**)はこれからの方法のコンセプトを表して

図1.1　正しく計測するためには……

図1.2　科学計測システムにおける昔と最近の技法の違い

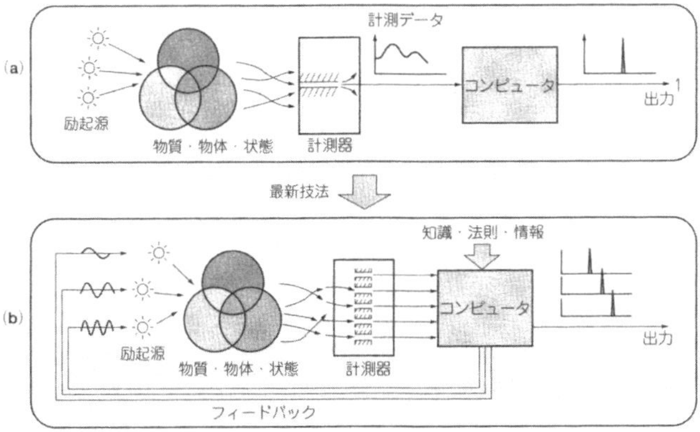

いる．そして，**図1.2**(**b**)は計測対象の物質・物体・状態を未知の物体である恐竜に置き換え，コンピュータを少年に置き換えると，まさに**図1.1**の例と一致する．

従来の計測〔**図1.2**(**a**)〕では，コンピュータ処理がリアルタイムでは追いつかず，このようなフィードバックシステムは構成されなかった．

本章では，このような新しい計測学における要素的考え方を一つずつ解きほぐしていこう．

1.2　計測の多角化「センサフュージョン」

では具体的に，科学計測にはどのような特徴と形態があるのか．新しい科学計測には，**図1.3**に示すように，四つの異なる方向がある．**計測の多角化**，**選択化**，**非線形効果の利用による選択的検出法**，**間接的検出法**の四つである[1]．ここでは，計測の多角化から順に，それを一つずつ述べていくことにしよう．

恐竜の計測の例では，少年は恐竜を計測する手段として，目(みる)と手(触る)と耳(聞く)などのセンサを使った．このように，たくさんのセンサを使って多角的に計測することが科学計測の基本である．単一の検出器のみで測定する必要はない．

1970年代後半に，集団検診されたX線写真からコンピュータ画像処理によって自動的に癌を発見するという研究が活発に行われていた．集団検診された何百枚もの写真を手際よく1枚ずつ眺め，その中の怪しい影を次々と調べていくことは，医師にとってたいへんな労働であり，医学とはかけ離れた仕事である．もし，コンピュータがその役割を担ってくれるなら，画像処理のまさに良い応用といえる．しかし実際には，このようなプロジェクトが成功して

図1.3 科学計測の技法と形態

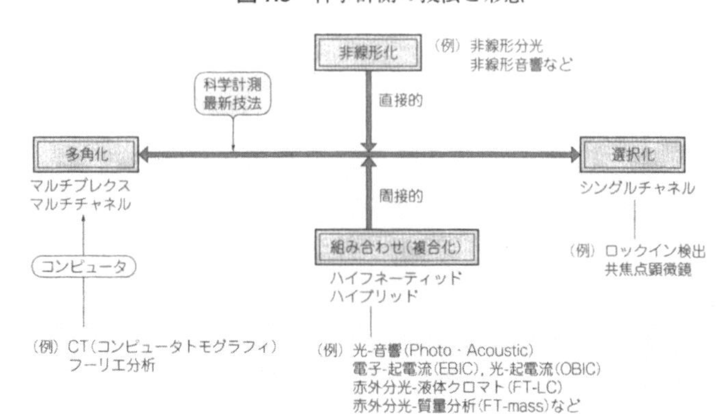

実用化になったという話は聞かない.

これは,先に述べたようなセンシングの多角化が不十分だったからである.X線写真における癌情報は,カルシフィケーション(石灰化)による白く小さな丸い影である.しかし,癌以外にもこのような影はあり得るし,癌が決まった形とサイズだとはかぎらない.つまり,生きた恐竜であるのかどうかを知るには情報が不足しているわけである.

そうなると,X線写真以外のセンシング技術を加える必要があろう.癌の診断をするのに,X線写真だけをいくら眺めてもダメである.血液検査や尿検査,問診,超音波診断,胃カメラ,MRIなど,あらゆる計測結果を総合的に判断するのが,もっとも信頼性が高い.

このように,複数の計測データを混沌とした状態でたくさんのセンサを使って計測し分析することを,**センサフュージョン**と呼ぶことがある[2].

科学計測の代表的な例として,物質を色(可視光とはかぎらず,多くの場合,赤外や紫外スペクトル)によって同定する**分光分析法**がある.分光分析においては,単一の波長(振動数)の光の強度のみを測定するのではなく,多波長の信号を同時に計測して分析するほうが,効率も信頼性も高い.

このとき,時間的に各波長を異なる変調周波数で変調し,一つの検出器を用いて検出・復調する**マルチプレックス検出法**(**MX法**:フーリエ変換分光法がこれに対応する)と,複数の光検出器を並べ(アレイディテクタと呼ばれる.CCDがその代表),各波長を異なる検出器で独立に同時に検出する**マルチチャネル検出法**(**MC法**:ポリクロメータがこれに対応)の二つがある(**図1.4**).

ここで,MX法とMC法のどちらが望ましい計測法であるかは,計測者にとってつねに重要なテーマである.興味深いことには,その優位性は計測する光の波長域によって異なり,

図1.4 MX法とMC法

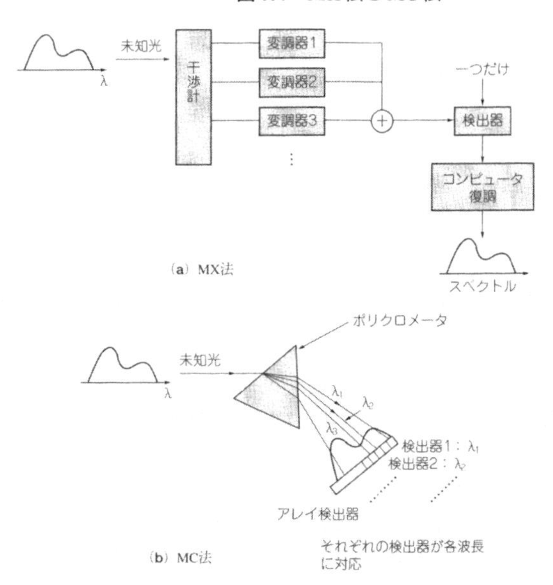

赤外光の分光に対してはMX法が，可視・紫外域の分光に対してはMC法が有利であるとされている．

なぜ，このような違いが生ずるのかは，雑音の性質による．赤外領域においては，検出器において発生する熱雑音が測定データの雑音を支配し，可視・紫外領域では，究極にはフォトン自身がもつ粒子性（光子雑音）が測定データのばらつきを支配するからである．これは，MX法は加法的雑音に対しては強いが，乗法的雑音に対しては弱いことによる．これらについては，第2章で詳しく述べる．

さて，恐竜を観察した少年は，最初は遠くから，そして近づいてぐるっと回って，最後には顕微鏡を使って観察した．これは，3次元物体を計測する際の常套手段である．3次元物体の内部計測として知られるX線CTは，先のフーリエ分光法と同様のマルチプレックス検出法であり，一方，ステレオスコピー（立体視）はマルチチャネル検出法であるといえる．

一般に，マルチプレックス検出法は，検出後のコンピュータによる計算（線形変換：フーリエ分光ならフーリエ逆変換，CTならラドン逆変換）が必要であり，このような線形変換を受け入れるためには，雑音が加法的でなければならない．

1.3　シングルチャネル検出法 —— スキャニングの時代

一方，最近では，選択的に必要な信号だけが得られるような測定方法の工夫（シングルチャネル検出法）も，ときに重要と考えられている（**図1.3**の選択化）．そのためには，不必要な情報が完璧にカットされ，必要な情報だけが浮かび上がるような環境を測定対象に対して作る必要がある．

ロックイン検出法はその代表的な例である．測定したい対象に対してだけ何らかの方法で変調を与え，同じ周波数をもって出てくる信号を検出すると，測定対象から発する情報だけが得られる（**図1.5**）．

従来の光学顕微鏡の常識を覆して，試料の望む特定の断層だけを見ることのできる光学顕微鏡が，現在広く用いられるようになってきた．これは，共焦点（コンフォーカル）顕微鏡と呼ばれる[3), 4)]．これも選択化の好例である．測定したいポイントだけにレーザ光をフォーカスして照射し，そのポイントからの変調光（散乱光，蛍光，反射光など）だけを，ピンホールを通して検出する（**図1.6**）．

図1.5　ロックイン検出法

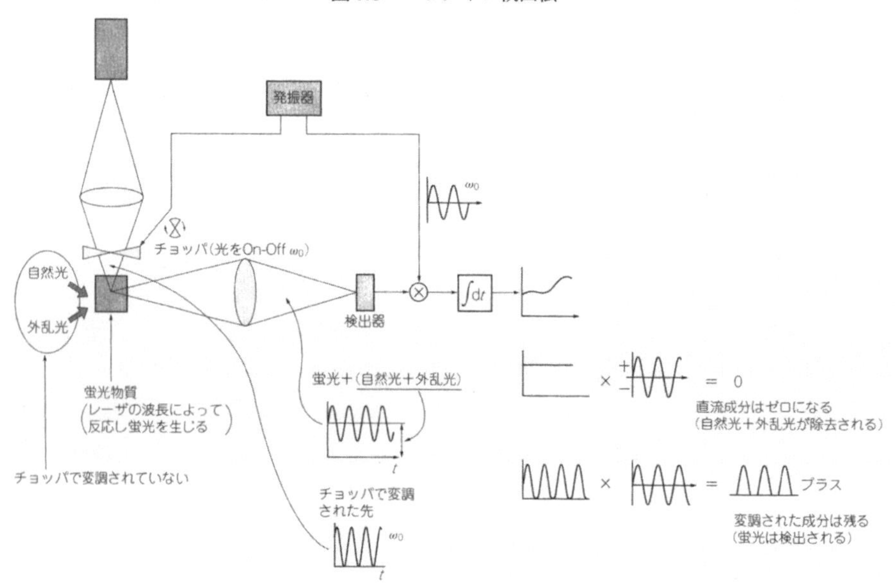

図1.6　共焦点顕微鏡

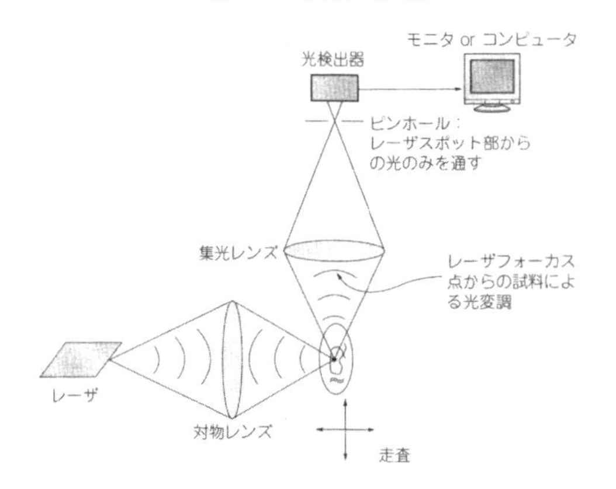

このような**シングルチャネル検出法**は，先に述べたマルチプレックス法やマルチチャネル法と比べて，ほかのチャネルの信号の混入がないので，S/N比（信号と雑音の比）が高いという利点がある．

世の中を見渡すと，光学顕微鏡にかぎらず，電子顕微鏡やファクシミリ，レーザスキャナ，レーザビームプリンタなどなど，シングルチャネルのオンパレードである．写真もディジタルカメラに変わりつつあり，すでに映画は家庭用のみならず劇場用でもディジタルビデオの時代に変わりつつある．

もちろん，CDなどの光メモリもディジタル化され，さらに進んでDVDの時代に突入している．シングルチャネル法は，これらディジタル時代のニーズによく合っているといえる．

1.4　非線形効果の積極利用 —— ディジタル化への道

従来の計測法では，通信の世界と同じように，測定信号に対してほかのチャネルの信号や雑音は，加算的に混入することが多い．もし，測定対象の信号だけが2乗，3乗に増倍されるならば，ほかの信号より高感度に信号を抽出して検出することができる．このような計測法は**非線形計測**と呼ぶことができる．

きわめて強力な光を透明な試料に当てると，透明な試料であっても吸収が起きる．これは，二つあるいは三つのコヒーレント（coherent）なフォトンが同時に試料によって吸収されることで生じる現象であり，**多光子吸収過程**として知られる[5]．

一つのフォトンがもつエネルギに対しては透明な物質が，二つのフォトンがもつエネルギ

図1.7　非線形入出力の例

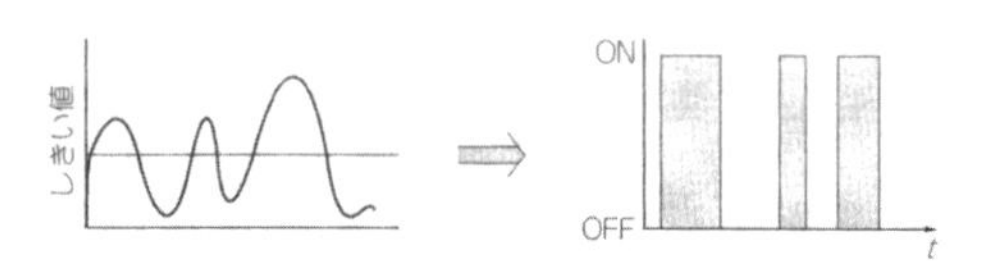

の和に対しては不透明になる場合に生じる．光の吸収量は，光の強度に比例するのではなくその2乗（または3乗）に比例する．2個（あるいは3個）のフォトンが吸収に必要なためである．

この原理は**非線形光学**として物理学の分野においてはよく知られていたが，最近のパルスレーザ（それは瞬時の出力パワーが高い）の実用化にともなって，計測の分野でも広く用いられるようになってきた．

科学計測に関連する非線形効果の入出力関係の例を**図1.7**に示す．とくに**2値化**（**binarization**）は，計測信号のディジタル化でもあり，非線形の究極である．あるしきい値以上の信号はON，それ以下はOFFとなる．相転移（液体と固体，超流動や超伝導），結晶におけるドメインの反転，結晶とアモルファスなど，その例は枚挙にいとまがない．この話題を進めると，複雑系の科学になる．

1.5　間接的計測法 —— ハイフネーティッド計測法

一方，直接的にはどうしても出力が得られないような対象に対しては，間接的に測る方法が考えられる．たとえば，真黒な材料の光の透過率を測るためには，これまでは，それをできるだけ薄く半透明になるまでスライスして透過率を測り，そのときの厚さでノーマライズする方法がとられてきた．しかし，スライスできる薄さにも限度があり，また，こういった試料を破壊して測る方法は，科学計測においてはとくに嫌われる．

そこで，試料に光を入射して，そこから発生する熱（温度）を測ることによって，それからその物質の光に対する透過率を求めることができる（**図1.8**）．吸収された光が熱に変わるからである．あるいは，光の吸収による温度変化があまり小さく，周辺の環境温度の変化より小さいなら，照射する光を（たとえば）1kHzでON/OFFする．すると，1kHzで熱波もON/OFFされ，それによって，試料か周りの空気が1kHzで膨張収縮を繰り返す．これは音として，われわれの耳あるいはマイクロフォンに聞こえる（**図1.8**）．

このような方法は，**ハイフネーティッド**（ハイフンで二つの計測法が結ばれるから．この例では，光-熱，あるいは光-音響）計測法と呼ぶことができる．上の例では，測定波長を変化させていき，普通の計測法では測ることができない真っ黒な物質の色（もっとも，可視域ではなく赤外のスペクトル）を計ることができる．これを光音響分光法と呼ぶ．

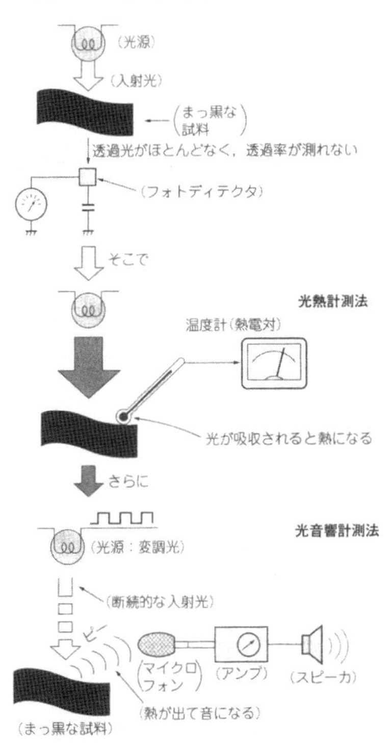

図1.8　光熱計測法，光音計測法

1.6　天秤による計測「零位法」

ところで，計測のもともとの原点は，メジャー（measure）との比較である．日常において，ものの重さを量るときは，重量計にそれを乗せて針が指す数字を読むだろうが，それよりもシンプルな測定法は，測りたいものと同じ程度の重さのもの（その重さはあらかじめわかっている）をもってきて，それと比較することである．すなわち天秤である．

このように，被測定物との差が零（ゼロ）になるようにリファレンス（参考物）をもってきて，そのバランスを取って測定する方法を**零位法**と呼ぶ．

たとえば，目で見てわからないほどの長い棒の長さを計るとき，私たちは**図1.9**に示すように，別の棒や紐をもってきて，それと比較する．図に示す2本の棒の長さは同じだが，じっと見ているだけでは人間の目の錯覚（人間による正しくないデータ処理）によって上のほうが長く見えてしまう．もう1本，これらと同じ長さの枝のついていない棒を用意し，それぞれの近くにもっていくと，互いの長さが，この参照用の棒との比較を介して同じであることがわかる．

目で眺めているだけではなく，別の棒をもってくることによって正確な計測が行われるわけである．

図1.9
棒の長さの計り方

1.7　アクティブ制御機構をもつ計測システム

最新の計測技法では，アクティブフィードバック回路をそのシステムの中にもっている（**図1.2**）．昔のデータ処理（オフライン）を含む計測系においては，得られた実験結果からいかに巧みに必要とする情報を，コンピュータや手計算で引き出すかがたいせつであった．

しかし，処理速度が圧倒的に高速化してきた現在では，計測されてさらに計算処理されたデータ結果を分析して，それを再び測定方法，測定環境にフィードバックする．その結果，より精度の高い計測結果が得られる．いわゆるアクティブフィードバック回路が形成されるわけで，ここにおいて計測と制御が一体化する．

ふたたび身近な例を示す．**図1.10**は，濃淡の空間変化が非常に小さい画像である．これをそのままじっと見ているだけでは，その濃淡の変化の程度がわからない．そこで，この絵を窓を通して見て，絵を横に走らせてみる．すると，窓の中の明暗が変化するので，濃淡があることがわかる．この絵の移動速度を変えて，それによる明暗の変化の程度を知ることから，濃淡の分布が正確にわかる．

最近のインバータ方式ではできないが，少し以前の蛍光灯なら，首を素早く振りながら蛍光灯を見ると，蛍光灯が点滅していることがわかった．先に述べた恐竜の例では，応答がなければ叩いたりつねったりした．これらもアクティブ計測の一つといえる．

制御のために計測が援用されるのが，従来の計測と制御の一体化の発想であった．たとえば，ロボットには必ず目が必要である．人間の手が物をつかむときは，目でその距離を追わ

図 1.10
変化の小さな信号の
ダイナミック検出法

なければならないし，手が近づくと，指先は物に触れるのを感じながら，手が折れたり物が壊れないように優しくそれをつかむ．視覚センサと触覚センサが，手と指の運動の制御を支援しているのである〔**図 1.11**(a)〕．

しかし，ここで述べている新しい科学計測のあり方においては，計測と制御の関係が逆で，

図 1.11　「制御のための計測」と「計測のための制御」

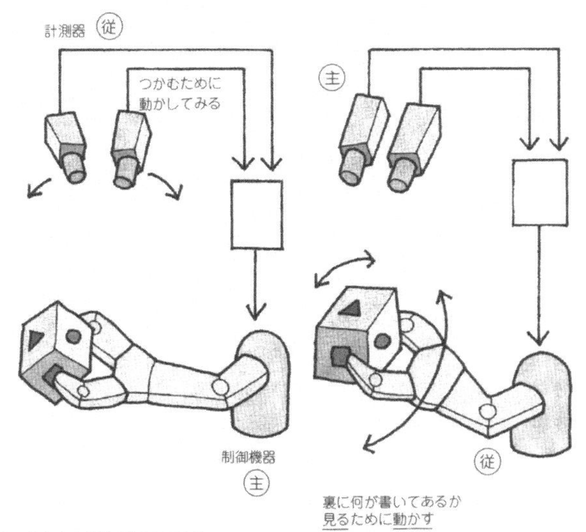

計測を制御系が支援することによる計測制御の一体化である．物を目で見るために，その近くに首を動かし，必要なら手に取ってみる．小さければ，物体を指先でぐるぐる回してみる〔**図1.11**(b)〕．似ているように見えて，じつはこれらは逆である．あるいは両者の融合といってもかまわない．

1.8 計測プローブのインピーダンス —— 計っているのか計られているのか？

科学計測に機械計測や電気計測と大きな違いがあるとすれば，それは科学計測においては，得られる信号がことのほか微弱であったり，ことのほか大きな雑音が混入していたり，測っている信号自身が過度に不安定であったりと，要するにきわめて厳しい条件下にあることにある．

このような厳しい計測環境は，オシロスコープによる電気信号の測定においても，われわれは経験している．電気信号をオシロスコープによって計測するとき，測定点にプローブを当てて測るが，信号源があまりに微弱なら（すなわち，出力インピーダンスが非常に高ければ），プローブからオシロスコープへと電流が流れ出て（オシロスコープの入力インピーダンスが相対的に低い），その結果として測定点における信号の電圧が変わってしまう（**図1.12**）．

プローブ（すなわちセンサ）を用いて測ることにより，信号は必ずこのように揺らぐ．普段はあまりこのことを問題にしなくてもよいのは，プローブのインピーダンスが回路のインピ

図1.12　信号を測ることで信号が変わってしまう

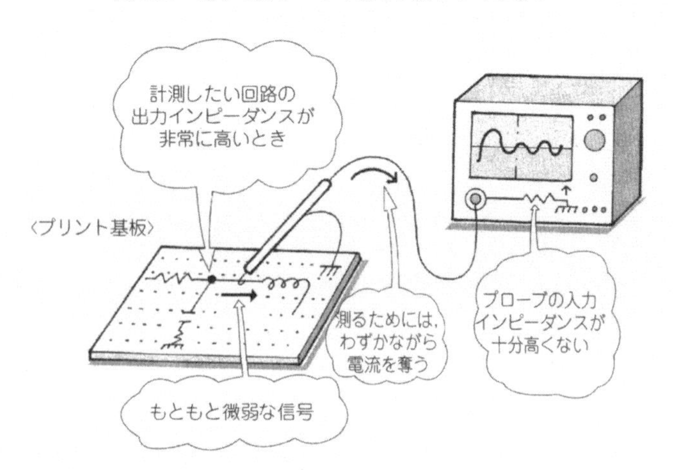

図1.13
必要な信号を測ると………

ーダンスに比べて十分に高く，オシロスコープは測定回路からほとんど電流を奪わないためである．

しかし，正確には，プローブをつなぐことによって回路は必ず変わり，信号はプローブがないときとはわずかであっても必ず異なる．つまり，オシロスコープによる波形観察の実験は，プローブ自身のインピーダンス測定の実験にすらなりかねないのである．

信号を計測・検出するためには，信号源からほんのわずかな信号をもらってきて，それを分析することになる．料理の味見と同じである．ところが科学計測においては，この例のように，測定すべき信号がきわめて微弱であることが多い．このような場合，計測器がその信号をわずかでも吸い取ると，信号源自身が狂ってしまう（**図1.13**）．

そこで，プローブを通して得られた信号から，プローブがないときに得られるであろう信号を求めなければならない．これは，非線形系の逆問題を解くことになり，簡単なことではない．あるいは，物理学における多体粒子系の解法問題と同じ話であり，逆問題の本質を扱っていることになる．

1.9 Youngの干渉実験 ――フォトンは，エレクトロンは，なぜ干渉するのか!?

よく知られる物理（量子力学）の実験に，Young の干渉実験がある．これは，**図1.14**に示すように，一つの電子銃（あるいは光源）から出て，二つのスリットを通過して検出面に到達する電子（あるいは光子）は，検出器面において明暗が相互に変わる干渉パターンを描くとい

図1.14　Youngの干渉実験

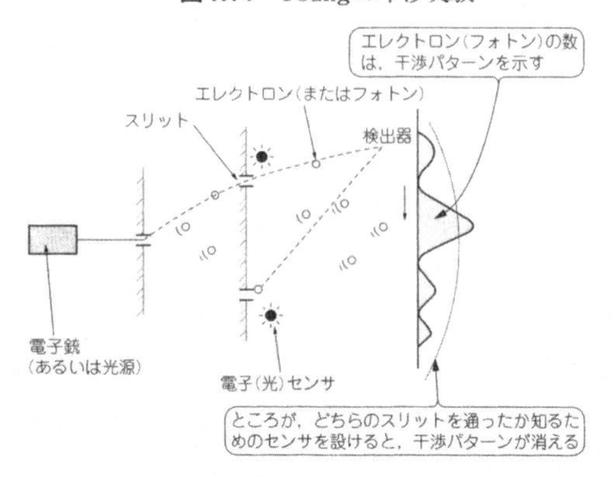

う実験であるが，そこで個々の単一の電子(あるいは光子)は，それぞれ片方のスリットしか通らないはずなのに，なぜ干渉強度を与えるのかを調べるというものである．

この実験は，残念ながら成功しない．粒子がどちらを通ったかを知るために，スリット近傍(あるいは背後)に電子(あるいは光)検出器を設ける．この検出器によって，電子(光子)がどちらのスリットを通過したかがわかるのだが，残念ながら，それと引き替えに，干渉パターンは消え去るのである．これは，測定計測プローブが信号を変えてしまうために生じる．結局，この実験はプローブの存在を教えてくれていることにしかならなかったのである．

計測することが計測対象を変えてしまい得ることを十分に認識しておけば，そのことを積極的に利用することによって，新たな計測手法が生まれ得る．**図1.2**の新しい計測系の形態，アクティブフィードバックは，まさに，このことを実践する形態なのである．

参考文献

1）河田聡，「物理計測における最近の信号回復論」，『応用物理』，Vol. 55，pp.2～23，(1986)
2）山崎弘郎，石川正俊編著，『センサフュージョン－実世界の能動的理解と知的再構成－』，コロナ社，(1992)
3）河田聡，南茂夫，『科学計測のための画像データ処理』，CQ出版(株)，(1994)
4）河田聡編，『新しい光学顕微鏡　第一巻　レーザ顕微鏡の理論と実際』，学際企画，(1995)
5）沢田嗣郎，『光音響分光法とその応用－PAS』，学会出版センタ，(1982)

第2章 カオス/フラクタル理論が重要になってくる

信号と雑音の発生メカニズム

これまでの計測学やデータ処理の教科書では，「測定するべき信号には雑音が加わって計測されるのでそれを除去することが必要である」と説明されている．たしかに，どんなに高級な計測器も完璧ではなく，必ず雑音を含んでしまう．

本章では，この信号と雑音の理論を述べるわけだが，これまでの教科書にあるような，決定論的な信号と確率論（あるいは確率過程論）的な雑音について論じるのではなく，それらがともに同じ発生のメカニズムをもっていながら，まるで別の取り扱いをしてもよいこと，あるいは，新しい科学計測学においてはそれらを共通に取り扱うことが必要となりつつあることなどについて説明する．

そこに含まれるカオス，フラクタル，不確定性など，現代科学の存在を感じ取っていただきたい．従来の現象論的取り扱いによる雑音の理論ではなく，発生メカニズムをその理論として考える．

2.1 信号と雑音は同じ生まれ —— 身長データの精度とカオス

身近な例として，身長の測定を考えてみよう．たとえば，ディジタル表示機能をもつ身長測定機によれば，ある人の身長は174.8235cmと表示される．しかし彼は，ふつう自分を175cmであるという．それは，身長測定機による測定結果がそんなに正確でないことを，みんなが知っているからである．

たかが身長計に，0.0001cm（＝1 μm）の精度などはあるはずがない．検出系のエレクトロニクスの雑音は，それ以上の値の変動を与える．しかし，この身長計のA-D変換器は，雑音であろうと信号であろうと，とにかく7桁の精度を示してしまう．

では，最高級の低雑音回路からなる身長計を使えばよいのか？それもあまり意味はない．

測定場所の高度や測定時の大気圧による重力，大気の温度や湿度によって，あるいは建物の振動などによっても身長計は誤差をともなう．

では，さらに完璧な測定環境（超高真空・極低温・無重力）中に試料（人間）を入れれば，高精度にその人の身長測定が行えるのだろうか？ もちろんナンセンスである．

計測器における雑音や，測定時における環境や外乱の影響に加えて，被測定対象自身が揺らいでいる．朝に測る身長と夜に測る身長が違うことはよく知られているが，わずかな測定時間内にも身長は伸び縮みしている．あるいは，細胞レベルでは，もっともっと複雑に生命活動を繰り返しているのだから，絶対的な身長や体重といった概念には意味がない．

揺らぎは雑音ではなく，信号そのものである．そして，信号の値は，測定器の測定時刻（タイミング）と測定時間（長さ）によって変わる．

では，揺らぎをともなう信号は，どこから生まれるのか？ ある瞬間の信号は，一瞬前の過去と無関係には存在しない．身長も含めて信号は，確率論的には期待値をとらなければ値を確定することのできない確率過程であるが，それは時間的にまったくランダムというわけではなく，必ず過去を引きずっている．これを**因果律**という．

時間tの信号（たとえば身長）$h(t)$は，その少し前の過去の身長$h(t-\Delta t)$に依存しており，身長の値が飛び飛びに不連続な値をとることはない．このような因果律は，1次式で表されると減衰・増加や周期性が現れるが，2次式以上の非線形式で与えられると，さらに複雑にさまざまな信号が発生する．たとえば，

$$h(t) = ah(t-\Delta t) - bh^2(t-\Delta t) \qquad \cdots\cdots (2.1)$$

はもっとも簡単な非線形信号発生源である．ここで，$a=b$とすると，システムはさらに簡単になるが，このような簡単な式から複雑な信号が作られるのである．

式(2.1)の$a=b$としてaの値を変えると，**図2.1**に示すように，およそまったく異なる系から生まれてきたかのような，互いに異なる信号系列が生まれる．aが0～3では信号は消えてしまい，$a=3$～3.4では単一周波数の周期性をもつ．ところが，$a=3.4$～3.5では四つのレベルをもつ二つの周期信号の組み合わせとなる．このあたりまでの領域では，フーリエ変換を用いた周波数解析が説得力をもつ．ところが，4あたりでは**図2.1**において完全な雑音状態となっている．いわゆる**カオス状態**である．

このように，信号と雑音はどちらも，同じ式(2.1)から発生する．このほんのちょっとしたパラメータ値の違いで，信号に見えたり雑音になったりする．第2，第3の周期的信号が発生する領域では，信号の予測が簡単であり，70年周期で地震が起こるとか，まことしやかにいわれるが，横軸のパラメータaが少し変わるだけでカオス状態になるのであって，フーリ

図2.1　式(2.1)のaに対する出力信号の違い(周期状態，カオス状態)

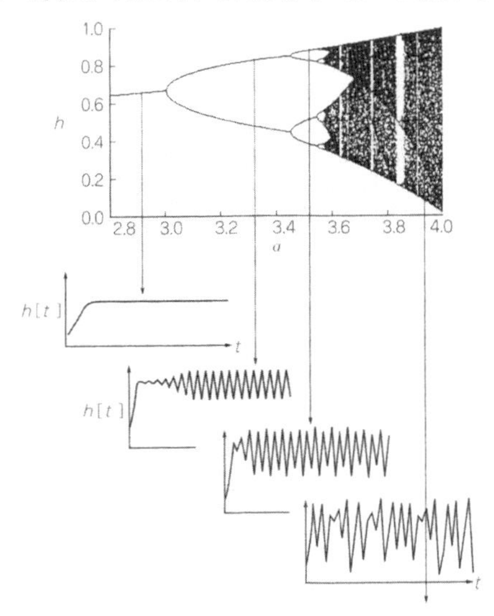

エ解析がいかに心許ないものか，よく気をつけてかからなければならない．

状態の急な変化とさらにその臨界点あたりの不安定な変化は，気体から液体，固体の間の転移(相転移)，アモルファスから結晶化，最近の超流動や超伝導，生命現象などにおいて非線形な複雑系としてよく知られるが，それらはパラメータaを温度や圧力などとして，式(2.1)のような非線形式で表現される因果律に従うのである．

ここに，信号と雑音は別の物理・数学ではなく，同じ式をもとにして与えられるものであると結論づけることができる．**信号と雑音は，本当に紙一重**なのであり，周期信号も白色雑音も同じ式(2.1)で与えられる．コンピュータで色々なデータのシミュレーションをするとき，重要なプログラムである乱数発生のプログラムも簡単な非線形離散式で与えられる．

$$I_{j+1} = aI_j \pmod C \qquad \cdots\cdots (2.2)$$

ただし，$a \pmod \beta$はaをβで割ったときの剰余を表す．

式(2.1)はカオス理論の最初に出てくる式と同じで，閉じられた島におけるある年tの鼠の総数を$h(t)$，年間増加率をaとしたときに，Δtを1年とすれば，

$$h(t + \Delta t) = ah(t)(1 - h(t)) \qquad \cdots\cdots (2.3)$$

で与えられる[1)]．

2.2 測定器がつくる信号 —— 不確定性原理とフラクタル

身長にかぎらず，あらゆる測定データは決定論的に一つの値をとることはなく，精度高く測れば測るほど，ふらふらした値をとる．信号とは，正確に測ろうとすればするほど，不確定になってくるものなのである．

もし，身長の測定時間Δtを1秒以下に狭めれば，身長計の出力値hは細胞の動きや呼吸に呼応して大きく変動し，その拡がりΔhが大きくなる．測定時間Δtを長くすると，変動Δhは小さくなり，hの平均値$< h >$に近づく．これは，Heisenbergの不確定性原理の説明と同じであり，原子核のまわりの電子の位置（波動関数）を見つける問題と同じである．

測定器の精度を高めれば高めるほど信号のばらつきは大きくなり，測定結果は信号自身より，測定器に大きく依存してしまうことになる．このような信号の不確定性は，さまざまな科学計測の過程において日常的に経験される．

さきほどの例で，身長を測るには，普通は棒に目盛の刻まれた定規を使って測るが，頭の上には無数の髪の毛がある．そのどれをもって身長とすべきか，その選択によって，測定結果は変わる（**図2.2**）．精度の低い定規（カメラ）と，精度の高い定規（顕微鏡）を使った測定では，身長の測定結果は変わることになる．

また，身体が曲がっていれば，それに沿って長さを測定するべきだろうが，そのとき，測る面によって長さはずいぶん変わってしまうだろう．曲がり方も，どのくらい細かい変化までを気にするのかで結果は変わる．

電子顕微鏡で身体の表面を観察すると，さらに細かい凹凸が見えてくる．究極は，各原子ごとの凹凸であるが（STM：走査型トンネル顕微鏡などを使う），細かい凹凸を考慮すれば

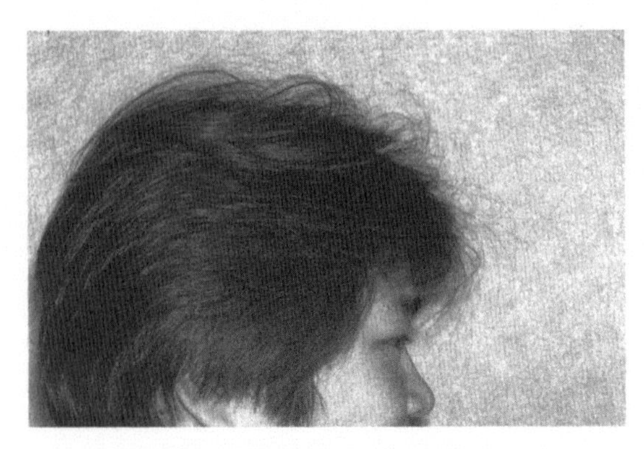

図2.2
身長はどこで測る？

図 2.3　身長を計測する．

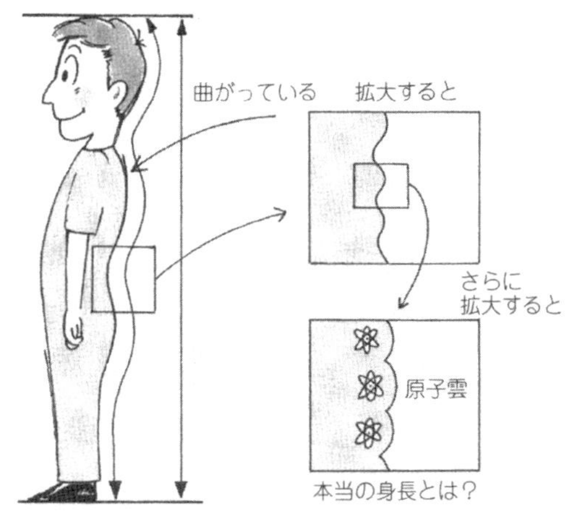

身長はどんどん長くなってしまう（図 2.3）．

これは，これまでの**ユークリッド幾何学**に代わる，新しい**「フラクタル」科学**の説明をしていることにほかならないのだが，それが計測の本質にかかわっていることを認識してほしい．

計測対象は，測定器の精度を上げれば不確定になるということと，精度が高い計測を行おうとすることは矛盾しない．計測器の測定時間スケール（および空間スケール）の違いによって，その値が変わり，いかなる計測器もある時間スケール，空間スケールの中での最高値（あるいは平均値）を与えているにすぎないことを認識しておきさえすればよい．

測定データは計測器の性能によって変わり，絶対的な真の値などというものは本来ありえないといってもよいかもしれない．少なくとも測定結果を示すときには，測定に用いた計測器の性能（分解能だとか，S/N 比だとか，確度など）をあわせて示すべきである．

2.3　信号も雑音も確率過程 ―― 期待値をとって初めて決まる世界

さて，不確定性原理などこれまでに述べてきたようなことは，信号がある確率分布にしたがうことを暗に示している．雑音のみならず信号も時間の関数として，**確率過程**（random process, stochastic process）$x(t)$ で与えられる．$x(t)$ は，時刻 t における確率変数（random variable：たとえば身長の値，サイコロの目など）を意味する．たとえ信号といえども，決定論的に，

$$x = 174.8235 \qquad \cdots\cdots (2.4)$$

というような特定の値をとることはなく，**図 2.4** に示すように，確率論的にとりうる値とそれに対する確率分布をもつ．

しかし，計測においては具体的な値が欲しい．人もコンピュータも，決定論的数値を必要とする．そこで期待値をとる．x が確率変数であり，$x(t)$ が確率過程であっても，期待値 E

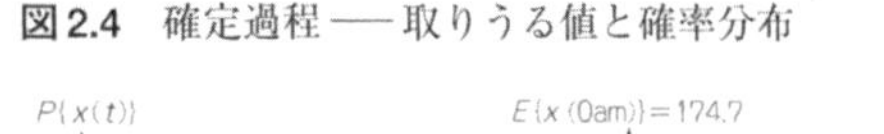

図2.4　確定過程――取りうる値と確率分布

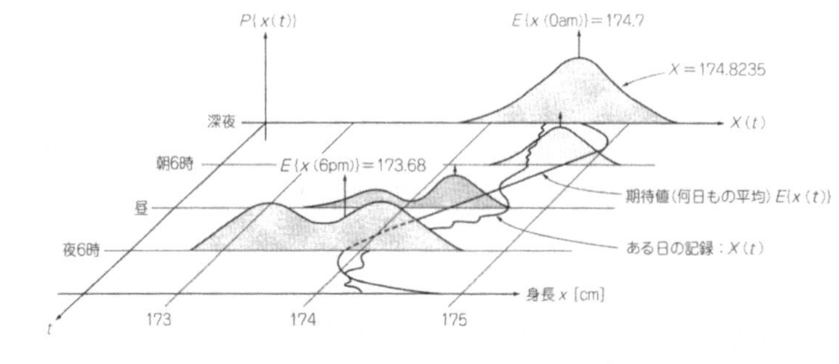

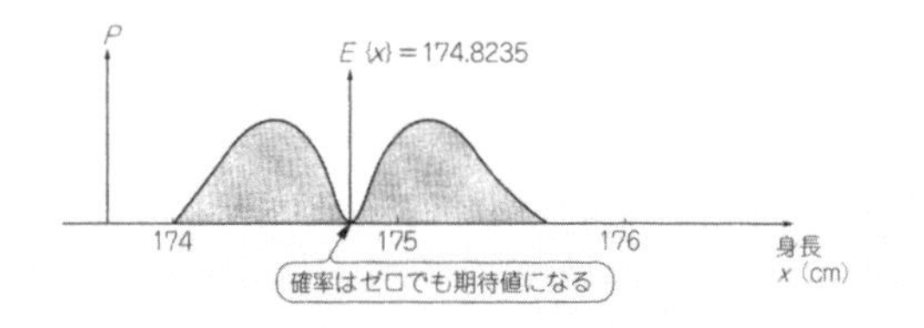

図2.5
確率はゼロでも期待値になる

(x)，$E[x(t)]$は，決定論的数値をとる．

たとえば，決定論ではx = 174.8235といえば，xは完全に(100 %) 174.8235になるが，確率論ではx = 174.8235なる確率pが25 %とか，0 %とかいう．

ところが，期待値$E[x]$ = 174.8235といえば，期待値は100 %，x = 174.8235である．たとえ，x = 174.8235なる確率pが0 %でも，期待値としては決定論的に$E[x]$ = 174.8235となりうる(**図2.5**)．ここではじめて，われわれは計測結果を「値」として決定論的に得ることができるのである．

期待値とはそれほど大切な値でありながら，その求め方は，結局のところ近似的でしかありえない．期待値とは，同じ事象を十分多く繰り返すことで，その平均値として得られる．しかし，現実には，「十分多く繰り返す」という条件は満たされない．それが，誤差要因となる．いずれにしろ，多くの場合の測定とは，知らず知らずにこの期待値を求めていることにほかならない．

2.4　エルゴード性と自己相関関数

同じ現象を何回も繰り返して期待値を求める代わりに，実際には，有限時間内には確率過程のパラメータが変わらないものとして，時間平均をとることが多い．ここで，期待値(ア

ンサンブルアベレージ：Ensemble Average)

$$E\,[x(t)] = \lim_{N\to\infty} \frac{1}{N} \sum_{n}^{N} x_n(t) \qquad \cdots\cdots (2.5)$$

の代わりに，時間平均(Time Average)

$$\overline{x(t)} = \frac{1}{T} \int_{t}^{t+T} x(t)\,dt \qquad \cdots\cdots (2.6)$$

が用いられる．このように，時間平均を期待値に置き換えても変わらないような確率過程を**エルゴディック(Ergodic)である**といい，**エルゴード的である**という．

信号がカオス的にならないかぎり，多くの現象では，局所的には，エルゴード的であるとみなしても，そう悪くはない．

ここで，**図2.6**に示す代表的な四つの信号(あるいは雑音)について，そのエルゴード性を調べてみよう．**図2.6(a)**は，白色雑音と呼ばれるもので，その平均値は時間平均をとっても，アンサンブルアベレージをとっても，0である．図(**b**)は，**Markoff過程**と呼ばれるランダムなオンオフ信号であり，やはり，$\overline{x}$と$E(x)$は等しい．また，図(**c**)の60Hzの交流信号も，その位相がランダムなら，エルゴディックである．

一方，図(**d**)はランダムに変動しながら減衰する信号を表しており，その現象はランダムであるが，$\overline{x}$と$E[x(t)]$は異なり，エルゴード的ではない場合である．

図2.6の(**a**)，(**b**)，(**c**)は，互いに明らかに違う確率過程にしたがっているのに，それぞれの期待値は(さらに時間平均値も)，同じであるという結論であった．

では，これらにおいて何が違うのか？ 計測信号の期待値は，式(2.5)で示したいわゆる平均値だけにかぎらない．たとえば，確率過程$x(t)$における二つの時間タイミングt_1，t_2の積の期待値，

$$R(t_1,\ t_2) = E[x(t_1)\,x(t_2)] \qquad \cdots\cdots (2.7)$$

なる値も存在する．これは，二つの時刻における信号の相関関係を示すものであり，**自己相関関数**と呼ばれる．

いま，$E[x(t)]=0$として，t_1とt_2における信号がまったく同じ値を示すなら，二つの時刻における相関は最大で，

$$R(t_1,\ t_2) = E[x(t_1)^2] = \sigma^2 \qquad \cdots\cdots (2.8)$$

となり，互いにまったく相関がなければ自己相関は，

$$R(t_1,\ t_2) = 0 \qquad \cdots\cdots (2.9)$$

となる．

図2.6　四つの確率過程の例とその$E〔x(t)〕$，$P〔x(t)〕$

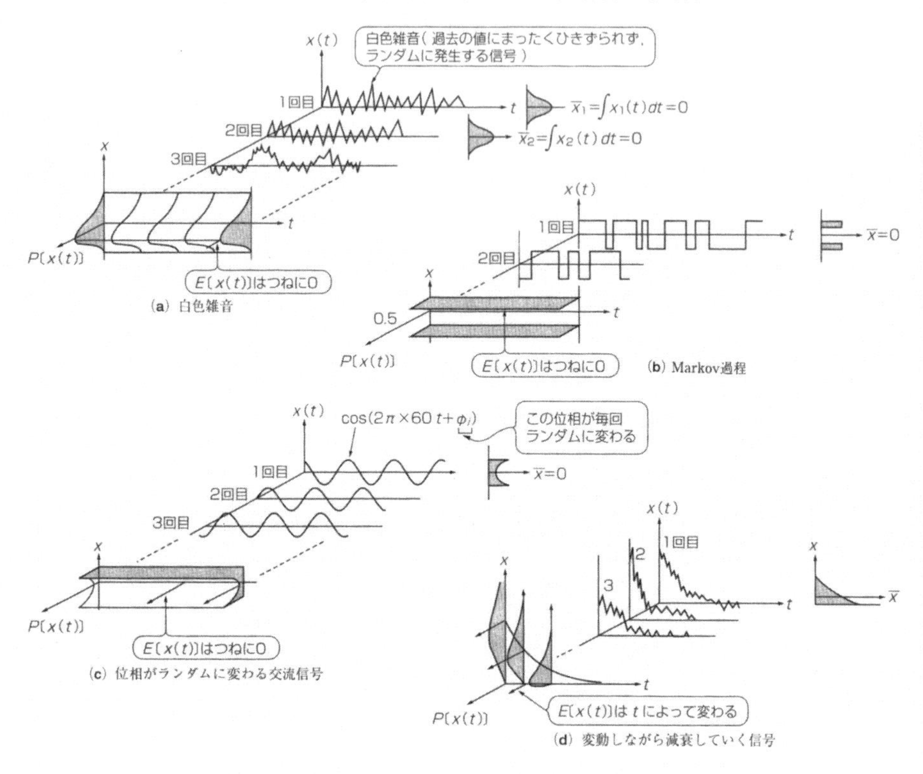

(a) 白色雑音　(b) Markov過程　(c) 位相がランダムに変わる交流信号　(d) 変動しながら減衰していく信号

さらに，式(2.7)の自己相関が，特定の二つの時刻t_1，t_2に依存せず，その時間間隔τのみで決まるとき，この確率過程は自己相関に関して定常的であるといい，式(2.7)は，

$$R(t_1,\ t_2) = R(\tau) \qquad \cdots\cdots (2.10)$$

のように表現される．

さて，**図2.6**のうち二つの例について，その自己相関関数を調べてみよう(**図2.7**)．図(**a**)の白色雑音とMarkov過程は，異なる二つの時刻に出る信号は理想的には互いに無関係で，予測不可能なので$R(\tau) = 0$となる．ところが，図(**c**)の位相がランダムな交流信号は，その周期であるτ_0だけ離れた二つの時刻の値を測ると，それらは必ず同じ値をとる．それらは，波が進行するにしたがい正負反転して振動するが，常に同じ値をとるので，その積の期待値である自己相関$R(\tau_0)$は，$E[x(t)]$と同じで，必ず正の値をとることになる．一方，半波長ずれた2点では$R(\tau_0/2)$は負の値をとり，1/4波長ずれた2点では$R(\tau_0/4)$は0となる．

このように，位相がランダムに変わる交流信号は，ある瞬間の出力値は決定論的には決め

図2.7 自己相関関数$R(\tau)$

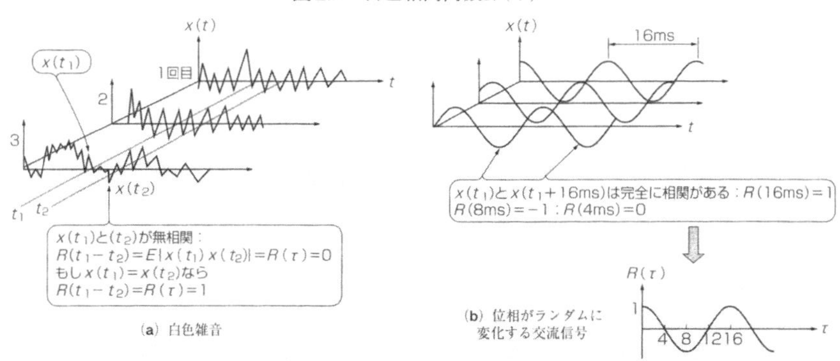

(a) 白色雑音

(b) 位相がランダムに変化する交流信号

られないが，自己相関関数をとると，図2.7(b)に示したように，各時間間隔τに対して決定論的な値が得られる．自己相関関数も，やはり期待値なのである．

科学計測の代表例である可視光の検出は，光の振動数が速すぎて，それに追従できる検出器がないため，普通，その自己相関を検出信号として得る．図2.8(b)は，入射光をそのまま検出した場合，図(b)は回折格子によって光を分光した場合，図(c)は干渉計によって2光束干渉を行った場合の光検出強度を，それぞれ示している．

図2.8(a)は$E[x^2(t)]=R(0)$を，図(b)は$E[\sum x(t+m\tau_0)\,x(t+n\,\tau_0)]=\sum R(m\tau_0)$を，図(c)は$E[\sum_m x(t)x(t+\tau)]=R(\tau)$を，検出結果として得る．図(b)における$\tau_0$は，隣り合う二つのスリットからの回折光の検出器に届く時間差を表しており，多数のスリットに関して，mで総和をとることによって，出力は波長$\lambda_0=c\times\tau_0$の光だけが選ばれて検出される（cは

図2.8 光の検出法と得られる信号

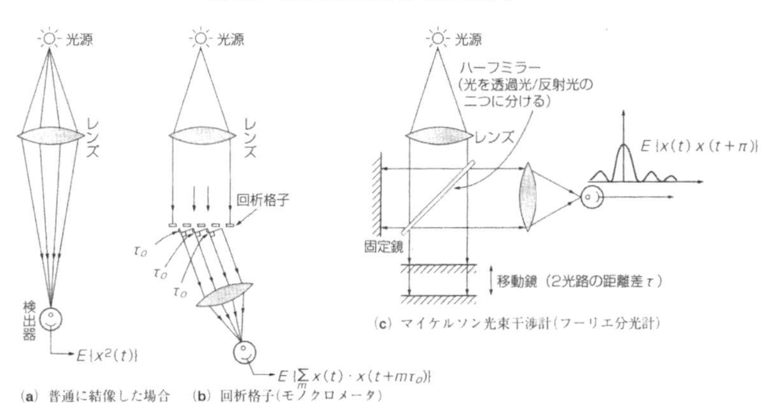

(a) 普通に結像した場合 (b) 回析格子(モノクロメータ)

(c) マイケルソン光束干渉計(フーリエ分光計)

光速)．すなわち，分光される．

図(c)における τ は，二つの光路を通るのにそれぞれの光が要する時間の差を表し，一方の光路の反射板を等速で動かすことによって，τ も直線的に増加する．その結果，**図2.8(c)**に示されるような，いわゆる干渉パターンが検出される．

これは，$E[\sum_{m} x(t)x(t+\tau)]=R(\tau)$ より，まさに入射光の自己相関関数であり，そのフーリエ変換は，入射光のパワースペクトルを与える．

入射光がランダムに発生する短い波長の集団であっても，回折格子を通すと単色光が得られ，2光束干渉計の一方のアームを移動させて得られる干渉縞のフーリエ変換がスペクトルを表すのは，この自己相関が期待値として決定論的値を与えるからである．

2.5　揺らぐ雑音(熱雑音)とぽろぽろ出てくる雑音(量子雑音)

さて，これまではおもに，揺らぐ信号について述べてきた．揺らぐのは信号だけではない．揺らぐ雑音成分も無視できない．たとえば，抵抗に電流が流れると熱が発生する．この熱は，電子が通り抜けるのに生じる摩擦から生じる．電子は抵抗中を等速に通り抜けることはできず，その動きにランダムな揺らぎが生ずる．その結果，抵抗値がランダムに変化し，その結果，電圧が揺らぐ．

これは，熱雑音あるいはJohnson雑音と呼ばれ，普通にいう「雑音」とは，だいたいこれを指す．**図2.6(a)**，**図2.7(a)**の白色雑音はこの一例であり，その自己相関関数はデルタ関数，スペクトルは一様(だから白色)分布を示す．その振幅分布(確率密度関数)は，正規分布(Gauss分布ともいう)を示すことが多い．

一方，ふらふらゆれるのではなく，ぽろぽろ出てくる雑音(あるいは信号)もある．抵抗を電流が流れているといっても，非常に短い時間間隔である点をみると，そこには電子が一つ二つと走っている(**図2.9**)．

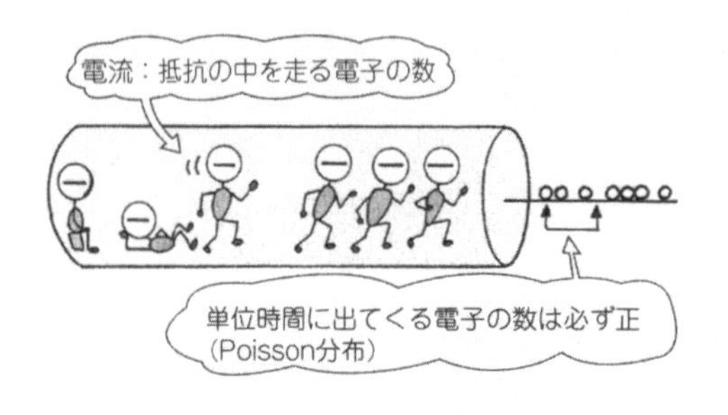

図2.9
ぽろぽろ出る雑音 —— 量子雑音

単位時間あたりに走る電子の数は，たとえ電流を非常によく一定にしたとしても，流れる電流がきわめて微量だとすると，一定ではなく，統計的に揺らぐであろう．

このように，ぽろぽろ出てくる電子の数が揺らぐことを**量子雑音**，あるいは**Shot 雑音**と呼ぶ．このような雑音の分布（すなわち単位時間あたりの電子数の分布）は，Poisson 分布にしたがうことが多い．Poisson 分布の特徴は，分散値 $\sigma^2 = E[x^2]$ が平均値 $\overline{x} = E[x]$ と等しいことである．熱雑音と比べると，量子雑音は正の値しかもたず，かつ整数値をとる．

電流に限らず，光検出の場合においても，非常に微弱な光を検出するときは，フォトン一つ一つが検出器に到達するので，量子雑音として取り扱うことになる．また，量子雑音が問題となりうるためには，検出器や電線などが，非常に低温に冷やされていることも条件となる．さもなければ熱雑音が支配的となる．

2.6　信号を測るとカオスが起きる!?

第1章の最後に述べたように，微量電流源をオシロスコープで測ると，電流源自身が変化してしまい，何を測っているのかわからなくなる．また，エレクトロンやフォトンの通るスリットに検出器を置くと，通過するエレクトロンやフォトン自身が変化を受けてしまい，もはやフォトンやエレクトロンの波動性を示す干渉現象は見られなくなる．

これらの信号の変化とは，いったいどのようになるのだろうか？ 検出器を測定環境に突き刺すことによって，信号源に大きく影響を与えたとする．信号が変化すると，検出器が信号に与える影響も変化し，影響の程度が変化すると，信号は再び変化する．これを繰り返すと，一体どんな状態に落ち着くのか？

レーザ光の強度測定をしようとして，レーザの向かいに光検出器を置く．検出器が全部レーザ光を吸ってくれればよいが，その表面で反射が起こると，検出器に届いた光は，レーザに再び戻る．すなわち，インピーダンス・ミスマッチングである．

反射する量が大きければ，それはレーザの中に再び入り込み，レーザの発振条件を変えてしまう．すると，出てくるレーザ光の強度や周波数に変化が生じ，その変化が再びレーザに正帰還されて，レーザ光をさらに変動させる．その変動の度合いは，レーザに戻る光強度の量による．戻り光の量が少ないとレーザ光は比較的安定しているが，多くなると突然不安定になり，その量によりいろいろな種類の混沌状態が生まれる．

この話は，カオス理論の説明とまったく同じである．すなわち，レーザ光強度を測定しようとして，レーザ光強度をカオス化してしまったのである．問題は，検出器からの反射率が高く，その反射光を非線形フィードバック回路であるレーザにさらにフィードバックしてしまったことにある．

検出器からの反射は，レーザに戻らないように，少し傾けて検出器を置けばよかったのだが，厳密な科学計測の現場においては，レーザと検出器を向かい合わせに置かなければならないような状況が頻繁にある．

コンパクトディスク（CD）や，「共焦点レーザ走査顕微鏡」と呼ばれる新しい科学計測器はそのような例であり，アイソレータと呼ばれる部品を用いてカオスを防ぐ手立てがなされる．コンピュータグラフィックスでは愉快なカオスも，科学計測では悩みの種になるのである．

参考文献

1）ジェイムズ・グリック著，大貫昌子訳，『カオス－新しい科学をつくる』，新潮出版，(1987)
2）河田　聡，『コンピュータを用いた計測データ解析の新しい考え方』，トライボロジスト，vol.41，No.3，pp219～222，(1996)
3）河田　聡，『分析におけるソフトウェアⅡデータ処理の基礎知識：さらに高度な処理』，ぶんせき（日本分析化学会誌），No.252，pp962～967，(1995)

第3章 フーリエ変換からウェーブレット変換，MARS(移動自己回帰系)の基礎

変化する信号の周波数解析

変化する信号を追いかけ，その性質を解析するもっとも一般的な手法は，周波数解析であり，そこではフーリエ変換が活躍している．本章では，フーリエ変換に関する基礎知識を読者がもっているものと仮定し，フーリエ変換の適用限界とそれをエレガントに克服して現実の計測データに刻々対応することのできる周波数解析手法について述べる．ウェーブレット変換やMARSなどの新しい解析法についてもわかりやすく解説する．

3.1 スペクトルとフーリエ変換の復習

フーリエ変換は，**図3.1**の系から説明がはじまる．これは，ばね定数がkのばねに質量mのおもりがぶら下がっているとき，これをひっぱって離すと，図中に示すようにおもりの位置が周期的に上下することを示す物理実験の図である．ばねの振動方程式は，上下方向をy軸にとり，時間軸をtとすると，

$$m\frac{d^2y(t)}{dt^2}=-ky(t) \qquad (3.1)$$

なる2次微分方程式で表され，その一般解は，

$$y(t)=ae^{j(\omega t+\phi)} \qquad (3.2)$$

である．式(3.2)は周期関数であり，実部のみなら，

$$y(t)=a\cos(\omega t+\phi) \qquad (3.3)$$

となる．ここでaとϕは任意であり，最初にばねをひっぱった位置と最初にばねを離したときの速度を初期値として，それらの値は決まる．ωは振動の周波数であり，

図3.1 質量mの物体の運動方程式

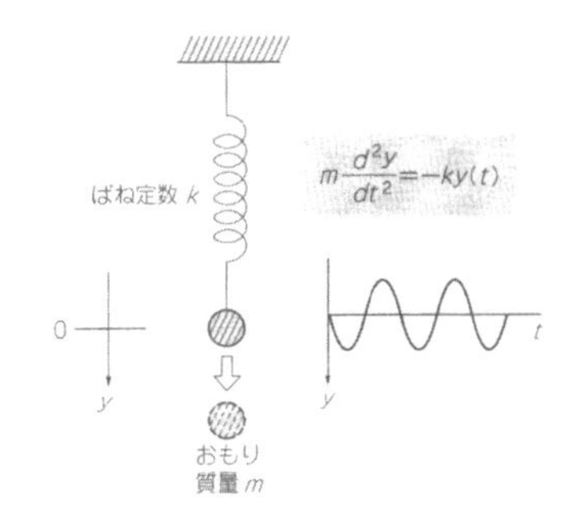

$$\omega=\sqrt{\frac{k}{m}} \qquad \cdots\cdots\cdots\cdots (3.4)$$

で与えられる．

フーリエ変換とは，この式(3.3)あるいは式(3.2)で与えられるような波形から，その周波数ω，振幅aそして位相ϕを求める変換法である．柱時計の振り子が，地球の自転・公転，あるいは地震の発生周期，株価の変動など，いろいろな時間的に変化する信号を周波数解析するとき，この方法が用いられる．

もちろん，このような簡単な系だけでなく，たくさんのばねが組み合わせられて絡みあったような系からの出力を解析することのほうが，より一般的なフーリエ変換の仕事である．たとえば，音声認識(speach analysis)においてフーリエ変換が用いられるが，音声は声帯というばねの組み合わせからの出力である．

ここで大切なことは，フーリエ変換が適用できるのは式(3.1)の解である式(3.2)〔または式(3.3)〕であり，それは無限に繰り返す周期関数であり，繰り返さない信号にフーリエ変換を適用することは，まちがいか近似のいずれかであるということである．

3.2　フーリエ変換の定義

信号$y(t)$をフーリエ変換する定義式は，

$$Y(\omega)=\frac{1}{L}\int_{-L/2}^{L/2} y(t)\,\mathrm{e}^{-j\omega t}\,dt \qquad \cdots\cdots\cdots\cdots (3.5)$$

で与えられる．ここで$-L/2$，$L/2$は，信号の繰り返す1ユニットを表し(**図3.2**)，式(3.5)の意味は，その範囲の中で関数，

$$\mathrm{e}^{-j\omega t}=\cos\omega t-j\sin\omega t \qquad \cdots\cdots\cdots\cdots (3.6)$$

を$y(t)$に掛け算して，そして積分することを意味する．

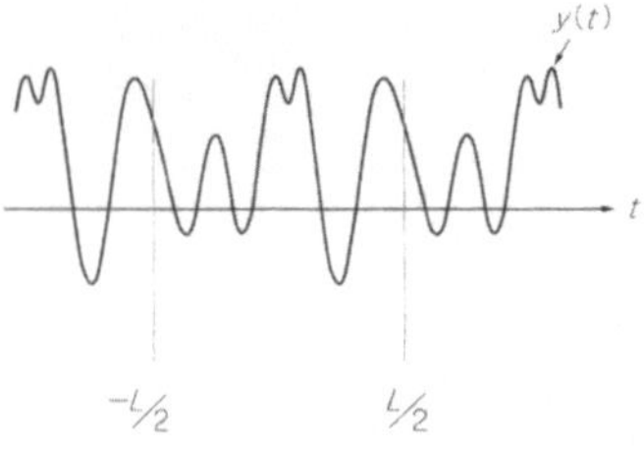

もし，信号が，

$$y(t)=\cos\omega_0 t \qquad \cdots\cdots\cdots\cdots (3.7)$$

だと，

$$Y(\omega)=\frac{1}{L}\int_{-\frac{L}{2}}^{\frac{L}{2}}\cos\omega_0 t\,(\cos\omega t-j\sin\omega t)\,dt \qquad \cdots\cdots\cdots\cdots (3.8)$$

図3.2　繰り返す信号の1ユニット

となり，虚数の項は偶関数 $\cos \omega_0 t$ と素関数 $\sin \omega t$ の積なので，その $-L/2 \sim L/2$ の和は必ず0となり，また，実数の項は，ω_0 と ω が異なれば積分をすると0になり，$\omega = \omega_0$ のときのみ値をもつことになる（**図3.3**）．すなわち，

$$Y(\omega) = \begin{cases} \dfrac{2}{L}\displaystyle\int_{-\frac{L}{2}}^{\frac{L}{2}} \cos^2 \omega_0 t \ dt = 1 & if\ \omega = \omega_0 \\ 0 & if\ \omega \neq \omega_0 \end{cases} \quad \cdots\cdots (3.9)$$

となり，図で表すと**図3.4**のように ω_0 においてのみ値をもち，単一周波数信号であることが解析される．

もし，$y(t)$ がたくさんの周波数を含んでいれば，それらはすべて**図3.4**に表れる．信号の位相が式(3.7)から ϕ だけずれて，

$$y(t) = \cos(\omega_0 t + \phi) \quad \cdots\cdots (3.10)$$

なら，

$$Y(\omega) = e^{j\phi}\,\delta(\omega - \omega_0) \quad \cdots\cdots (3.11)$$

となり，その周波数成分は**図3.4**(**b**)のように，複素平面で表される複素関数になる．

図3.3　コサイン変換の原理

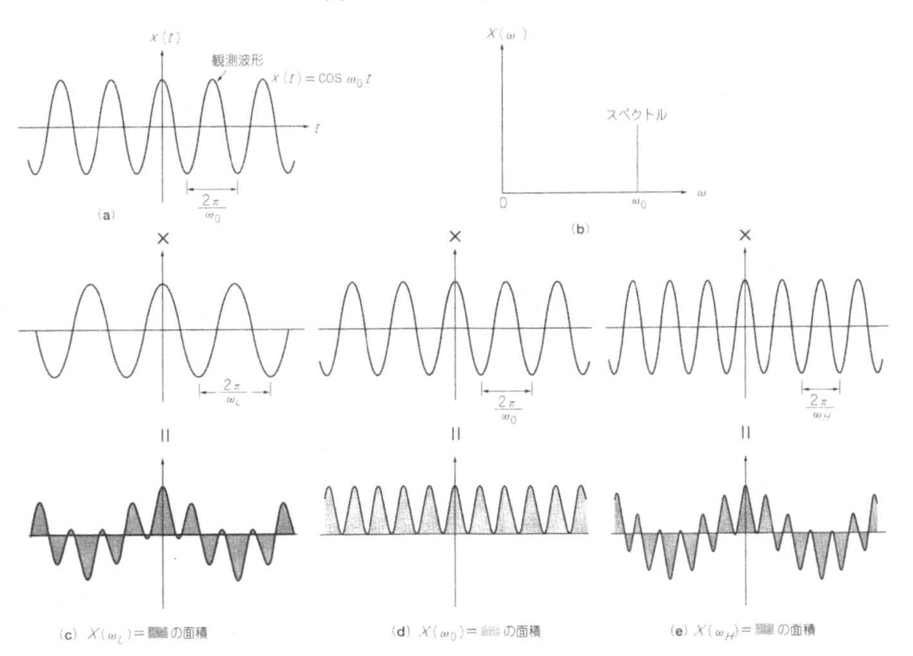

図3.4 フーリエ変換の原理

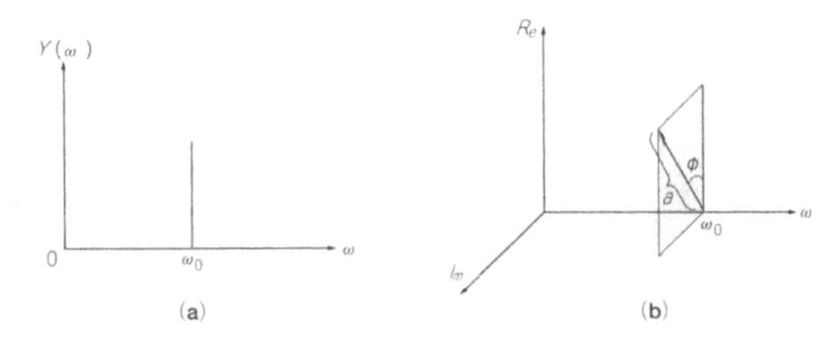

3.3 FFTのアルゴリズム

● DFT(離散フーリエ変換)

ディジタル化された離散的な信号列をコンピュータでフーリエ変換するためには，式(3.5)のフーリエ変換の定義式を，離散的(discrete)な形に書き改めなければならない．

いま入力信号$x(t)$を，時間間隔Δtごとにサンプルしたと仮定し，k個目のサンプル値が，$x_k = x(k\,\Delta t)$で表せるとすると，離散的なフーリエ・スペクトル$X_l = X(l\,\Delta\omega)$は，

$$X_l=\sum_{k=-\infty}^{\infty} x_k e^{-jl\Delta\omega k\Delta t}\Delta t \qquad \cdots\cdots (3.12)$$

で表される．この式には$k = -\infty$，∞なる範囲の総和の記号が含まれているが，現実には，x_kは有限個しか測定できない．そこで式(3.12)は，次式のように書き改められる．

$$X_l=\sum_{k=0}^{N-1} x_k W_N^{kl}\cdot\Delta t \;:\; l=0,\ 1\cdots,\ N-1 \qquad \cdots\cdots (3.13)$$

ただし，

$$W_N^{kl}=e^{-jl\Delta l\omega k\Delta lt} \qquad \cdots\cdots (3.14)$$

ここでデータの点数はN個とした．

サンプリング間隔を$\Delta t = 1$とすれば，

$$\Delta\omega=\frac{2\pi}{N\Delta t}=\frac{2\pi}{N}$$

となり，式(3.13)は，

$$X_l=\sum_{k=0}^{N-1} x_k w_N^{kl} \;:\; l=0,\ 1,\ 2,\ \cdots,\ N-1 \qquad \cdots\cdots (3.15)$$

ただし，

$$W_N = e^{-2\pi j/N} = \cos\frac{2\pi}{N} - j\sin\frac{2\pi}{N} \qquad \cdots\cdots (3.16)$$

である．x_kに掛ける重み係数W_N^m（ただし，$m = kl$）は，

$$W_N^m = (e^{-2\pi j/N})^m = \cos\frac{2\pi m}{N} - j\sin\frac{2\pi m}{N} \qquad \cdots\cdots (3.17)$$

となる．この式(3.15)，式(3.16)が，DFT (discrete Fourier Trans form)の定義式である．また，W_N^mは位相回転因子と呼ばれる．

イメージをつかみやすくするため，$N = 8$の場合の式(3.15)を並べて書くと，

$$\left.\begin{aligned}
X_0 &= x_0W_8^0 + x_1W_8^0 + x_2W_8^0 + x_3W_8^0 + x_4W_8^0 + x_5W_8^0 + x_6W_8^0 + x_7W_8^0 \\
X_1 &= x_0W_8^0 + x_1W_8^1 + x_2W_8^2 + x_3W_8^3 + x_4W_8^4 + x_5W_8^5 + x_6W_8^6 + x_7W_8^7 \\
X_2 &= x_0W_8^0 + x_1W_8^2 + x_2W_8^4 + x_3W_8^6 + x_4W_8^8 + x_5W_8^{10} + x_6W_8^{12} + x_7W_8^{14} \\
X_3 &= x_0W_8^0 + x_1W_8^3 + x_2W_8^6 + x_3W_8^9 + x_4W_8^{12} + x_5W_8^{15} + x_6W_8^{18} + x_7W_8^{21} \\
X_4 &= x_0W_8^0 + x_1W_8^4 + x_2W_8^8 + x_3W_8^{12} + x_4W_8^{16} + x_5W_8^{20} + x_6W_8^{24} + x_7W_8^{28} \\
X_5 &= x_0W_8^0 + x_1W_8^5 + x_2W_8^{10} + x_3W_8^{15} + x_4W_8^{20} + x_5W_8^{25} + x_6W_8^{30} + x_7W_8^{35} \\
X_6 &= x_0W_8^0 + x_1W_8^6 + x_2W_8^{12} + x_3W_8^{18} + x_4W_8^{24} + x_5W_8^{30} + x_6W_8^{36} + x_7W_8^{42} \\
X_7 &= x_0W_8^0 + x_1W_8^7 + x_2W_8^{14} + x_3W_8^{21} + x_4W_8^{28} + x_5W_8^{35} + x_6W_8^{42} + x_7W_8^{49}
\end{aligned}\right\} \qquad \cdots\cdots (3.18)$$

ただし，

$$W_8^m = e^{-2\pi jm/8} = \cos(2\pi m/8) - j\sin(2\pi m/8) \qquad \cdots\cdots (3.19)$$

となる．このように，式(3.18)の関係式には8^2個の複素数の掛け算の項が含まれている．一般に，データ点数Nに対してそのDFTを行うためには，式(3.15)より，ざっとN^2回の複素数の掛け算$x_k W_N^m$が必要であることがわかる．

1,024点のデータに対しては1,048,576回である．いかにコンピュータといえども，これだけの複素数演算は時間がかかる．

● FFTの原理

膨大な数の複素乗算をもつ式(3.15)をそのまま計算するのに比べて，計算時間を飛躍的に短縮できる方法が，CooleyとTukeyによって提唱された[1]．これがFFT (Fast Fourier Transform，高速フーリエ変換)アルゴリズムである．FFTでは，式(3.15)の掛け算回数は$(N/2)\log_2 N$ですむ．これがいかに時間を短縮するかは，**図3.5**を見ればよくわかる．

さて，このFFTのみそは，位相回転因子W_N^mのもつ二つの性質，指数性と周期性を巧みに利用することにある．W_N^mは指数関数であるから，$n < m$なる任意のnに対して，

$$W_N^m = W_N^n \cdot W_N^{m-n} \qquad \cdots\cdots (3.20)$$

図3.5　FFTと通常のDFTとの掛け算回数の比較

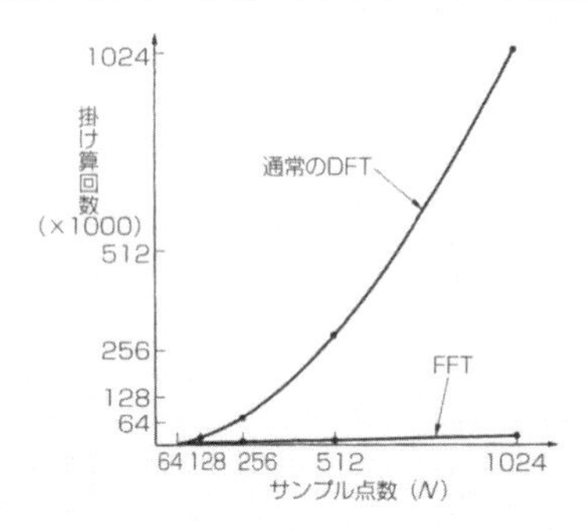

と分解できる．式(3.18) ($N=8$の場合)のX_5を求めるときの，x_3にかかる計数W_8^{15}は，たとえば，

$$W_8^{15}=W_8^{10}\cdot W_8^{5}=W_8^{8}\cdot W_8^{2}\cdot W_8^{5} \qquad \cdots\cdots (3.21)$$

と分解できる．

さらに，W_N^mは式(3.17)より明らかなように，周期Nの周期関数であることから，任意の整数nに対して，

$$W_N^m=W_N^{m\pm nN} \qquad \cdots\cdots (3.22)$$

が成り立つ．これを式(3.21)の例にあてはめると，

$$W_8^{15}=W_8^{8}\cdot W_8^{2}\cdot W_8^{5}=W_8^{0}\cdot W_8^{2}\cdot W_8^{5} \qquad \cdots\cdots (3.23)$$

となる．

このように式(3.18)にN^2個ある位相回転因子W_N^mを，その指数性と周期性を利用して，うまい具合に分割してやると，式(3.18)の中には，同じ掛け算項が非常にたくさんできるであろう．そして，それらをうまく括弧でくくることにより，合計の掛け算回数を大幅に減らすことができる．これがFFTアルゴリズムの原理である．

●バタフライ演算

図3.6に，Cooley-TukeyによるFFTアルゴリズムの信号流れ図($N=8$の場合)を示す．FFTは，バタフライとよばれる単純な演算ユニット〔**図3.6(b)**〕の組み合わせによって構成されている．

図3.6において，例としてX_5を求めるときのx_3の寄与を示す流れをとくに太い線で表した．この線に沿ってx_3にかかっていく係数を同図(**b**)のバタフライの説明図を用いて調べると，それは，

$$W^0\cdot W^2\cdot W^5 \qquad \cdots\cdots (3.24)$$

図3.6 Cooley-TukeyのFFTのアルゴリズム

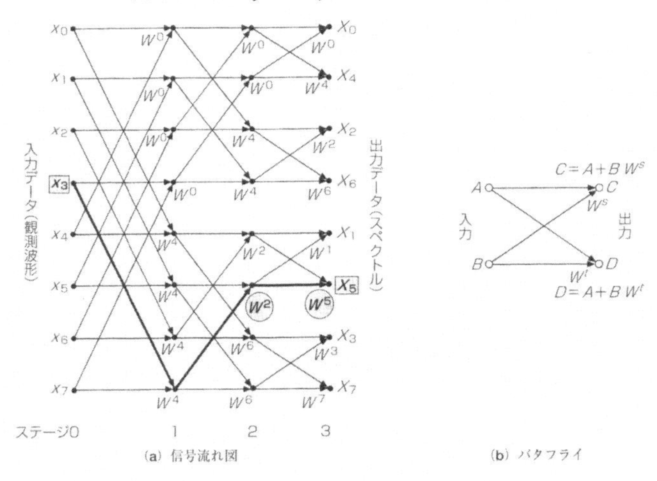

(a) 信号流れ図　(b) バタフライ

図3.7 Sande-TukeyのアルゴリズムⅠ ($N = 8$)

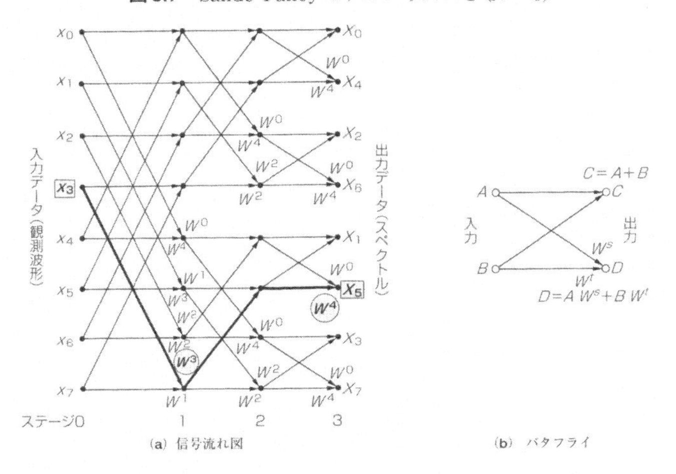

(a) 信号流れ図　(b) バタフライ

となっている[注1]．これは式(3.23)と一致し，この流れにより式(3.18)のx_3W^{15}が実行されることがわかる．

図3.7は，Sande-TukeyのFFTアルゴリズムと呼ばれる方法である[2]．信号の流れの構造は**図3.6**とまったく同じであるが，基本演算であるバタフライの計算が違っている〔**図3.7(b)**〕．つまり，位相回転因子の分割の仕方が異なり，X_5を求めるときのx_3にかかる因子W_8^{15}は，図を追えば，

$$W^3 \cdot W^0 \cdot W^4 \ (= W^7 = W^{15}) \qquad \cdots\cdots (3.25)$$

注1：ステージ1ではA→Dの流れであり，**図3.6(a)**より，W^4はかからない．

となっている．**図3.6**，**図3.7**ともバタフライの中は足し算と掛け算のみで引き算はなかったが，引き算を利用するとさらにW_N^mの数を減らすことができる．すなわち式(3.18)から明らかなように，

$$W_N^m = -W_N^{m-\frac{N}{2}} \qquad \cdots\cdots (3.26)$$

が成り立ち，W_N^mはW_N^0 から$W_N^{\frac{N}{2}-1}$ までの$N/2$個ですむ．これをSande-Tukeyのアルゴリズムに応用すると，$N=8$の場合，**図3.8**のようになる．

フーリエ変換のプログラム例を**リスト3.1**に示す．

図3.8　Sande-TukeyのアルゴリズムII ($N=8$)

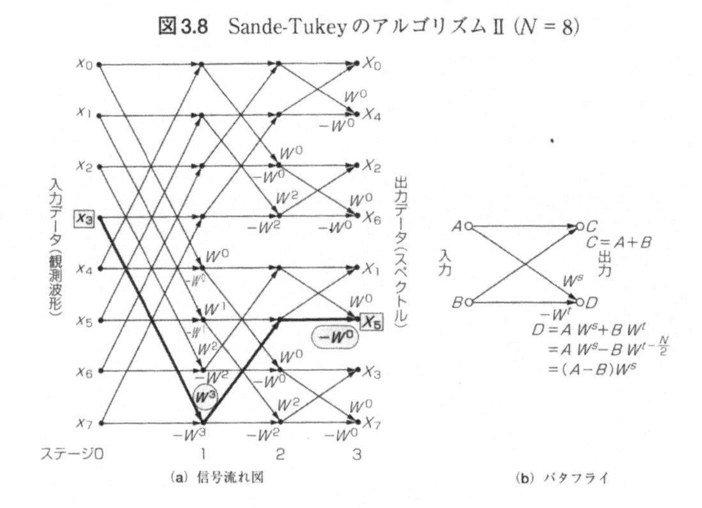

(a) 信号流れ図　(b) バタフライ

リスト3.1　フーリエ変換のプログラム

```
/* FFT Program */

#include <stdio.h>
#include <stdlib.h>
#include <math.h>

#define PI 3.141592653589793
#define SIZE 512
#define SIZEMAX SIZE*4

float Sin[SIZEMAX], Cos[SIZEMAX];
int maketable = 0;
int tablesize;


/*
```

リスト3.1 フーリエ変換のプログラム（つづき）

```
    データは,以下のように中央にゼロ周波数のデータを入れる.
    Data is given as  data[0] ---- data[63] data[64] ---- data[127]
                       -64           -1       0             +63
    flag : Select FFT (1) or Inverse FFT (-1)
*/

FFT1D( RealData, ImageData, n, flag, normalize )
float RealData[], ImageData[];
int n, flag;
int normalize;
{
    int i, j, it, xp, xp2, k, j1, j2, im1, jm1;
    float sign, wr, wi, dr1, dr2, di1, di2, tr, ti;
    static float *WReal, *WImage;
    int arg, w;
    int iter;

    if( n < 2 )
        return( -1 );

    if( maketable == 0 )
    {
        MakeTable( n ); /* 三角関数テーブルの作成 */
        maketable = 1;
        tablesize = n;
    }

    WReal = (float *)malloc( sizeof(float)*n );
                                                /* データ格納領域の確保 */
    WImage = (float *)malloc( sizeof(float)*n );
    if( WReal == NULL || WImage == NULL )
    {
        printf( "Memory Over¥n" );
        exit(0);
    }

/* データの入れ替え */
    memcpy( WReal, &RealData[n/2], sizeof(float)*(n/2) );
    memcpy( WImage, &ImageData[n/2], sizeof(float)*(n/2) );
    memcpy( &WReal[n/2], &RealData[0], sizeof(float)*(n/2) );
    memcpy( &WImage[n/2], &ImageData[0], sizeof(float)*(n/2) );

    iter = 0;
    i = n;
    while( 1 )
    {
        if( ( i /= 2 ) == 0 )
            break;
        iter++;
    }

    j = 1;
    for( i = 0; i < iter; i++ )
        j << 1;

    if( flag == 1 || flag == 0 )
```

リスト3.1 フーリエ変換のプログラム（つづき）

```
        sign = 1.0;
    else
        sign = -1.0;

    xp2 = n;

    for( it = 0; it < iter; it++ )
    {
        xp = xp2;
        xp2 = xp / 2;
        w = n / xp2;
        for( k = 0; k < xp2; k++ )
        {
            arg = k * w;
            wr = Cos[arg];
            wi = sign * Sin[arg];
            i = k - xp;
            for( j = xp; j <= n; j+= xp )
            {
                j1 = j + i;
                j2 = j1 + xp2;
                dr1 = WReal[j1];
                dr2 = WReal[j2];
                di1 = WImage[j1];
                di2 = WImage[j2];
                tr = dr1 - dr2;
                ti = di1 - di2;
                WReal[j1] = dr1 + dr2;
                WImage[j1] = di1 + di2;
                WReal[j2] = tr * wr - ti * wi;
                WImage[j2] = ti * wr + tr * wi;
            }
        }
    }

    j1 = n / 2;
    j2 = n - 1;
    j = 1;

    for( i = 1; i < j2; i++ )
    {
        if( i < j )
        {
            im1 = i - 1;
            jm1 = j - 1;
            tr = WReal[jm1];
            ti = WImage[jm1];
            WReal[jm1] = WReal[im1];
            WImage[jm1] = WImage[im1];
            WReal[im1] = tr;
            WImage[im1] = ti;
        }
        k = j1;
        while( k < j )
        {
            j -= k;
```

リスト3.1　フーリエ変換のプログラム（つづき）

```
            k /= 2;
        }
        j += k;
    }

/*規格化 */
    if( normalize != 0 )
    {
        w = sqrt((float)n);
        for( i = 0; i < n; i++ )
        {
            WReal[i] = WReal[i] / w;
            WImage[i] = WImage[i] / w;
        }
    }

/* 計算結果の並び替え */
    memcpy( &RealData[n/2], WReal, sizeof(float)*(n/2) );
    memcpy( &ImageData[n/2], WImage, sizeof(float)*(n/2) );
    memcpy( &RealData[0], &WReal[n/2], sizeof(float)*(n/2) );
    memcpy( &ImageData[0], &WImage[n/2], sizeof(float)*(n/2) );

    return(0);
}

MakeTable(n) /* 三角関数テーブルの作成 */
int n;
{
    int i;

    for( i = 0; i < n; i++ )
    {
        Sin[i] = sin((float)PI*i/n);
        Cos[i] = cos((float)PI*i/n);
    }
}
```

3.4　積分範囲のずれについて

フーリエ変換の大原則は，$-L/2$から$L/2$の範囲の信号が無限に繰り返し続くことである．しかし，**図3.9**に示すように，無限に連続してつながっている信号〔**図3.9(a)**〕の適当な長さを$-L/2 \sim L/2$として切り出すと，フーリエ変換は本来の連続信号ではなく，**図3.9(b)**，**(c)**のような信号と勘違いしてその周波数解析を行う．

図3.9(b)と**(c)**では，そのつながり方が異なっているが，いずれの場合も積分範囲の両端において本来の信号とは異なる波形となってしまう．その結果，これらをフーリエ変換の式に基づいて計算すると，**図3.10**に示すように，信号の正しい周波数を示さず，偽のスペクト

図3.9　フーリエ変換の問題点（積分範囲の長さの問題）

図3.10　フーリエ変換の問題点（疑のスペクトル，アーティファクト）

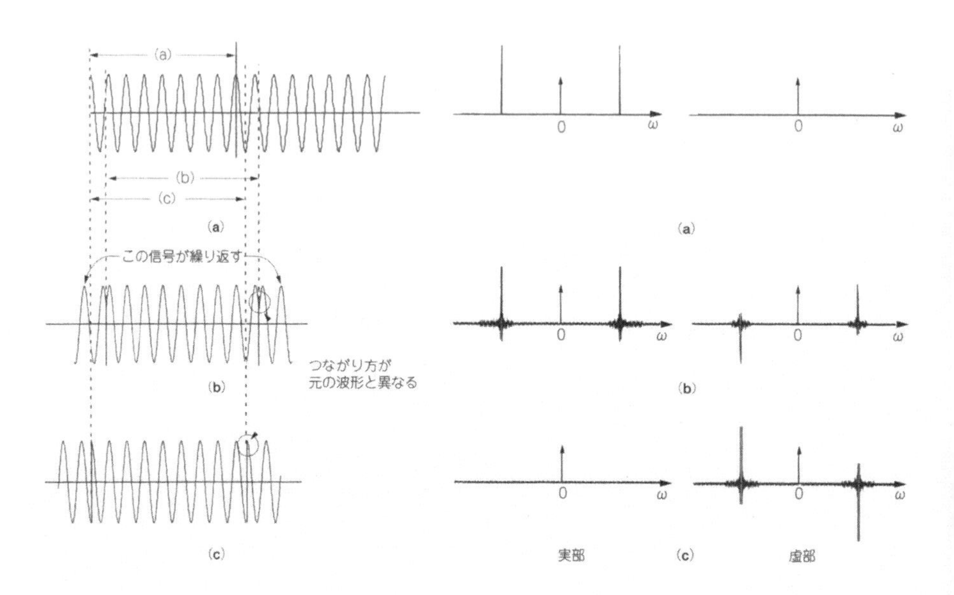

ル（アーティファクト）が得られる．

図3.11は，画像とその2次元フーリエ変換である．フーリエ変換にある十文字は，x方向，y方向にそれぞれ画像の積分範囲が繰り返し続くことによる両端の不連続がもたらすアーティファクトである．

一般に，高い周波数成分（積分範囲内にたくさんの周期がある）に対してはその影響は軽微であり，超低周波においては本当の信号以上に支配的となる．この図においても，0周波数（軸上）に大きな値が生じている．

このようなアーティファクトは，日常のFFT処理においても気づかずに生じており，大変危険である．アーティファクトを消すためには，積分範囲を周期性がつながるように正しくとればよいのだが，現実には信号の周波数を知らないからフーリエ変換するのであって，正しい積分範囲があらかじめわかるようなことはない．そこで，窓（Window）処理が次善の策としてとられることが多い．

Window処理は，**図3.12**に示すように被計測データから積分範囲を単純に切り出すのではなく，その両端を滑らかに値をおさえる処理を行う．このようにすると，両端の不連続さを軽減させてアーティファクトを減らすことができる．

図 3.11 2次元フーリエ変換結果

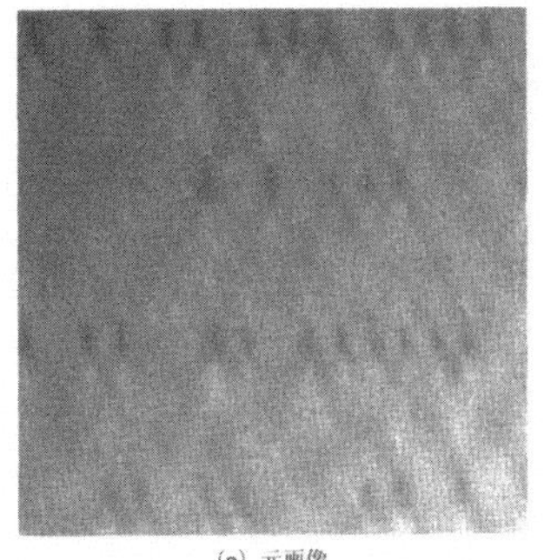

(a) 元画像

(b) フーリエ変換結果

ただし，本来の連続信号を周期Lでもって抑圧するので，別のアーティファクト(スペクトルのボケ)を生ずる．このアーティファクト(ボケ)が不連続性が生むアーティファクトよりも見え方が「まし」というだけであるが，スペクトル解析には実用上有用である．Windowの形は，**図 3.13** に示すようにいくつかある．

積分範囲の取り方によるアーティファクトの発生程度は，その長さLの取り方に加え，その位置にも大きく依存する．**図 3.14** に示すように，Lの範囲をずらすとそのスペクトルが大きく変わる．この場合においてもWindow処理でこの影響を軽減するしかない．

図 3.12 Window処理

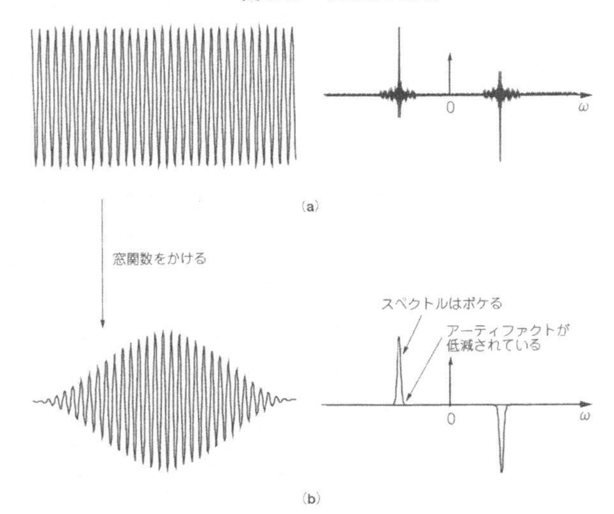

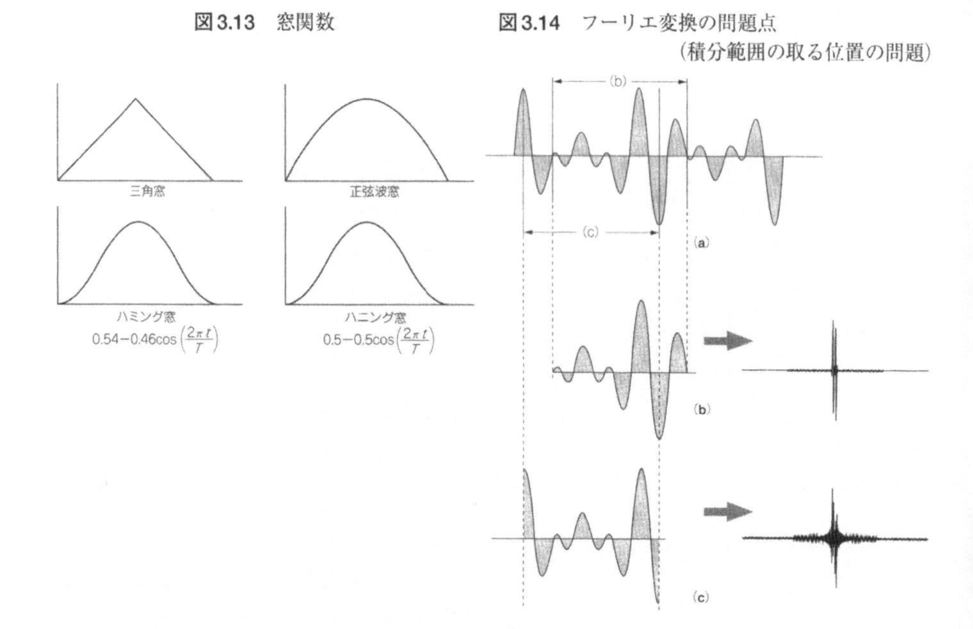

図3.13 窓関数

図3.14 フーリエ変換の問題点（積分範囲の取る位置の問題）

3.5 SSFT ―― 瞬間的フーリエ変換法

繰り返し述べているように，フーリエ変換（あるいはフーリエ級数展開）は一定周期で無限に繰り返す信号の変換法・解析法だが，しかし無限に繰り返す信号など実際には存在しない．数学の世界だけの話である．

図3.1 のばねの振動のモデルは，数学的には無限に一定の振動数の波を発生するが，現実には，おもりの重さによってばねが少しずつ伸びてゆき，厳密にはばね定数の値が時間的に変化する〔**図3.15**（**a**）〕．その結果，振動周波数は時間的に変化し〔**図3.15**（**b**）〕，長時間測定するとスペクトルは広がってぼけたものとなる〔**図3.15**（**c**）の斜線部〕．

これはもちろん，ばねの刻々の正しい振動周波数を与えてはいない．ここに瞬間周波数という考え方が生まれる．すなわち，信号は一般的に式(3.7)のように一定な周波数ω_0をもつのではなく，

$$y(t) = \sin\{\omega_0(t)\,t\} \qquad \cdots\cdots (3.27)$$

となり，時間tの関数，$\omega_0(t)$で振動する．

このように，変化する信号の周波数解析を行う古典的考え方は，有限時間的で測定した現

図3.15　伸びるばね系のスペクトル

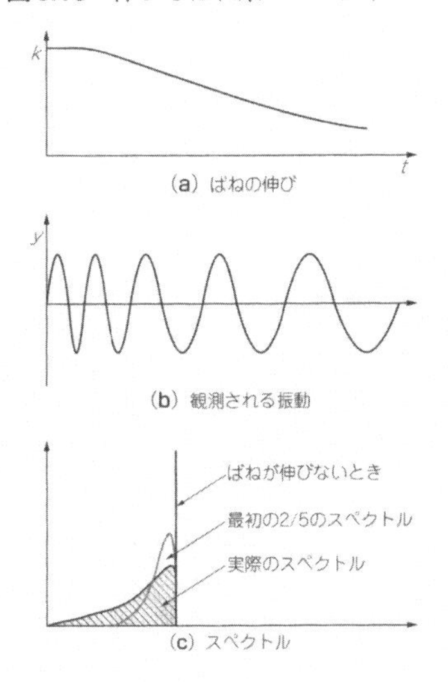

象だけを用い，その外でも同じ状態が繰り返すものと仮定してフーリエ変換する方法である．耳が音楽を理解するメカニズムはそれであり，楽譜の表記もこの考え方にしたがっていると考えることができる．

この原理を数学的に表すと，

$$Y(\omega, t_0) = \frac{1}{L}\int_{-\frac{L}{2}+t_0}^{\frac{L}{2}+t_0} y(t)\,\mathrm{e}^{-j\omega(t+t_0)}dt \quad \cdots\cdots (3.28)$$

となる．これは，式(3.5)のフーリエ変換と定義式に積分範囲の移動が加わった式であり，スペクトル$Y(\omega)$が時間t_0の関数$Y(\omega, t_0)$となった．

このように，フーリエ変換の範囲(窓)をずらして刻々フーリエ変換することは，スペクトルアナライザとして広く周波数解析に用いられており，また，式(3.25)の計算方法は**SSFT**(**Short Segment Fourier Transform**)または**STFT**(**Short Time Fourier Transform**)と呼ばれている．t_0はLごとに離散的でよいが，連続的にずらしてもかまわない．離散的だと楽譜の音符と同じであり，連続的だと冗長になる．これらのいずれにおいても，先に述べたWindow処理が必要であることは変わらない．

3.6　ウェーブレット変換とフーリエ変換との対応

ここでフーリエ変換したい物理現象の持続時間について考えてみよう．高い周波数の信号と低い周波数の信号を比較すると，一般に，高い周波数の信号が先に減衰して終わる．低音は長く響いて高音は早く消えてしまう．だから，ピアノを演奏すると，左手はゆっくり右手は速く弾く場合が多い．一つの音階を隣の音階から分離して確定するための最低の時間(音程分解)が，音程が低いほど長い必要があるともいえる(**図3.16**)．

そこで，周波数解析する信号の測定時間(積分範囲)を周波数によって変えてやれば，より現実的な周波数解析ができるかもしれない．このような解析法はウェーブレット変換(Wavelet変換)と呼ばれ，直感的，思いつき的ではあるが，興味をもつ人は多い．

フーリエ変換を基礎とするウェーブレット変換は，

$$Y(\omega, t_0) = \frac{\omega}{L}\int_{-\frac{L}{2\omega}+t_0}^{\frac{L}{2\omega}+t_0} y(t)\,\mathrm{e}^{-j\omega(t+t_0)}dt \quad \cdots\cdots (3.29)$$

図3.16　左手はおおらかに，右手は忙しく

で与えられる．これはSTFTの式(3.25)とほとんど同じで，積分範囲が長さLの代わりに振動数ωに依存するL/ωとなっていることだけが異なる．これを図に表すと，**図3.17**のようになる．波長をλとすると，

$$\omega=\frac{2\pi}{\lambda} \qquad \cdots\cdots\cdots\cdots (3.30)$$

であることより積分範囲のaは，

$$a=\frac{L}{\omega}=\frac{L\lambda}{2\pi} \quad \propto \quad \lambda \qquad \cdots\cdots\cdots\cdots (3.31)$$

で与えられ，波の長さに比例することがわかる．**図3.17**では，cos波(正確には$e^{-j\omega t}$)の100周期をaとすると，積分範囲におけるcos波の数はωが変わっても常に一定である．

さて，式(3.29)をもう一度よく眺めてみよう．すると，この式は$y(t)$と，

$$g(\omega,t)=\begin{cases}\dfrac{\omega}{L}e^{-j\omega t}, & -\dfrac{L}{2\omega}<t<\dfrac{L}{2\omega}\\ 0, & \text{それ以外}\end{cases} \qquad \cdots\cdots\cdots\cdots (3.32)$$

のコンボリューション(畳み込み)積分，

図3.17　ウェーブレット

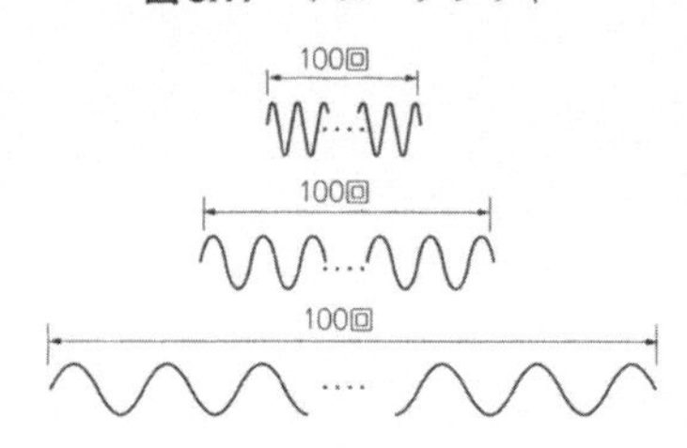

図3.18 アダマール変換

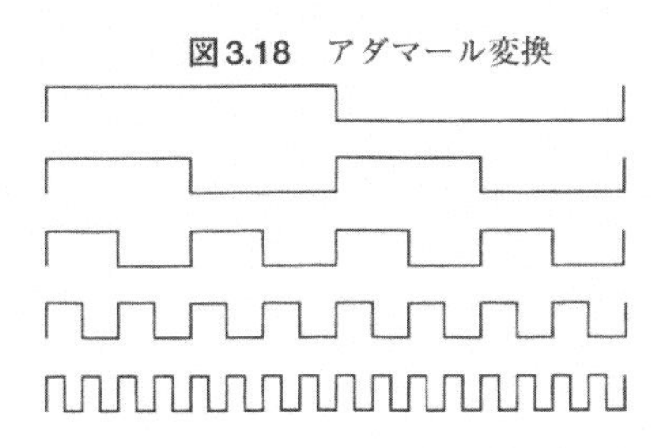

図3.19 ウェーブレットの例

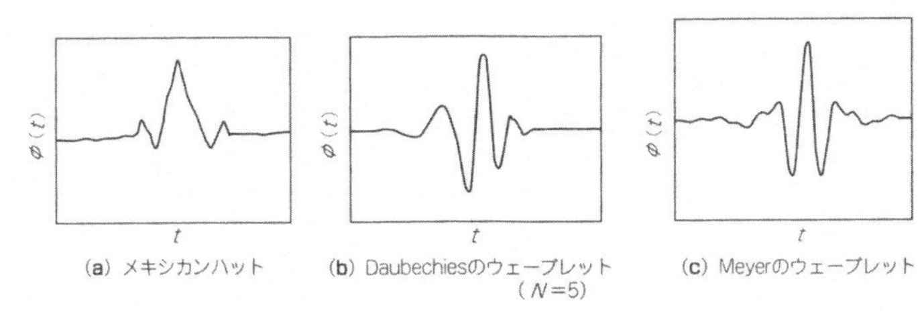

(a) メキシカンハット (b) Daubechiesのウェーブレット（$N=5$） (c) Meyerのウェーブレット

$$Y(\omega, t_0)=\int y(t)g(\omega, t+t_0)d \qquad \cdots\cdots\cdots (3.33)$$

であることがわかる．すなわち，**信号$y(t)$と$g(\omega, t)$の相関計算**をそれぞれのωに対して求めていることにほかならない．相関とは，二つの信号がどれぐらい互いに似ているかを示すものであり，両者が一致したときに最大値をとり，無相関なら0となる．

ふりかえってフーリエ変換とは，信号とcos波との相関を実部にsin波との相関を虚部に示したものと理解することができる．つまりSTFTは，刻々の意味における$-L/2\sim L/2$の範囲での各cos波，sin波との相関を求める計算と解釈できる．

信号の性質を知ることが目的であるのなら相関関数$g(\omega, t)$は$e^{-j\omega t}$でなくてもよいのではないか？ という疑問が出てくるかもしれないが，じつはそのとおりである．ただし，$g(\omega, t)$あるいは$g(a, t)$は直交関数でなければならない．すなわち，

$$g(\omega_j,t)\cdot g(\omega_k,t)\,dt=\begin{cases}1 & if\ \ j=k\\ 0 & if\ \ j\neq k\end{cases} \qquad \cdots\cdots\cdots\cdots\cdots\cdots\cdots (3.34)$$

である．

このような直交基は，フーリエ級数や三角関数以外にもいくらでも存在する．バイナリな信号に対してはフーリエ級数との相関を求めることに意味はなく，**図3.18**のようなパターンがよい．このような関数による相関計算は**アダマール変換**と呼ばれる．

このように，ウェーブレット変換すべきウェーブレットの関係は，測定信号の知りたい性質によって変わるべきであるが，とくに**図3.19**のような関数が代表的なものとして知られる．ただし，これらが別段優れているわけではない．

3.7 ウェーブレット変換の実例

ウェーブレット変換に用いられる関数は，フーリエ変換の場合と同様に解析関数でなければならない．解析関数とは，

$$\zeta = \xi + j\eta \qquad (3.35)$$

で表される複素数であり，η は ξ の，ξ は η のヒルベルト変換で与えられる．解析関数のスペクトルは正の周波数成分しか存在しない．たとえば，物質の光学定数である吸収スペクトルと屈折率スペクトルはヒルベルト変換の関係にあり，吸収を実部，屈折率を虚部にして複素関数として与えられるが，そのフーリエ変換は負の座標（時間軸）に値をもたない．光が入射するより前（時間軸で負）に物質が光吸収をはじめたり位相ずれを与えることはないからである．

通信におけるSSB（Single Side Band）信号も解析関数であるが，それはキャリア周波数を軸として負の周波数成分を0にするためである．

フーリエ変換では $\xi = \cos\omega t$，$\eta = \sin\omega t$ に対して $\zeta = \xi + j\eta$ である．

図3.20にウェーブレット変換の実例を示す．**図3.20(a)**は，周波数が時間に比例して変化する信号と，周波数が2回急に変化する信号である．これを2周期のcos関数をウェーブレットとして変換した結果が**図3.20(b)**である．縦軸 a は先に述べたとおり，ウェーブレットの長さ（積分範囲）を示す．明暗が細く繰り返されているのはcos関数をずらしていくと，それが途中でsin関数に変わり，それを繰り返すためである．

ウェーブレットを解析関数すなわち $\cos\omega t + j\sin\omega t$ にすることによって，この明暗の縞は解消する．図(**c**)は，その結果〔ただし結果は複素数になるので，その振動（絶対値）を表示した〕を表している．ここにおいても，ただ依然細かい振動が，とくに信号が急に変化するあたりに振動がみられるのはWindow処理をしていないためである．

図3.20(d)は，同じ二つの信号に対してSTFTを施した結果である．縦軸はウェーブレット変換との比較のため，あえて $a = (L/\omega)$ で表記した．ここにおいて，ウェーブレット変換はフーリエ変換より優れていると言えるだろうか？ 先に述べたとおり，ウェーブレット変換は多分に思いつき的に生まれた変換法でしかない．**リスト3.2**に，**図3.20(c)**の計算を実現するプログラムを示す．

図3.20　周波数が時間によって変化する信号のウェーブレット変換結果

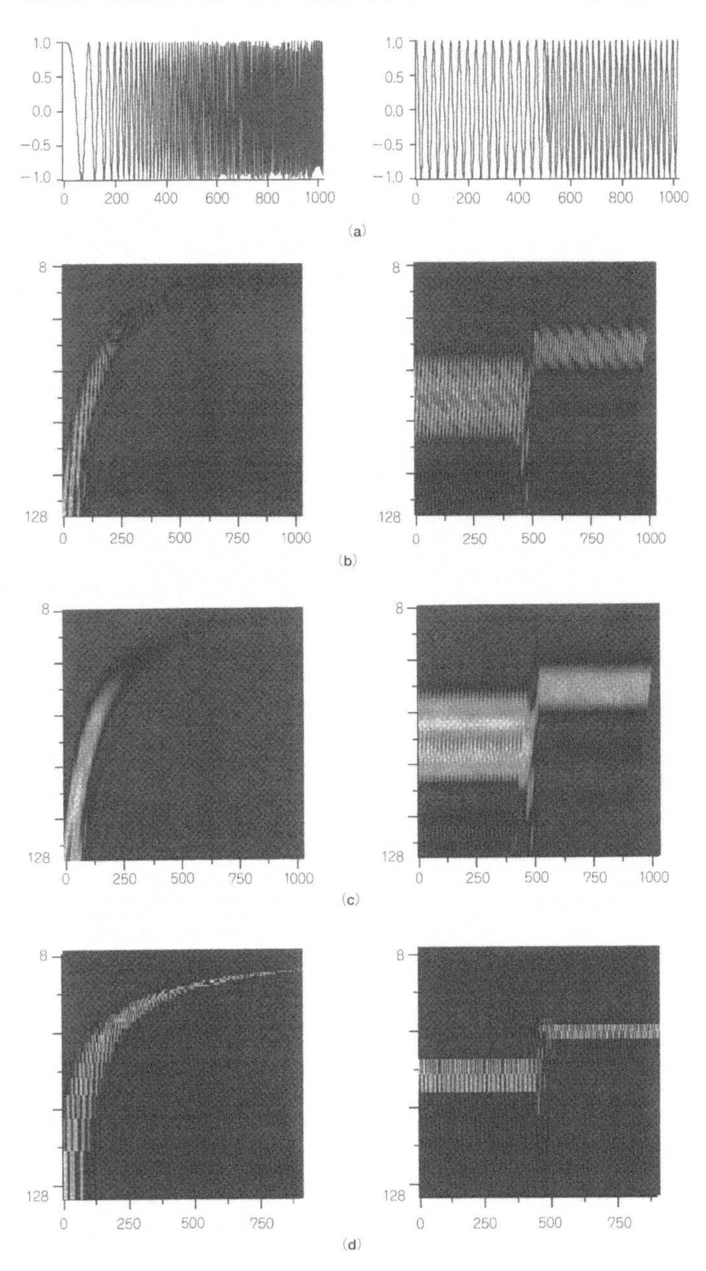

リスト3.2　ウェーブレット変換プログラム

```
/* ウェーブレット変換プログラム */

#include <stdio.h>
#include <stdlib.h>
#include <math.h>
#include <complex.h>

#define complex complex<float>
#define WAVELET 128
#define COUNT 100
#define PI 3.141592

int MakeWavelet( complex *wavelet, int size );

main(int argc, char *argv[])
{
     float a;
     static complex wavelet[WAVELET];
     static complex data[2048];
     static complex result[129][2048];
     static float resulti[129][2048];
     FILE *fp;
     int i, j, k;
     static char buff[256];
     int datasize, size;

     fp = fopen( argv[1], "rt" );
     i = 0;
     while(1)                                    /* データの読み込み */
     {
          if( fgets( buff, 256, fp ) == NULL )
               break;
          data[i] = complex( (float)atof( buff ), 0.0);
          i++;
     }
     fclose( fp );

     datasize = i;

     for( size = 9; size <= 128; size++ )/* Waveletの大きさを徐々に変化させる*/
     {
          printf( "%dIn", size );
          MakeWavelet( wavelet, size );     /* Waveletの作成 */
          for( i = 0; i < datasize; i++ )
          {
               result[size][i] = complex( 0.0, 0.0 );
          }
          for( i = 0; i < datasize-size; i++ )
          {
               result[size][i] = 0.0;
               for( k = 0; k < size; k++ )          /* waveletとの相関を計算 */
               {
                    result[size][i] += wavelet[k]*data[i+k];
               }
          }
     }
```

リスト3.2 ウェーブレット変換プログラム(つづき)

```
//	fp = fopen( "result-b", "wb" );
	fp = fopen( "result-b", "wt" );
	for( size = 9; size <= 128; size++ )
	{
		for( i = 0; i < datasize; i++ )
		{
			resulti[size][i] = abs( result[size][i] );
		}

		for( i = 0; i < datasize-1; i++ )
		{
			fprintf( fp, "%f, ", resulti[size][i] );
		}
		fprintf( fp, "%fIn", resulti[size][datasize-1] );

//		fwrite( resulti[size], sizeof(float), datasize, fp );
	}
	fclose( fp );

}

MakeWavelet( complex *wavelet, int size )
{
	int i;

	for( i = 0; i < size; i++ )
	{
		wavelet[i] = complex( cos( 4.0*PI*(i-size/2)/(size-1) ),
						sin(4.0*PI*(i-size/2)/(size-1)));
	}
}
```

3.8 微分方程式の逆問題としての動的周波数解析法MARS (移動自己回帰系)

STFTであれウェーブレット変換であれ，瞬間周波数成分を見つけるための窓(積分範囲)が狭くなると，似通った信号の識別は難しくなる．窓を広くすることによって，互いに近い周波数をもつ二つの周期信号を分離して識別できる(**図3.21**)．

一方，積分範囲を広くとると，その間における周波数変化に追従できずにスペクトルがぼけてしまう．周波数精度(分解能)を求めるためには積分範囲を広くとる必要があるのだが，そうすると信号の変動によってスペクトルはぼけてしまい，逆に信号の変動を影響を軽減するために積分範囲を狭めると，周波数分解能は低下する．

このフーリエ変換やウェーブレット変換の本質的限界である不確定性原理を一気に克服する方法が，**MARS** (**Movable Auto Regressive System**) 法である．これは，ほかの方法が積分形式(出力波形)の信号解析をしているのに対して，微分形式(信号を発生する源)の信号

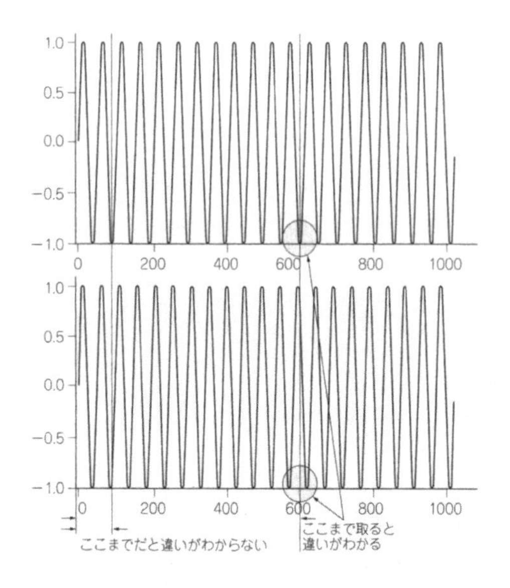

図3.21
似通った信号の識別と積分範囲の大きさとの関係

(パラメータ)の解析をする．

すなわち，微分形である**図3.1**の運動方程式，

$$m\frac{d^2y}{dt^2}=-ky(t) \qquad \cdots\cdots (3.36)$$

の係数k/mを発生信号である$y(t)$から推定してやればよい．

式(3.36)の$y(t)$を求めることが，方程式の一般的な解決問題とするならば，式(3.36)の係数を求めることは，その逆問題(inverse problem)であるといえる．

式(3.36)は，$y(t)$とその2次微係数$d^2y(t)/dt^2$の値が$t=t_0$で与えられたなら，その後の$y(t)$はすべて自動的に決まることを意味している．これは，**図3.1**に戻れば当たり前のことで，ばねをある長さに引っ張って離してやると，後は勝手に振動し続けるのである(ただし，kは位置y，時間tにかかわらず一定という近似・仮定のもとで)．

そこで，$y(t)$を離散的に　$y_1=y(t_0)$，$y_2=y(t_0+\Delta t)$，……，$y_k=y\{t_0+(k-1)\Delta t\}$と表すと，式(3.36)にしたがって発生する信号は，

$$y_n=a_1y_{n-1}+a_2y_{n-2}+a_3y_{n-3} \qquad \cdots\cdots (3.37)$$

で与えられるはずである．ただし，サンプリング間隔Δtは，信号のもつ最高周波数を，ナイキストの定理を満足して表現できるだけ十分に小さいものとする．

ここで，**図3.22**に示すように，各点ごとにその前の3点に適当な重みa_1，a_2，a_3を掛けることによって得られるy_nと，実際に測定されたy_nの最小2乗誤差を最小にするという問題に

注1：ARモデル(Auto-Regressive Model：自己回帰モデル)．確率過程のモデルの一つ．

図3.22 ARモデル[注1]の例

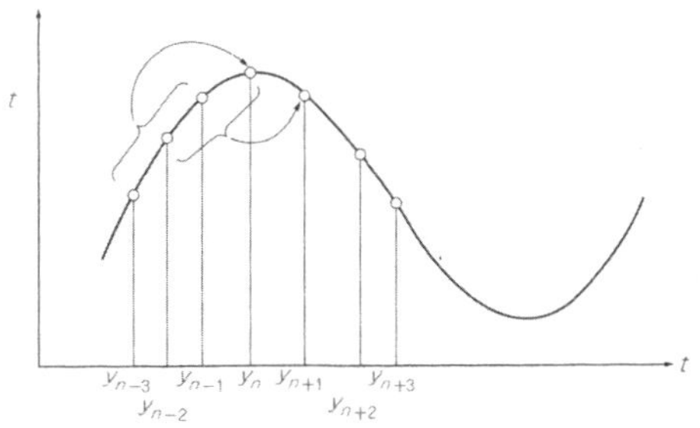

帰着させせられる．すなわち問題は，各点y_n，y_{n+1}，……，y_{n+1}において，

$$\begin{bmatrix} y_n \\ y_{n+1} \\ \vdots \\ y_{n+N} \end{bmatrix} \cong \begin{bmatrix} y_{n-1} & y_{n-2} & y_{n-3} \\ y_n & & \\ y_{n+1} & & \\ \vdots & & \\ y_{n+N-1} & & y_{n+N-3} \end{bmatrix} \begin{bmatrix} a_1 \\ a_2 \\ a_3 \end{bmatrix} \quad \cdots\cdots (3.38)$$

を常に満足するa_1，a_2，a_3の解決問題となる．式(3.38)をベクトル・行列を用いて，

$$\boldsymbol{y} \cong [\boldsymbol{y}]\boldsymbol{a} \quad \cdots\cdots (3.39)$$

と表すと最小二乗解$\boldsymbol{a}$は，

$$\hat{\boldsymbol{a}} = [R]^{-1}[\boldsymbol{y}]'\boldsymbol{y} \quad \cdots\cdots (3.40)$$

となる．ここで，$[R]$は$[\boldsymbol{y}]'[\boldsymbol{y}]$で$\boldsymbol{y}$の共分散行列である．

最小2乗解$\boldsymbol{a}$が求まれば，そのa_1，a_2，a_3と角周波数ωの間には，

$$1 - \sum_{k=1}^{3} a_k e^{-j\omega k \Delta T} = 0 \quad \cdots\cdots (3.41)$$

の関係があるので，この式を用いてωが求まる．このあたりの詳しい説明は第5章を参照されたい．ここでは結論を急ぐことにしよう．

リスト3.3に，MARSのプログラム例を示す．**図3.23**は，このプログラムにしたがって行ったスペクトル推定のシミュレーション結果である．図(**a**)は，時間とともに周波数が増加する二つの正弦波と，それからMARS法で求めたスペクトルの変化である．

図(**a**)，(**b**)ともに，周波数の変化が激しすぎてSTFTやウェーブレットではとても求まらない．もちろん，目で見て眺めても，これが二つの周波数成分から成り，それがともに増加，あるいは一方が増加，他方が減少していることなどはとてもわからない．その点，MARSはたいへん有効である．**図3.24**は，二つの正弦波の強度に数倍の差があるときのスペクトル推定の結果である．なお，この手法MARSは著者によって発明された動的周波数推定法の決定

図3.23 MARSのスペクトル推定結果[7]

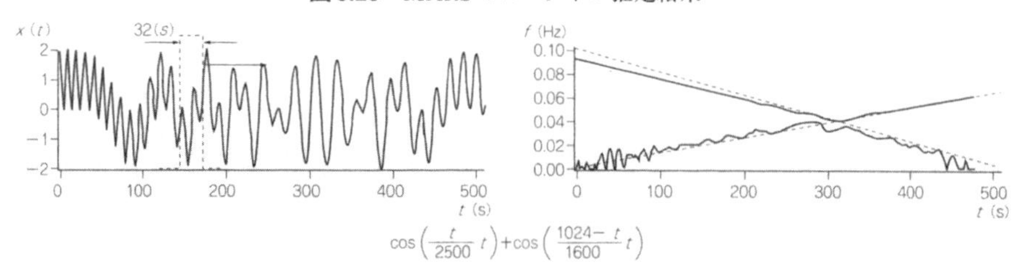

図3.24 MARSのスペクトル推定結果(二つの正弦波の強度に数倍の差がある場合)

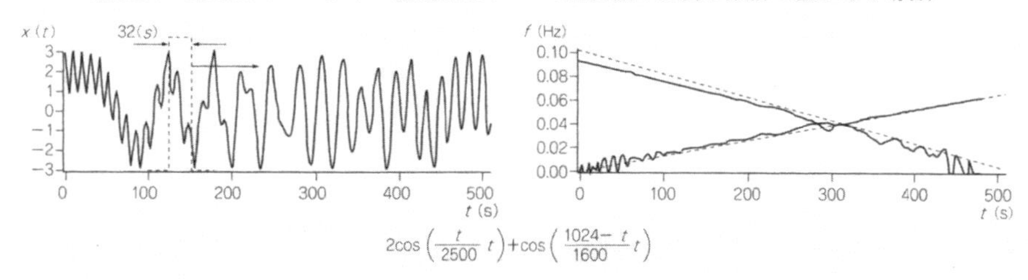

版である.

さて最後の課題は，a_1，a_2，a_3……をいくつまで求めるかである．それによって，求まる周波数の数が変わる．これは$[R]$の固有値の大きさで決める．固有値の対を大きいほうから並べ，その変化のカーブが変わる固有値数以下に，aの数を選ぶ．それ以上の次数を求めると，計算の誤差や雑音を無理矢理に単一周波数のj記号に当てはめていることにしかならない．

このような自動的次数決定法は，「赤池の基準(AIC)[8]」と呼ばれる．現実には，この方法に頼りすぎるのは危険であり，ある程度の信号の成分予測・推定が必要であろう．

参考文献

1) J.W. Cooly and J.W. Turkey, *Math. Comput.*, Vol.19, pp.297～301, April 1965

2) B. Boashash著，S. Haykin編，*Advances in Spectrum Analysis and Array Processing*，Prentice-Hall, 1991，Vol. 1，Chap. 9，p.418

3) I. Daubechies，"Ten Lectures on Wavelets"，*IEEE Signal Processing MAGAZINE*，Vol. 8，No. 4, 1991

4) R. N. Bracewell, *The Fourier Transform and It' s Applications*，McGraw-Hill，1965

5) A. Papoulis，*The Fourier Integral and Its Applications*，McGraw-Hill, 1962(大槻，平田訳，『工学のための応用フーリエ積分』，オーム社，1967)

6) 日野幹雄，『スペクトル解析』，朝倉書店，1977

7) T. Shigeoka, O. Nakamura, and S. Kawata, Jpn, *J. Appl. Phys.* vol.36, pp.L522～L523, 1997

8) H. Akaike, *Annals of Institute Statistical Mathematics*, vol.21, pp.203～217, 1969

リスト3.3 MARSプログラム(a)

```
/* MARSプログラム */
/* C++にて記述(複素演算部) */

#include <stdio.h>
#include <math.h>
#include <malloc.h>
#include <complex.h>


#define SIZE 1024
#define WINDOW 16
#define ARORDER 2


extern void DMatPrint( double *a[], int row, int colum );
extern void DMatTrans( double *a[], double *result[], int row,
    int colum );
extern int DMatInv( double *a[], double *result[], int row, int colum );
extern void DMatAdd( double *a[], double *b[], double *result[], int row,
    int colum );
extern void DMatSub( double *a[], double *b[], double *result[], int row,
    int colum );
extern int DMatMultiply( double *a[], double *b[], double *result[],
    int row1, int colum1, int row2, int colum2, int row3, int colum3 );
extern int Dka( double *c, complex *result, int n, double eps);


main(int argc, char *argv[] )
{
    FILE *fp;
    static double wave[SIZE];
    static double data[WINDOW+ARORDER*2];

    double *a[ARORDER*2];
    double *h[WINDOW];
    double *x[WINDOW];
    double *ht[ARORDER*2];
    double *hth[ARORDER*2];
    double *hthinv[ARORDER*2];
    double *result[ARORDER*2];
    double keisuu[5];
    complex solution[ARORDER*2];
    int i, j, k;
    char buff[256];
    complex freq[ARORDER*2];

    double check[20];
    double *test[ARORDER*2];
    double temp;
    complex ctemp;

    for( i = 0; i < WINDOW; i++ ) /* 配列のメモリ確保 */
    {
         h[i] = (double *)malloc( sizeof(double)*ARORDER*2 );
         x[i] = (double *)malloc( sizeof(double)*1 );
         if( h[i] == NULL || x[i] == NULL )
              printf( "Memory OverIn" );
    }
```

リスト3.3 MARSプログラム(**a**)（つづき）

```
    for( i = 0; i < ARORDER*2; i++ )
    {
        a[i] = (double *)malloc( sizeof(double)*1 );
        ht[i] = (double *)malloc( sizeof(double)*WINDOW );
        hth[i] = (double *)malloc( sizeof(double)*ARORDER*2 );
        hthinv[i] = (double *)malloc( sizeof(double)*ARORDER*2 );
        result[i] = (double *)malloc( sizeof(double)*WINDOW );
        if( a[i] == NULL || ht[i] == NULL ||
            hth[i] == NULL || hthinv[i] == NULL || result[i] == NULL )
            printf( "Memory Over\n" );

    }

    fp = fopen( argv[1], "rt" );
    if( fp == NULL )
    {
        printf( "Can't open file\n" );
        exit(0);
    }

    for( i = 0; i < SIZE; i++ )   /* データ読み込み */
    {
        fgets( buff, 256, fp );
        wave[i] = atof( buff );
    }

    for( i = 0; i < SIZE-WINDOW-ARORDER*2; i++ )
    {
        memcpy( data, &wave[i], sizeof(double)*(WINDOW+ARORDER*2));
        for( j = 0; j < WINDOW; j++ )
        {
            x[j][0] = data[WINDOW+ARORDER*2-j-1];
            for( k = 0; k < ARORDER*2; k++ )
            {
                h[j][k] = data[WINDOW+ARORDER*2-j-1-(k+1)];
            }
        }

        DMatTrans(h, ht, WINDOW, ARORDER*2);        /* Hの転置行列計算 */
        DMatMultiply( ht, h, hth,                    /* H^t H の計算 */
            ARORDER*2, WINDOW, WINDOW, ARORDER*2, ARORDER*2,
    ARORDER*2 );
        DMatInv( hth, hthinv, ARORDER*2, ARORDER*2 );
/* H^t Hの逆行列の計算 */

        DMatMultiply( hthinv, ht, result,
            ARORDER*2, ARORDER*2, ARORDER*2, WINDOW, ARORDER*2,
    WINDOW );  /* (H^t H)^-1 H^t 計算 */
        DMatMultiply( result, x, a,
            ARORDER*2, WINDOW, WINDOW, 1, ARORDER*2, 1 );
/* a^ 計算 */

        for( j = 0; j < ARORDER*2; j++ )
        {
            keisuu[j] = -a[ARORDER*2-1-j][0];
        }
        keisuu[ARORDER*2] = 1.0;
```

リスト3.3 MARSプログラム(**a**)(つづき)

```
        Dka( keisuu, solution, ARORDER*2, 1.0e-6 );
    /* a^を係数とする多項式の解をDKA法を用いて解く */

        for( j = 0; j < ARORDER*2; j++ ) /* 多項式の解から周波数を求める */
        {
            freq[j] = log(solution[j]);
        }

        for( k = 0; k < ARORDER*2; k++ ) /* 周波数の虚部が大きいものから並び替え */
        {
            for( j = k; j < ARORDER*2; j++ )
            {
                if( imag(freq[j]) > imag(freq[k]) )
                {
                    ctemp = freq[j];
                    freq[j] = freq[k];
                    freq[k] = ctemp;
                }
            }
        }

        for( j = 0; j < ARORDER*2-1; j++ )
        {
            printf( "%f, ", imag(freq[j]));
        }
        printf( "%fIn", imag(freq[ARORDER*2-1]) );
    }
}
```

リスト3.3 MARSプログラム(**b**)

```
/* DKA法を用いた多項式の解法プログラム */

#include <stdio.h>
#include <math.h>
#include <stdlib.h>
#include <malloc.h>
#include <complex.h>

/*
    f(x) = c[0]*x^n + c[1]*x^(n-1) + ..... + c[n]
    多項式の係数を配列cに,多項式の次数をnに,ループの終了判定条件値をepsに入れて
    この関数を実行すると,多項式の解が配列resultに入る
*/
int Dka( double *c, complex *result, int n, double eps )
{
    int m = 100;
    int i, j, k, flag;
    complex f1, f2, b, z, zmax, *ratio;
    double rmax, cf, p0, p1;
    complex *ri;

    ratio = (complex *)malloc( (n+1)*sizeof(complex));
    ri = (complex *)malloc( (n+1)*sizeof(complex));
```

リスト3.3　MARSプログラム(b)（つづき）

```
    for( i = 0; i < n; i++ )
    {
        result[i] = complex(0.0, 0.0);
    }

    for( i = 1; i < n+1; i++ )
    {
        c[i] = c[i] / c[0];
    }
    c[0] = 1.0;

    rmax = 0.0;
    b = -1.0 * c[1] / complex(n, 0.0);
    for(i = 2; i < n+1; i++ )
    {
        cf = (double)n * pow( abs( c[i] ), 1.0/i );
        if( rmax < cf )
            rmax = cf;
    }

    p0 = 3.0 / (double)(2*n);
    p1 = 2.0 * M_PI / (double)n;

    zmax = complex(rmax, 0.0);
    for( i = 0; i < n; i++ )
    {
        z = exp( complex(0.0, p0 + (double)i*p1));
        result[i] = b + z*zmax;
    }

    k = 0;
    while( k++ < m )
    {
        for( j = 0; j < n; j++ )
            ri[j] = result[j];
        for( i = 0; i < n; i++ )
        {
            f1 = c[0];
            f2 = complex(1.0, 0.0);
            for( j = 0; j < n; j++ )
            {
                f1 = f1*ri[i] + c[j+1];
                if( j != i )
                {
                    f2 = f2 * (ri[i] - ri[j]);
                }
            }
            ratio[i] = f1/f2;
            result[i] = ri[i] - ratio[i];
        }

        flag = 1;
        for( i = 0; i < n; i++ )
        {
            if( abs(ratio[i]) > eps )
            {
                flag = 0;
```

リスト3.3 MARSプログラム(b)(つづき)

```
                    break;
                }
            }
            if( flag )
            {
                free(ratio);
                return(1);
            }
        }
        free(ratio);
        return(0);
}
```

リスト3.3 MARSプログラム(c)

```
#include <stdio.h>
#include <stdlib.h>
#include <math.h>
#include <malloc.h>

#define DMATRIX
#include <mysetting.h>

void DMatPrint( double *a[], int row, int colum )  /* 行列の表示 */
{
    int i;
    int j;

    for( i = 0; i < row; i++ )
    {
        for( j = 0; j < colum; j++ )
        {
            printf( "%f ", a[i][j] );
        }
        printf( "In" );
    }

}

void DMatTrans( double *a[], double *result[], int row, int colum )
    /* 行列の転置行列を計算 */
{
    int i, j;

    for( i = 0; i < row; i++ )
    {
        for(j = 0; j < colum; j++ )
        {
            result[j][i] = a[i][j];
        }
    }
}

int DMatInv( double *a[], double *result[], int row, int colum )
    /* 逆行列を計算 */
{
```

リスト3.3 MARSプログラム(c)（つづき）

```
    double **temp;
    double pivot;
    double pivot2;
    int i, j, l;

    temp = (double **)malloc( sizeof(double *)*row );
    for( i = 0; i < row; i++ )
    {
        temp[i] = (double *)malloc( sizeof(double)*(colum*2));
        for( j = 0; j < colum*2; j++ )
            temp[i][j] = 0.0;
/*      memset( temp[i], 0, sizeof(double)*(colum*2));*/
    }
    for( i = 0; i < row; i++ )
    {
        for( j = 0; j < colum; j++ )
        {
            temp[i][j] = a[i][j];
        }
        temp[i][colum+i] = 1.0;
    }
    for( i = 0; i < row; i++ )
    {
        pivot = temp[i][i];
        if( pivot == 0.0 )
            return(0);

        for( j = 0; j < colum*2; j++ )
        {
            temp[i][j] /= pivot;
        }
        for( l = 0; l < row; l++ )
        {
            if( l == i )
                continue;
            pivot2 = temp[l][i];
            for( j = 0; j < colum*2; j++ )
            {
                temp[l][j] = temp[l][j] - pivot2 * temp[i][j];
            }
        }
    }
    for( i = 0; i < row; i++ )
    {
        for( j = 0; j < colum; j++ )
        {
            result[i][j] = temp[i][colum+j];
        }
    }
    return( 1 );
}

void DMatAdd( double *a[], double *b[], double *result[], int row,
    int colum )                                          /* 行列の足し算 */
{
    int i, j;
```

リスト3.3　MARSプログラム（c）（つづき）

```
    for( j = 0; j < row; j++ )
    {
        for( i = 0; i < colum; i++ )
        {
            result[j][i] = a[j][i] + b[j][i];
        }
    }
}

void DMatSub( double *a[], double *b[], double *result[], int row,
    int colum )                                          /* 行列の引き算 */
{
    int i, j;

    for( j = 0; j < row; j++ )
    {
        for( i = 0; i < colum; i++ )
        {
            result[j][i] = a[j][i] - b[j][i];
        }
    }
}

int DMatMultiply( double *a[], double *b[], double *result[],
    int row1, int colum1, int row2, int colum2, int row3, int colum3 )
                                                         /* 行列のかけ算 */
{
    int i, j, k, l;
    double temp;

    if( colum1 != row2 || row1 != row3 || colum2 != colum3 )
    {
        printf( "Size error\n" );
        return( 0 );
    }

    for( i = 0; i < row3; i++ )
    {
        for( j = 0; j < colum3; j++ )
        {
            temp = 0.0;
            for( k = 0; k < colum1; k++ )
            {
                temp += a[i][k] * b[k][j];
            }
            result[i][j] = temp;
        }
    }
    return( 1 );
}
```

第4章 フーリエ変換の分解能を超える周波数解析法

自己回帰モデルと最大エントロピー法

自然科学の世界はもちろんのこと，経済や政治の世界においても，周期性のある現象は多く見られる．それをいかにうまく見出すかが，才能あるサイエンティストやビジネスマン，ジャーナリストの腕にかかる．もちろん，科学計測データの中にも，さまざまな周期性が潜んでいて，それを見出すことは，重要な仕事である．

周期性は，観測波形あるいはその自己相関関数をフーリエ変換（FFT）することによって解析できる．しかし，FFTでは分解能とピーク周波数の推定精度に不確定性原理に基づく制約があり，周波数を高精度に解析することはできない．本章では，フーリエ変換の分解能を超える周波数解析法である最大エントロピー法（MEM）とその基礎となる自己回帰モデルについて原理を説明するとともに，発展的応用形態である減衰波形の解析法を解説する．

また，自己回帰モデルを理解するために必要となる数学的変換法であるz変換をAppendixに示した．

4.1 FFTの限界を超える

FFTで得られるスペクトルは，観測波形のサンプリング間隔をΔt，観測点数をNとすると，周波数間隔$\Delta\omega=(N\Delta t)^{-1}$の離散的な波形として与えられる．したがって，スペクトルの分解能はこの値$\Delta\omega$で制限される．この限界は，FFTを用いるかぎりどうしても避けることはできない[1)]．分解能を高くするためには，周期に比べて観測時間$N\Delta t$をできるだけ長くしなければならないが，天文物理学の観測のように周期が何年，何十年となる現象は現実的に十分な観測時間を費やすことが難しい．

では，この限界以上の分解能や精度で周波数解析ができないかというと，そうではない．FFTでは観測波形に関する条件はなく，周期性のない現象も含めて任意の波形が解析できるが，もし，観測波形がコサイン波$A\cos(\omega t)$で表されるとわかっていれば，未知パラメータは強度Aと周波数ωだけであり，位相を含めても三つである．

すなわち，コサイン波であるという先験情報を使うことが可能だと，FFTではN個の周波数強度を求めていたのに対し，$A\cos(\omega t)$を観測波形に直接フィッティングすることによって推定するパラメータは三つに減少し，その分だけ推定精度を高くすることができる．また，周波数ω自身を推定するので，FFTのように離散的な値しか得られないという問題もない．

このように，先験情報によってデータ処理の分解能や精度を向上させる方法は本章以外でもいくつか紹介されているが，この方法もその一つと考えることができる．

●自己回帰モデルと最大エントロピー法

周期性をもった波形にコサイン波をフィッティングする方法にも大きな問題がある．それは，フィッティングと一言にいっても，コサイン波形が周波数ωに対して非線形な関数なので，複雑な反復演算を必要とし計算時間がきわめて長くなってしまう（後述．7.1節参照）．そのため，この方法は現実的にはほとんど使われていない．本章で述べる**自己回帰モデル**は，コサイン波を表現するパラメータを線形最小二乗法を用いて求める手法であり，わずかな計算量でFFTの限界を超える高い分解能・精度の推定を行うことができる[1)-3)]．さらに，この自己回帰モデルを用いると，物理現象によくみられる指数関数的に減衰する信号波形$A\exp(-rt)$や減衰振動波形$A\exp(-rt)\cos(\omega t)$の解析も可能である．

この自己回帰モデル法は信号処理，音声処理の分野で注目されている**最大エントロピー法**（**Maximum Entropy Method, MEM**）と同一のスペクトル解析法である[1)]．MEMは地下探査の手法として提案され，その後，太陽の活動周期と年気温変動との相関，地震波解析，地磁気変動・地軸変動の解析などに画期的な成果を収めてきた．

原理は，有限な測定波形から，それだけでは測定不可能な大きなラグをもつ自己相関関数を情報エントロピーが最大になるように推定することによって高分解能のスペクトルを推定するというものである．したがって，無限に続く現象のほんの一部分だけからスペクトル解析を行うのに適しており，X線CTスキャナにおける観察角度制限されたデータからの断層像再構成法，望遠鏡や顕微鏡における回折限界を超えた像の推定，フーリエ分光測定におけるスペクトル分解能を向上する手法などとして利用されている．

独立に開発された自己回帰モデル法とMEMは結果的に同じ解析アルゴリズムになるので，本章では，自己回帰モデルの理論および応用例についてやさしく紹介し，MEMの理論的な説明は省略する．また，自己回帰モデルの拡張として，入力を考慮した新しいモデルについても述べる．

4.2 自己回帰モデルによる波形の表現

まず，周波数解析の基本となるコサイン波を指数関数で表してみる．オイラーの公式を用いれば，コサイン波は，

$$x(t) = A\cos(\omega t) = A/2\{e(j\omega t) + e(-j\omega t)\} \quad \cdots\cdots (4.1)$$

と表される．ここで，$-j\omega$，$j\omega$をそれぞれr_1，r_2とおくと，

$$x(t) = A_1\exp(-r_1 t) + A_2\exp(-r_2 t) \quad \cdots\cdots (4.2)$$

と書き直される．ただし，A_1，A_2は$A/2$である．この式は，コサイン波が共役な虚数の減衰定数$(-j\omega,\ j\omega)$をもつ二つの減衰信号波形の和として与えられることを示している．そこで本節では，まず，直感的に理解することが容易な1個の指数関数減衰信号の自己回帰モデルについて説明し，ついで多成分減衰波形，コサイン波，減衰振動波形の自己回帰モデルを解説する．

● 1次の自己回帰モデル

まず，信号波形$x(t)$が1個の指数関数で表される場合

$$x(t) = A\exp(-rt) \quad \cdots\cdots (4.3)$$

について，全体の高さ(強度)を表す定数Aと減衰の度合いを表す減衰定数rを観測された波形$x(t)$から求める問題を考えてみる．波形$x(t)$が実数だとすると，式(4.1)のコサイン波の場合とは異なり，減衰定数rも実数でなければならない．コンピュータで処理するために，式(4.3)の波形を時間間隔Δtでサンプリングすると，離散的な信号$x(n\Delta t) = x_n$ (nは整数)は，

$$x_n = A\exp(-rn\Delta t) \quad \cdots\cdots (4.4)$$

と表される．この式(4.4)は，

$$Z_0 = \exp(-r\Delta t) \quad \cdots\cdots (4.5)$$

を定義すると，

$$x_n = A[\exp(-r\Delta t)]^n = AZ_0^n \quad \cdots\cdots (4.6)$$

と変形することができる．式(4.6)は等比数列であり，データx_n ($n = 0,\ 1,\ 2,\ \cdots$)はAを初項とし公比$Z_0 = \exp(-r\Delta t)$で小さくなっていく数列である(**図4.1**)．したがって，x_nは漸化式を用いて，

$$x_0 = A \quad \cdots\cdots (4.7)$$

$$x_n = Z_0 x_{n-1} \quad \cdots\cdots (4.8)$$

と表すこともできる．この式(4.8)が，本章で紹介する解析法の基礎となる(1次の)自己回帰

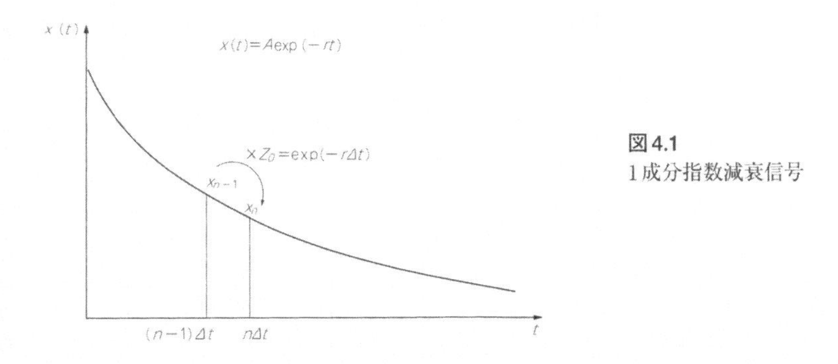

図 4.1
1成分指数減衰信号

モデルである．すなわち，自己回帰モデルとは，名前が示すように，時刻$n\Delta t$におけるデータ値x_nをそれより前の時刻の値x_{n-i} $(i \geqq 1)$の和（線形結合）で表現するモデルである[注1]．式(4.4)と式(4.8)を比べてみると，式(4.4)は指数関数が非線形な関数であるため，観測波形x_nからrを推定しようとすると，適当な初期値r_0を代入して非線形な指数関数を計算し，その誤差が小さくなるようにr_0を修正するという演算を何回，何十回も反復する必要があるが，式(4.8)は未知数Z_0に対して線形な式となっているので，後述するように，Z_0は1回の簡単な線形演算で求まり，それを式(4.5)に代入するとrが推定できる．したがって，同じ波形データ列を表すにもかかわらず，式(4.8)の自己回帰モデルを用いたほうが式(4.4)より減衰定数の解析が容易にできる．

●微分方程式との類似性

自己回帰モデルは，信号波形の生成過程を記述する微分方程式と類似な形をしていることについて述べる．式(4.3)の指数関数は，1次の微分方程式

$$dx(t)/dt = -rx(t), \qquad x(0) = A \qquad \cdots\cdots (4.9)$$

の解として与えられる．時間間隔Δtが十分小さいと仮定すると，式(4.9)は，

$$(x_n - x_{n-1})/\Delta t = -rx_n \qquad \cdots\cdots (4.10)$$

と近似することができ，これを変形すると，

$$x_n = (1+r\Delta t)^{-1}x_{n-1} \qquad \cdots\cdots (4.11)$$

という式が得られる．この式は，式(4.8)の自己回帰モデルと同様な形をしている．ただし，

注1：自己回帰モデルはもともと，確率過程の波形解析のために開発されたものであり，自己相関関数が指数関数で与えられる場合に，ランダムなデータ列x_nを式(4.8)と同様な式

$$x_n = Z_0 x_{n-1} + w_n$$

で表すモデルである．ただし，w_nは白色雑音である．読者の興味は，確率過程の波形よりも 式(4.1)のように表される決定論的な波形の解析にあると思われるので，ここでは，決定論的な系の自己回帰モデルについて説明する．

自己回帰係数Z_0が式(4.8)では$\exp(-r\Delta t)$で定義されているのに対して式(4.11)は$(1+r\Delta t)^{-1}$であるが，これは後者が前者の1次近似であるという違いである．すなわち，式(4.11)はあくまで$\Delta t\to 0$の場合の近似式であるのに対して，式(4.8)の自己回帰モデルは任意の時間間隔Δtで成り立つ厳密な式である．自己回帰モデルにおいて近似を用いていないことは，推定精度を議論する場合に重要な特徴となる．

●複数成分の減衰信号波形解析

次に，指数減衰成分が二つ重なった信号波形

$$x(t)=A_1\exp(-r_1t)+A_2\exp(-r_2t) \quad \cdots\cdots (4.12)$$

を自己回帰モデルで表してみる．ここでは，減衰定数r_1，r_2は実数とする．式(4.4)と同様に離散的な形で波形データを表現すると，

$$x_n=A_1\exp(-r_1n\Delta t)+A_2\exp(-r_2n\Delta t) \quad \cdots\cdots (4.13)$$

となる．式(4.13)のx_nは，二つの等比数列の和として表されているが，これから式(4.8)のような漸化式を導くことは簡単にはできない．導出にはz変換と呼ばれる数学的解析が必要であるが，z変換については章末のAppendixで説明することにして，ここでは結果だけを示すと，式(4.13)の2成分減衰信号波形の自己回帰モデルは，

$$x_n=(Z_1+Z_2)x_{n-1}-Z_1Z_2x_{n-2} \quad \cdots\cdots (4.14)$$

と与えられる．ただし，

$$Z_i=\exp(-r_i\Delta t) \quad \cdots\cdots (4.15)$$

である．式(4.14)は，x_nがx_{n-1}とx_{n-2}の線形結合で表されており，その係数は二つの減衰成分個々に対応するのではなく，式(4.15)で定義されるZ_1とZ_2の和および積によって与えられる．

さらに，M個の指数減衰成分をもつ信号波形の自己回帰モデルも，z変換から同様に，

$$x_n=a_1x_{n-1}+a_2x_{n-2}+\cdots+a_Mx_{n-M} \quad \cdots\cdots (4.16)$$

と導くことができ，M個前までの値で現在の値x_nが決まるという形で与えられる(**図4.2**)．ただし，線形結合の係数(自己回帰係数)a_iと減衰定数r_iの間には，r_iから導かれる式(4.15)のZ_iが，方程式

$$1-a_1Z-a_1Z^2-\cdots-a_MZ_M=0 \quad \cdots\cdots (4.17)$$

のM個の根であるという関係があり，a_iからr_i，r_iからa_iを一意的に求めることができる．式(4.16)のM次の自己回帰モデルはM次の微分方程式と類似であるが，近似はなく任意のΔtに適用できることは1次の場合と同じである．

図4.2　M個の指数減衰成分をもつ信号波形の自己回帰モデル

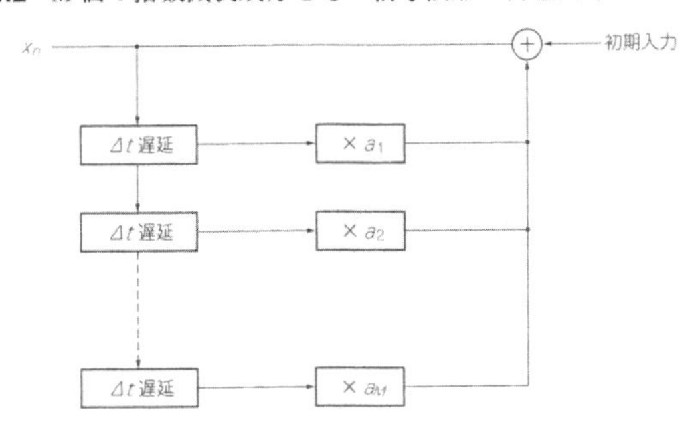

●コサイン波の自己回帰モデル

さて，本題のコサイン波信号だが，これは，式(4.1)，式(4.2)で説明したように，周波数ωのコサイン波は共役な虚数の減衰定数($-j\omega$，$j\omega$)をもつ二つの減衰信号の和と考えることができる．したがって，式(4.15)の代わりに，

$$Z_1 = \exp(j\omega\Delta t) \quad \cdots\cdots (4.18)$$

$$Z_2 = \exp(-j\omega\Delta t) \quad \cdots\cdots (4.19)$$

を定義すれば，式(4.14)の自己回帰モデルが式(4.1)のコサイン波にもそのまま適用できることになる．すなわち，コサイン波は2次の自己回帰モデルで表される．これは，コサイン波が2次の微分方程式の解であることからも類推できる．

サイン波の場合も同様に，オイラーの公式を用いると，

$$x(t) = A\sin(\omega t) = -jA/2\{\exp(j\omega t) - \mathrm{e}(-j\omega t)\} \quad \cdots\cdots (4.20)$$

と与えられるので，式(4.12)のA_1，A_2に対応するのは，それぞれ虚数$-jA/2$，$jA/2$となるが，r_1とr_2は式(4.1)のコサイン波と同じ$-j\omega$と$j\omega$であり，したがって，サイン波の自己回帰モデルは式(4.18)，式(4.19)に基づくコサイン波のモデルとまったく同じである．

●Z平面上でのプロット

式(4.18)，式(4.19)のZ_1，Z_2の絶対値は，

$$|Z_1| = |\exp(j\omega\Delta t)|^2 = 1 \quad \cdots\cdots (4.21)$$

$$|Z_2| = |\exp(-j\omega\Delta t)|^2 = 1 \quad \cdots\cdots (4.22)$$

であり，またZ_1とZ_2は複素共役である．したがって，Z_1とZ_2を複素平面，すなわち実部を横軸，虚部を縦軸とする座標系(Z平面と呼ぶ)の点として表示すると，**図4.3**のように半径1の円周上で，かつ実軸に対して対象な位置にプロットされる．円と実軸の右側の交点は周波数$\omega = 0$すなわち時間によらず一定値の波形を表しており，この点から離れるほど周波数

図4.3　Z平面プロット

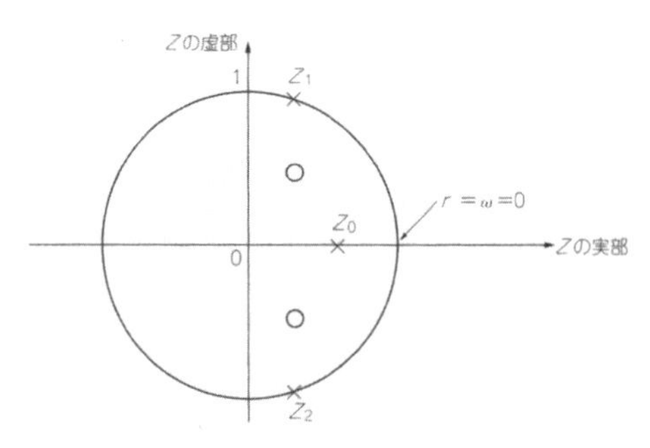

が高くなる．

同じ平面上に式(4.5)の指数減衰信号波形のZ_0をプロットしてみると，

$$0<\exp(-r\Delta t)<1 \quad (ただし r>0) \quad \cdots\cdots (4.23)$$

なので，実軸上で原点から半径1の円の交点までの間の点となる．原点に近づくほどrは大きく，したがって急激に減衰する波形を表す．

●減衰振動波形の解析

では，**図4.3**の○印で示した二つの点はどのような波形を表すのだろうか．このような共役複素数Z_1，Z_2は，

$$Z_1=\exp(-(r-j\omega)\,\Delta t) \quad \cdots\cdots (4.24)$$

$$Z_2=\exp(-(r+j\omega)\,\Delta t) \quad \cdots\cdots (4.25)$$

と表すことができ，コサイン波と同様にそれぞれの強度を$A/2$とすると，

$$x_n=A/2\{Z_1^n+Z_2^n\}=A\exp(-rn\Delta t)\cos(\omega n\Delta t) \quad \cdots\cdots (4.26)$$

と得られる．これは周波数ωで振動しながら，そのエンベロープが定数rで減衰していく波形である．

このような波形は，**図4.4**に示すようなRLC回路にインパルス波形を入力したときの出力電

図4.4　減衰振動波形

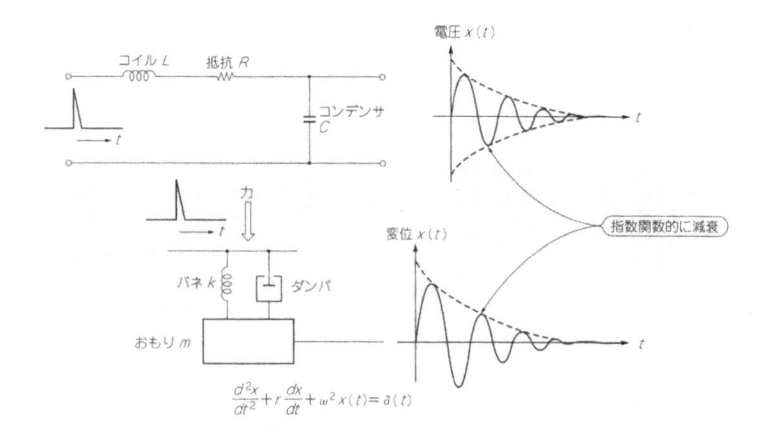

圧や，ダンパのついたばね振動子のおもりの変位，さらには，パルス光を照射したときの原子や分子の振動など，さまざまな物理現象に見られる波形である．この減衰振動波形も式(4.24)，式(4.25)のZ_1，Z_2を用いて式(4.14)の自己回帰モデルで表すことができる．減衰波形やコサイン・サイン波形は，式(4.26)の減衰振動波形において$\omega = 0$あるいは$r = 0$とおいた特殊な場合であることがわかる．また，m個の減衰振動成分の和で表される波形については，$M = 2m$次の自己回帰モデル〔式(4.16)〕を用いて表せる．

4.3 周波数と減衰定数の推定

では，観測された信号波形x_nから自己回帰係数a_iを求めるにはどうすればよいか，一般的に，M次の自己回帰モデル〔式(4.16)〕について説明する．まず，式(4.16)に$n = M$，$M+1$，…，N(Nはデータ点数)を代入して行列に並べると，

$$\begin{bmatrix} X_M \\ X_{M+1} \\ \vdots \\ X_N \end{bmatrix} = \begin{bmatrix} X_{M-1} & X_{M-2} & \cdots & X_0 \\ X_M & X_{M-1} & \cdots & X_1 \\ \vdots & & & \\ X_{N-1} & X_{N-2} & \cdots & X_{N-M} \end{bmatrix} \begin{bmatrix} a_1 \\ a_2 \\ \vdots \\ a_M \end{bmatrix} \qquad \cdots\cdots (4.27)$$

$$\boldsymbol{d} = [\boldsymbol{D}] \quad \boldsymbol{a} \qquad \cdots\cdots (4.27')$$

となる．観測波形に雑音がまったくなければ，この連立方程式を解くことで観測データx_nから係数a_iを求めることができる．しかし，雑音が加わると等号が完全には成り立たないので，最小二乗法にしたがって左辺と右辺の差の2乗を最小にする係数a_iを求めると，推定係数のベクトルaは，観測データのベクトル$\boldsymbol{d}$と行列$[\boldsymbol{D}]$から，

$$\boldsymbol{a} = ([\boldsymbol{D}]^t [\boldsymbol{D}])^{-1} [\boldsymbol{D}]^t \boldsymbol{d} \qquad \cdots\cdots (4.28)$$

と与えられる．このa_iの推定には，最小二乗法のほかにもYule-Walker法，Burg法などが提案されているが，これらについては参考文献1)～2)に詳しいので，ここでは省略する．

a_iが求まれば，式(4.17)に代入して方程式を解き，その根から式(4.15)により各成分の減衰定数r_iが推定される．m個のコサイン・サイン波や減衰振動成分の和で表される波形については，前述のように，$M = 2m$次の自己回帰モデルを用いて解析することができ，観測波形から式(4.28)によって自己回帰係数を推定し，式(4.17)に代入して複素根Z_iを求めると式(4.24)，式(4.25)と同様な式から各減衰振動成分の減衰定数r_iと振動周波数ω_iを推定することができる．

●減衰振動波形への適用例

減衰振動波形の減衰定数と周波数を推定するプログラムを**リスト4.1**に示す．このプログ

ラムでは，自己回帰モデルの次数$M=2$と固定しており，したがって，式(4.17)の多項式の根は2次式の解の公式を使っている．高次の多項式の解を求めるには，Jenkinsらによる根計算アルゴリズム[4)]を利用するとよい．

単一減衰振動の信号波形についてシミュレーションを行った結果を示す．**図4.5**は，周波数2Hz，減衰時定数の逆数$1s^{-1}$の減衰振動波形であり，サンプリング間隔は0.01sである．この波形から自己回帰モデル法を用いて周波数と減衰定数を推定した結果は，それぞれ2.00Hz，$1.01s^{-1}$であり，推定精度が高いことが示されている．

図4.5　減衰振動のシミュレーション波形

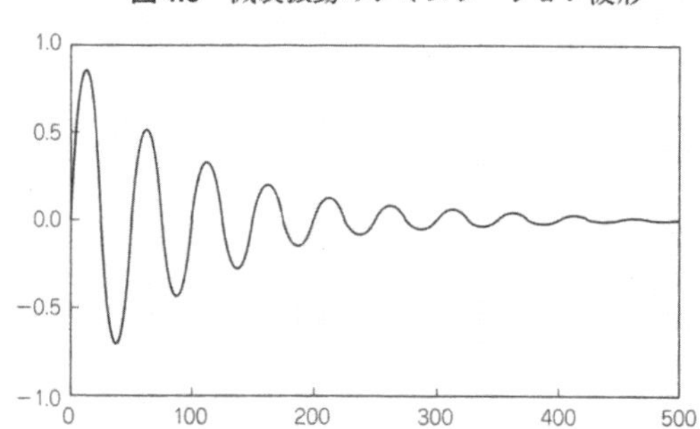

リスト4.1　減衰振動波形の減衰定数と周波数を推定するプログラム

```
#include <stdio.h>
#include <math.h>
#define  PI             3.141592653589793
#define  MAX_AR_ORDER   2
#define  MAX_POINT      512

double matrix_inv();

main()
{   int    i,j,k;
    int    ar_order,channel;
    double d[MAX_POINT][MAX_AR_ORDER+1],op[MAX_AR_ORDER][MAX_POINT];
    double d2[MAX_AR_ORDER][MAX_AR_ORDER],d2_inv[MAX_AR_ORDER][MAX_AR_ORDER];
    double p[MAX_AR_ORDER];
    double b,c,rt[MAX_AR_ORDER],rt_abs,rt_arg;
    static char   dataf[13]="            ";
    FILE *fp;

    printf("Input Parameters !!\n");
    printf("Data File                  = ");
    scanf("%s",&dataf);
```

リスト 4.1 減衰振動波形の減衰定数と周波数を推定するプログラム（つづき）

```
    printf("AR Order           [1-%4d] = ",MAX_AR_ORDER);
    scanf("%d",&ar_order);
    if((ar_order < 1) || (ar_order > MAX_AR_ORDER))
    {       printf("Error !!");
        exit();
    }
    printf("Number of data point [%1d-%4d] = ",MAX_AR_ORDER,MAX_POINT);
    scanf("%d",&channel);

/** read data  d[i][0] **/                                    データの読み込み
    fp=fopen(dataf,"rt");
    for(i=0;i<channel;i++) fscanf(fp,"%lf\n",&d[i][0]);
    fclose(fp);

/** set matrix D **/                                          行列Dの作成
    for(j=1;j<=ar_order;j++)
    {   for(i=0;i<j;i++) d[i][j]=0;
        for(i=j;i<channel;i++) d[i][j]=d[i-j][0];
    }

/** initialize matrix d2 **/
    for(i=0;i<ar_order;i++)
    {   for(j=0;j<ar_order;j++) d2[i][j] = 0;
    }

/** calculate matrix d2 = D^t*D **/                           (D'D)の計算
    for(i=0;i<ar_order;i++)
    {       for(j=0;j<ar_order;j++)
        {
        for(k=ar_order;k<channel;k++)d2[i][j] = d2[i][j]+d[k][i+1]*d[k][j+1];
        }
    }

/** calculate matrix d2_inv = inverse matrix of D^t*D **/    (D'D)の逆行列計算
    matrix_inv(d2,d2_inv,ar_order);

/** initialize matrix op **/
    for(i=0;i<ar_order;i++)
    {   for(j=0;j<channel;j++) op[i][j] = 0;
    }

/** calculate matrix op = ((D^t*D)^-1)*D^t **/
    for(i=0;i<ar_order;i++)
    {   for(j=ar_order;j<channel;j++)
        {
        for(k=0;k<ar_order;k++) op[i][j] = op[i][j] + d2_inv[i][k]*d[j][k+1];
        }
    }

/** initialize vector p **/
    for(i=0;i<ar_order;i++) p[i]=0;

/** calcurate vector p = op*x **/                             自己回帰係数a_kの計算
```

リスト 4.1 減衰振動波形の減衰定数と周波数を推定するプログラム（つづき）

```
    for(i=0;i<ar_order;i++)
    {        for(k=ar_order;k<channel;k++) p[i] = p[i] + op[i][k]*d[k][0];
    }

/** print parameter p[i] **/
    for(i=0;i<ar_order;i++) printf("p[%1d] = %+5.15lf¥n",i,p[i]);

/** calculate roots **/                              式(4.15)の解の計算(2次の場合)
    printf("\n*** Results ***¥n");
    switch(ar_order)
    {    case 1 : rt[0] = p[0];
             printf("z1 : %13lE¥n¥n",rt[0]);
             break;
         case 2 : b = -p[0]; c = -p[1];
             if(b*b - 4*c >= 0)
             {    if(b>0) rt[0] = (-b - sqrt(b*b - 4*c))/2;
                  else rt[0] = (-b + sqrt(b*b - 4*c))/2;
                  rt[1] = c / rt[0];
                  printf("z1 : %13lE¥n",rt[0]);
                  printf("z2 : %13lE¥n¥n",rt[1]);
             }
             else
             {    rt[0] = -b/2; rt[1] = sqrt(4*c - b*b)/2;
                  rt_abs = sqrt(c);
                  rt_arg = atan2(rt[1],rt[0]);
                  printf("z1 : %13lE      %13lE i¥n",rt[0],rt[1]);
                  printf(" abs %13lE arg %13lE¥n",rt_abs, rt_arg);
                  printf("z2 : %13lE      %13lE i¥n",rt[0],-rt[1]);
                  printf(" abs %13lE arg %13lE¥n¥n",rt_abs,-rt_arg);
             }
             break;
         default : printf("Error !!¥n");
    }

}

double matrix_inv(a,b,n)                                    逆行列の計算サブルーチン
double a[MAX_AR_ORDER][MAX_AR_ORDER],b[MAX_AR_ORDER][MAX_AR_ORDER];
int n;
{    int i,j,k;
     double e[MAX_AR_ORDER][MAX_AR_ORDER];
     double temp,det;
     for(i=0;i<n;i++)
     {    for(j=0;j<n;j++) e[i][j] = 0;
          e[i][i]=1;
     }

     for(i=0;i<n-1;i++)
     {    for(k=i+1;k<n;k++)
          {    temp = a[k][i];
               for(j=n-1;j>=0;j--)
               {    e[k][j]=e[k][j] - e[i][j]*temp/a[i][i];
                    a[k][j]=a[k][j] - a[i][j]*temp/a[i][i];
               }
```

リスト4.1 減衰振動波形の減衰定数と周波数を推定するプログラム（つづき）

```
        }
    }

    for(k=n-1;k>=1;k--)
    {   for(i=k-1;i>=0;i--)
        {   for(j=0;j<n;j++) e[i][j] = e[i][j] - e[k][j]*a[i][k]/a[k][k];
        }
    }

    det=1;
    for(i=0;i<n;i++)
    {   for(j=0;j<n;j++) b[i][j] = e[i][j]/a[i][i];
        det = det*a[i][i];
    }
    return det;
}
```

4.4 自己回帰モデルによるスペクトルの推定

ここまでは，コサイン/サイン波や減衰振動信号の成分数がわかっている場合，すなわち自己回帰モデルの次数Mがあらかじめ与えられている場合を扱ってきた．この次数Mが未知とすると，たちまち周波数や減衰定数の解析はできなくなる．しかしこのような場合にも，自己回帰モデルを用いてフーリエ変換と同様なスペクトル分布の推定を行うことができる．

章末のAppendixに示すz変換の定義式〔式(A.1)〕のzを$\exp(j\omega\Delta t)$で置き換える〔式(A.4)〕と，

$$X(\exp(j\omega\Delta t)) = \sum_{n=0}^{\infty} x_n \exp(-j\omega n\Delta t) \quad \cdots\cdots (4.29)$$

となり，この右辺はまさにフーリエ変換（FFT）を表す式である．したがって，スペクトルの二乗分布であるパワースペクトル$P(\omega)$は，

$$P(\omega) = |X(\exp(j\omega\Delta t))|^2 \quad \cdots\cdots (4.30)$$

と与えることができる．この式は，**図4.3**に示したZ平面で考えると，前述のように，コサイン・サイン波が$|\exp(j\omega\Delta t)| = 1$の円周上で表されるので，この円周上における観測波形の強度分布を円周に沿ってωを変えながら求めればスペクトル分布が推定できることを示している．そこで，式(4.16)のM次の自己回帰モデルを初期条件$x_0 = 1$としてz変換すると，導出は省略するが，

$$X(z)=(1-\sum_{i=1}^{M} a_i z^{-i})^{-1} \qquad (4.31)$$

となる．この式のzを$\exp(j\omega\Delta t)$で置き換えて式(4.30)に代入すると，パワースペクトル$P(\omega)$は，

$$P(\omega)=|1-\sum_{i=1}^{M} a_i \exp(-j\omega i\Delta t)|^{-2} \qquad (4.32)$$

と与えられる．これが自己回帰モデルとパワースペクトルの関係式である．式(4.32)を使えば，適当な次数Mの自己回帰モデルを観測波形に最小二乗フィッティングして求めた係数a_iにより，スペクトル強度分布$P(\omega)$を任意のωについて計算することができる．

このスペクトル推定法は自己回帰モデルを用いているので，後で例を示すように，分解能がフーリエ変換よりもきわめて高いという特徴がある．

●モデル次数の決定

スペクトル推定に用いる自己回帰モデルの次数Mの決め方としては，赤池によって提案されたFPE(Final Prediction Error)を用いる方法がある[3]．FPEとは，自己回帰モデルで過去の値x_{n-i} $(i\geqq 1)$から現在の値x_nを予測したときの予測誤差の2乗の期待値であり，次式で定義される．

$$\mathrm{FPE}=\{1+(M+1)/N\}\{1-(M+1)/N\}^{-1}[\sum_{n=M}^{N-1}(x_n-\sum_{i=1}^{M} a_i x_{n-i})] \qquad (4.33)$$

このFPEを最小にするMを自己回帰モデルの次数とすればよい．しかし，FPEはあくまで統計的に最適な次数を与える規範であり，実際のデータに対して必ずしも良い結果を与えるとは限らない．経験的には，データの雑音が十分小さい場合，次数をデータ点数の1/3から1/2の間の値に設定するのが良いとされている[2]．次数を高くすると，一般にスペクトルの分解能は高くなるが，高すぎると偽のピークが発生してしまうという危険があるので注意を要する．

●スペクトル推定への適用例

自己回帰モデルを用いたスペクトル推定の例として，シミュレーションとフーリエ分光データに応用した結果を示す．**図4.6**は，三つの周波数28.0，31.5，32.5Hzのサイン波を加え合わせた波形のスペクトル推定を行った結果である．測定時間を1秒間としてコンピュータで作成した波形データ〔**図4.6(a)**〕から自己回帰モデルにより推定したスペクトルを**図4.6(b)**に示す．

比較のために，FFTを用いて計算した結果が**図4.6(c)**である．波形の測定時間が短いた

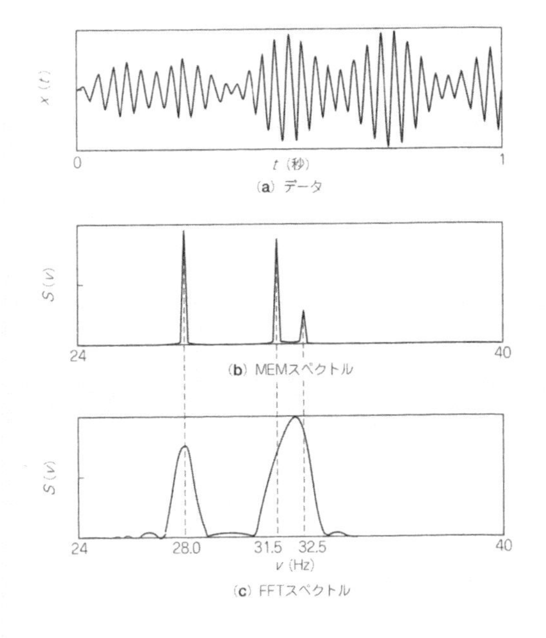

図4.6
自己回帰モデルを用いたスペクトル推定とFFTの比較

図4.7 自己回帰モデルによるフーリエ分光データのスペクトル推定

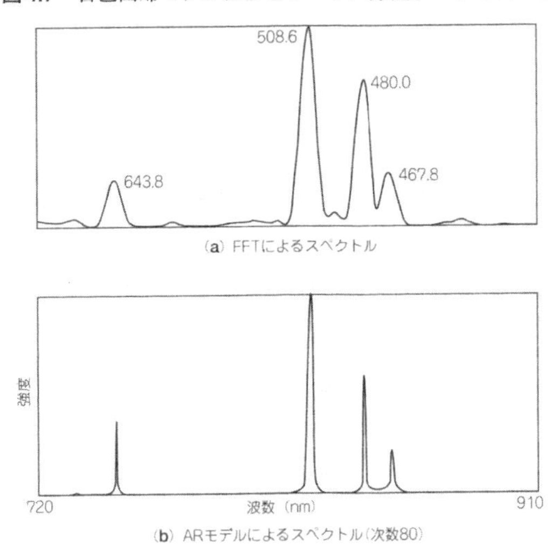

めに，FFTでは31.5Hzと32.5Hzのサイン波を分離することができないが，自己回帰モデルを用いると，三つのサイン波のピークが明瞭に分離されており，そのピーク周波数の精度も高い．

図4.7は，自己回帰モデルによるスペクトル推定をフーリエ分光データに適用した例である[5]．フーリエ分光器で測定した水銀ランプの光干渉信号（インターフェログラム）をFFTによってフーリエ変換したスペクトル〔**図4.7**(**a**)〕と，自己回帰モデルを用いた結果〔**図4.7**(**b**)〕を示している．自己回帰モデルの次数は170としている．自己回帰モデルによるスペクトルは，FFTよりはるかに高い分解能で得られており，FFTでは分離できなかった2本の線スペクトルがきれいに分かれている．

以上の実験に用いた自己回帰モデルによるスペクトル推定のプログラムを**リスト4.2**に示す．このプログラムでは自己回帰係数の推定法としてBurg法を用いている．また，プログラムにはFPEによる次数決定ルーチンが組み込まれている．

リスト4.2 自己回帰モデルによるスペクトル推定のプログラム

```
/***************************************
    Maximum Entropy Method
***************************************/

#include <stdio.h>
#include <math.h>

main(argc, argv)
int argc;
char *argv[];
{
    FILE *fp;
    FILE *fp2;
    char buff[256];
    char string[256];

    int nd;                         /* サンプル数 */
    int ns;                         /* スペクトル点数 */
    int isw;
    int mmax;                       /* (最大)モデル次数 */
    int minm;
    float dt;                       /* サンプル間隔 */
    float pmm;
    float wnmin;                    /* 最小周波数 */
    float wnmax;                    /* 最大周波数 */
    float wnint;
    static float x[1024];   /* データ */
    static float rfpe[1024];
    static float spectrum[1024];

    int i;

    memset( x, 0, sizeof(float)*1024 );
```

リスト4.2 自己回帰モデルによるスペクトル推定のプログラム（つづき）

```
memset( rfpe, 0, sizeof(float)*1024 );
memset( spectrum, 0, sizeof(float)*1024 );

nd = 128;
dt = 0.1;

isw=2;
while(isw == 2)
{
    printf("モデル　ジスウ　ヲ　アタエマスカ ( Y / N ) ");
    gets(string);
    if( strcmp(string,"y") == 0 || strcmp(string,"Y") == 0 )
    {
        isw=1;
        printf("¥nモデル　ジスウ = ");
    }
    else if( strcmp(string,"n") == 0 || strcmp(string,"N") == 0 )
    {
        isw=0;
        printf("¥nサイダイ　モデル　ジスウ = ");
    }
    else
        isw=2;
}

gets(string);
mmax = atoi( string );

fp = fopen( argv[1], "rt" );        データの読み込み(ファイル名は，第1引き数で指定)
for( i = 1; i <= nd; i++)
{
    fgets( buff, 256, fp );
    x[i] = atof( buff );
}
fclose( fp );


ns=nd;
wnmin = 0.0;
wnmax = (float)nd;

ar_model(isw,mmax,&minm,nd,&pmm,rfpe,x);        自己回帰係数の推定(a_k = rfpexp(k))

printf("¥nサイショウ　シュウハスウ = ");
gets(string);
wnmin = atof( string );
printf("¥nサイダイ　シュウハスウ = ");
gets(string);
wnmax = atof( string );
printf("¥nスペクトル　テンスウ = ");
gets(string);
ns = atoi( string );

wnint=(wnmax-wnmin)/(float)ns;
```

リスト4.2 自己回帰モデルによるスペクトル推定のプログラム（つづき）

```
    power_spectrum(wnmin,wnmax,wnint,dt,rfpe,spectrum,&pmm,&minm);
                                                        スペクトルの計算

    fp2 = fopen( argv[2], "wt" );
    for(i=1; i<=ns; ++i)
    {
        fprintf( fp2, "%f\n",spectrum[i]);                スペクトル・データの保存
    }                                             （ファイル名は，第2引き数で指定）
    fclose( fp2 );
}


ar_model(isw,mmax,minm,nd,pmm,rfpe,x)              Burg法による自己回帰係数の推定
int isw,mmax,*minm,nd;
float *pmm,rfpe[1024],x[1024];
{
    int i,m;
    static float y[1024],fpe[1024],r[1024],rr[1024];
    float sum, sumn, sumd;
    float av,z,pm,fpemin,rm;

    sum=0.0;
    for(i=1; i<=nd; ++i)
    {
        sum+=x[i];
    }

    av=sum/(float)nd;

    sum=0.0;
    for(i=1; i<=nd; ++i)
    {
        z=x[i]-av;
        x[i]=z;
        y[i-1]=z;
        sum+=z*z;
    }

    pm=sum/(float)nd;
    fpemin=(float)(nd+1)/(float)(nd-1)*pm;
    fpe[0]=fpemin;

    for(m=1; m<=mmax; ++m)
    {
        sumn=0.0;
        sumd=0.0;
        for(i=1; i<=nd-m; ++i)
        {
            sumn+=x[i]*y[i];
            sumd+=x[i]*x[i]+y[i]*y[i];
        }

        rm=-2.0*sumn/sumd;
        r[m]=rm;
```

リスト4.2 自己回帰モデルによるスペクトル推定のプログラム(つづき)

```
        pm*=(1.0-rm*rm);

        if(m!=1)
        {
            for(i=1; i<=m-1; ++i)
            {
                r[i]=rr[i]+rm*rr[m-i];
            }
        }

        for(i=1; i<=m; ++i)
        {
            rr[i]=r[i];
        }

        for(i=1; i<=nd-m-1; ++i)
        {
            x[i]+=(rm*y[i]);
            y[i]=y[i+1]+rm*x[i+1];
        }

        if(isw==0)
        {
            fpe_check(m,minm,fpe,rfpe,r,nd,pm,&fpemin,pmm);
        }
    }

    if(isw==1)
    {
        *minm=mmax;
        *pmm=pm;

        for(i=1; i<=mmax; ++i)
        {
            rfpe[i]=r[i];
        }
    }
}


fpe_check(m,minm,fpe,rfpe,r,nd,pm,fpemin,pmm)                最小FPEの検出
int m,*minm;
float fpe[1024],rfpe[1024],r[1024];
int nd;
float pm,*fpemin,*pmm;
{
    int i;

    fpe[m]=(float)(nd+m+1)/(float)(nd-m-1)*pm;                  FPEの計算
    if(fpe[m]<= *fpemin)
    {
        *fpemin=fpe[m];
        *minm=m;
        *pmm=pm;
```

リスト4.2　自己回帰モデルによるスペクトル推定のプログラム（つづき）

```
        for(i=1; i<=m; ++i)
        {
            rfpe[i]=r[i];
        }
    }
}


power_spectrum(wnmin,wnmax,wnint,dt,rfpe,spectrum,pmm,minm)       自己回帰係数からの
                                                                   スペクトル計算
float wnmin,wnmax,wnint;
float dt,*pmm;
float rfpe[1024],spectrum[1024];
int *minm;
{
    int i,j;
    float ci,f,sum1,sum2;

    ci=2.0*3.14159*dt;
    i=0;

    for(f=wnmin; f<=wnmax; f+=wnint)
    {
        sum1=1.0;
        sum2=0.0;

        for(j=1; j<=*minm; ++j)
        {
            sum1+=rfpe[j]*cos(ci*f*j);
            sum2+=rfpe[j]*sin(ci*f*j);
        }

        spectrum[i]=(*pmm)*dt/(sum1*sum1+sum2*sum2);
        ++i;
    }
}
```

4.5　入力適応型自己回帰モデルにる減衰振動波形の解析

式(4.29)では初期条件として$x_0 = 1$が入力され場合を考えた．このインパルス入力の場合の波形あるいは入力が終わった後の波形については式(4.16)の自己回帰モデルを使うことができる．しかし，$t = t_0$でもう一つのインパルスが入力されたとすると，観測波形は時間がシフトした二つの減衰波形や振動波形の和となり，もはや式(4.16)では表せない．このように，波形を観測している間にも外部からの入力がある場合には，自己回帰モデルをそのまま用いることはできない．

M成分の指数減衰信号を考えると，入力波形が$y(t)$としたときの観測波形は，

$$x(t) = \int \sum_{i=1}^{M} A_i \exp(-r_i t')\, y(t-t')\, dt' \qquad \cdots\cdots\cdots\cdots\cdots\cdots\cdots \quad (4.34)$$

とコンボリューションの形で与えられる．式(3.34)の波形を自己回帰モデルで解析するためには，あらかじめ入力波形$y(t)$でデコンボリューション演算を行わなければならない．

これは，計算時間，計算精度の両面から大きな問題である．そこで，このような入力がコンボリューションされた波形についても，自己回帰モデルと同様に線形な漸化式で表すモデルが開発されている[6]．このモデルもz変換から導かれるが，理論は文献を参照していただくとして結果だけを示すと，式(4.34)の波形は，

$$x_n = a_1 x_{n-1} + a_2 x_{n-2} + \cdots + a_M x_{n-M} + b_1 y_n + b_2 y_{n-1} + \cdots + b_M y_{n-M+1} \qquad \cdots\cdots\cdots\cdots\cdots\cdots\cdots \quad (4.35)$$

と表すことができる．式(4.35)は，x_nが過去の値x_{n-i} $(i \geqq 1)$および入力波形の現在と過去の値y_{n-i} $(i \geqq 0)$の線形結合で与えられている．先と同様にa_iを係数とする式(4.17)の根Z_iから減衰定数r_iを求めることができ，強度A_iと係数b_iの間には，

$$A_i = \sum_{k=1}^{M} b_k Z_i^{-(k-1)} \Big/ \prod_{k \neq 1}^{M} (-Z_k Z_i^{-1}) \qquad \cdots\cdots\cdots\cdots\cdots\cdots\cdots \quad (4.36)$$

の関係が成り立つ．式(4.35)は入力適応型自己回帰モデルと呼ばれており，自己回帰モデルと同様に近似を用いていないので推定精度が高く，式(4.28)と同様な線形最小二乗法により係数とb_iを求め式(4.17)，式(4.36)からr_iとA_iを推定することができるので計算時間も短いという特徴がある．

以上，自己回帰モデルを用いた減衰定数，周波数の解析法として基本的な方法を紹介したが，このほかにもさまざまな拡張法が提案されている．次数決定の問題点を解決するために固有値解析，特異値分解を利用した方法[7]や，入力波形が無視できない場合でも二つの観測

波形だけから解析する方法[8]なども開発されており，さまざまな分野への応用が広がっている．

参考文献

1) S. L. Marple, *Digital Spectral Analysis*, Prentice-Hall, 1987

2) S. Haykin, Ed., *Nonlinear Methods of Spectral Analysis*, Springer-Verlag, 1979

3) F. B. Hildebrand, *Introduction to Numerical Analysis*, Dover, 1956

4) M. A. Jenkins , J. F. Traub, "Zeros of a Complex Polynomial", *Communication of the ACM*, 15, 97 , 1972

5) S. Kawata, K. Minami, S. Minami, "Superresolution of Fourier Transform Spectroscopy Data by Maximum Entropy Method", *Applied Optics*, 22, 3593, 1983

6) K. Sasaki , H. Masuhara,"Analysis of Transient Emission Curves by a Convolved Autoregressive Model", *Applied Optics*, 30, 977, 1991

7) K. Minami, S. Kawata, S. Minami, "Superresolution of Fourier Transform Spectra by Autoregressive Model Fitting with Singular Value Decomposition", *Applied Optics*, 24, 162, 1985

8) K. Sasaki, "Picosecond 3D Fluorescence and Absorption Spectroscopy of a Manipulated Microparticle", *SPIE Proc*. 1711, 99, 1992

Appendix

●z変換

z変換という名前はあまりなじみがないかもしれないが，フーリエ変換，ラプラス変換と同種のもので，その定義は，波形データ列x_0，x_1，x_2，…に対して任意の値zのべき乗の逆数1，z^{-1}，z^{-2}，…をそれぞれに掛けて加え合わせた値

$$X(z)=\sum_{n=0}^{\infty} x_n z^{-n} \quad \cdots\cdots (A.1)$$

で与えられる．関数$x(t)$のフーリエ変換$F(\omega)$，ラプラス変換$L(p)$

$$F(\omega)=\int x(t)\exp(-j\omega t)\,dt \quad \cdots\cdots (A.2)$$

$$L(p)=\int x(t)\exp(-pt)\,dt \quad \cdots\cdots (A.3)$$

と比べてみると，データが離散的な信号か連続関数かの違いとともに，

$$z=\exp(j\omega\Delta t) \quad \cdots\cdots (A.4)$$

$$z=\exp(p\Delta t) \quad \cdots\cdots (A.5)$$

をそれぞれに代入すれば，同じ意味をもつことが理解できる．

式(A.1)はデータ列x_nとそのz変換$X(z)$を一意的に関係付ける式であり，$X(z)$からx_nを導くこと(逆z変換)もできる．ここで，後のために，三つのz変換の性質を示しておく．

●線形性

二つの波形データ列x_n，y_nの線形和ax_n+by_nのz変換は，それぞれのz変換$X(z)$，$Y(z)$の線形和$aX(z)+bY(z)$として与えられる．これは式(A.1)の定義より明らかである．この線形性は三つの以上の波形データ列についても成り立つ．

●シフト定理

x_0，x_1，x_2，…の時間軸を$k\Delta t$だけシフト，すなわちx_nをx_{n-k}で置き換えると，そのz変換$X^{(k)}(z)$はシフト前の$X(z)$とどのような関係があるかというと，

$$X^{(k)}(z)=\sum_{n=0}^{\infty} x_{n-k} z^{-n}=\sum_{n=0}^{\infty} x_{n-k} z^{-(n-k)} z^{-k}=z^{-k}X(z) \quad \cdots\cdots (A.6)$$

となる．すなわち，データ列x_nをk個だけシフトさせることは，z変換した関数にz^{-k}を掛けることに対応する．

●デルタ信号のz変換

d_0は$t=0$だけで1となりその他の時刻で0であるデルタ時系列とすると，このz変換は式

(A.1)の定義より1となる．同様に，$t = n\Delta t$だけで1となるデルタ時系列d_nのz変換はz^{-n}と与えられる．

●簡単な例題

まず，$x_n = A\exp(-rn\Delta t)$をz変換してみる．式(A.1)に代入して，無限級数の和の公式を使うと，

$$X(z) = \sum_{n=0}^{\infty} A\mathrm{e}(-rn\Delta t)z^{-n} = A(1-\exp(-r\Delta t)z^{-1})^{-1} \quad \cdots\cdots (A.7)$$

が得られる．

つぎに，式(4.13)の2成分減衰波形をz変換してみる．式(A.7)と線形性の定理を使うと，

$$X(z) = A_1\{1-\exp(-r_1\Delta t)z^{-1}\}^{-1} + A_2\{1-\exp(-r_2\Delta t)z^{-1}\}^{-1} \quad \cdots\cdots (A.8)$$

となる．

$$Z_i = \exp(-r_i\Delta t) \qquad i = 1,\ 2 \quad \cdots\cdots (A.9)$$

とおいて変形していくと，

$$X(z) = A_1(1-Z_1z^{-1})^{-1} + A_2(1-Z_2z^{-1})^{-1}$$
$$= \{A_1(1-Z_2z^{-1}) + A_2(1-Z_1z^{-1})\}/(1-Z_1z^{-1})(1-Z_2z^{-1}) \quad \cdots\cdots (A.10)$$

$$\therefore X(z) - (Z_1+Z_2)z^{-1}X(z) + Z_1Z_2z^{-2}X(z) = (A_1+A_2) - (A_1Z_2+A_2Z_1)z^{-1} \quad \cdots\cdots (A.11)$$

が得られる．シフト定理 式(A.6)とデルタ時系列d_0，d_1のz変換を使って逆z変換すると，

$$x_n - (Z_1+Z_2)x_{n-1} + Z_1Z_2x_{n-2} = (A_1+A_2)d_0 - (A_1Z_2+A_2Z_1)d_0 \quad \cdots\cdots (A.12)$$

となる．この式を$n = 1,\ 2,\ \cdots$について並べると，

$$x_0 = A_1+A_2 \quad \cdots\cdots (A.13)$$

$$x_1 - (Z_1+Z_2)x_0 = -(A_1Z_2+A_2Z_1) \quad \cdots\cdots (A.14)$$

$$x_n - (Z_1+Z_2)x_{n-1} + Z_1Z_2x_{n-2} = 0 \qquad n = 2,\ 3,\ \cdots \quad \cdots\cdots (A.15)$$

が導かれる．式(A.13)，式(A.14)は初期条件を与える式であり，式(A.15)が本文中式(4.14)に示した2成分減衰信号の自己回帰モデルである．

M個の成分をもつ指数減衰波形の自己回帰モデルも同様に導くことができ，その結果は本文中式(4.16)に示されている．

第5章 因数分解により失われた信号を回復する

零値を用いた逆問題と1ビットA-D変換

中学で因数分解がうまく解けず，数学が嫌いになってしまう人が多い．方程式まではなんとか現実の問題と照らし合わせて考えることができるが，因数分解は抽象的で，やっていることのイメージがつかめない．

$$2x^2y-6x^2-xy+3x-3y+9=(y-3)(x+1)(2x-3) \quad \cdots\cdots\cdots\cdots (5.1)$$

などという計算は，いったい何の役に立つのか？

じつはこの因数分解は，計測データ処理の逆問題に対して，とても有用なのである．因数分解を使うことで，計測データの一部からその全部を回復できる．また，信号を劣化させた要因を表す装置関数も因数分解から求まる．本章では，因数分解がBlind Deconvolution（劣化関数を知らずに劣化を除去してクリアな原信号を回復する方法）や，1ビットデータからのA-D変換にいかに巧みに活用されるかを解説する．本書においてのみ知ることができる新しい信号回復の世界である．

5.1 多項式近似と整関数 ―― 零値から波形は回復する

図5.1の信号の例に代表されるように，一般に，画像や信号波形は多項式で表現できることが多い．有限な次数の多項式で表すことのできる関数は，有限の次数のフーリエ級数で表現できる関数と同じように，滑らかさを有している．ようするに不連続な点がないのである．

第3章で述べたとおり，信号が周期的に無限に繰り返すというのは，数学の世界においてはあり得ても，現実の世界では近似である．それと同様に，信号が有限の多項式で表現されるというのも，じつはまた近似である．では，フーリエ級数展開と多項式と，どちらの近似がより正しいか？　それは信号発生メカニズムによって異なる．

多項式をフーリエ変換すると，それは微分オペレータになる．あるいは，微分オペレータ

図5.1　信号は多項式で表現できる　　**図5.2**　多項式の実根と虚根

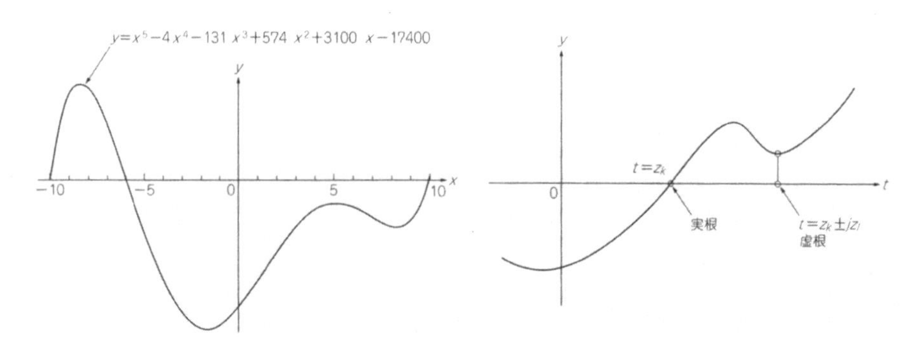

のフーリエ変換は多項式である．信号$f(t)$のk階微分を $\dfrac{\partial^k}{\partial t^k}f(t)$ で表すと，

$y(t)=\sum a_k \dfrac{\partial^k}{\partial t^k}f(t)$のフーリエ変換は，

$$\begin{aligned}&\int\sum a_k \frac{\partial^k}{\partial t^k}f(t)\,\mathrm{e}^{-j\omega t}dt\\&=\sum a_k\int\frac{\partial^k}{\partial t^k}f(t)\,\mathrm{e}^{-j\omega t}dt\\&=\sum a_k(-j\omega)^k\end{aligned} \qquad \cdots\cdots (5.2)$$

となり，すなわちk次の多項式である．すなわちフーリエ変換して多項式で表される整関数は，有限回（この場合k回）微分できる関数$f(t)$であり，これは滑らかである．

さて，式(5.2)のような多項式の係数a_1，a_2，$\cdots a_n$はフーリエ変換すれば微係数である．微係数とはシステムパラメータそのものであり，信号発生を記述するものである．そして，このシステムパラメータを観測データから求めることが本来の「逆問題」にほかならない．

多項式は因数分解ができる．

$$y(t)=\sum_{k=1}^{k}a_k t^k=\prod_{k=1}^{k}(t-z_k) \qquad \cdots\cdots (5.3)$$

ここでz_1，z_2，$\cdots z_n$は多項式の根であり，零値と呼ばれる．$t=z_1$，$t=z_2$，$\cdots t=z_n$において，$y(t)=0$となるからである．z_kが実数なら$y(t)$はt軸と交差するが，複素数$z_1=z_r+jz_i$ならそれと共役な複素数$z_l=z_r-jz_i$とあわせて虚根となる（**図5.2**）．

$$(t-z_k)(t-z_l)=(t-z_r-jz_i)(t-z_r+jz_i)=\{t^2-(z_r^2-z_i^2)\} \qquad \cdots\cdots (5.4)$$

この実根，虚根がすべてわかれば，式(5.3)の右辺が求まるので関数$y(t)$が求まる．あるいは，式(5.2)より$f(t)$が求まる．もし関数が**図5.3**に示すように，六つの実根と$5\times2=10$の虚根をもつ16次式なら，わずか16の値だけから波形$y(t)$の無数の点数をすべて知ることができる．零点のパワーは絶大なり，である．

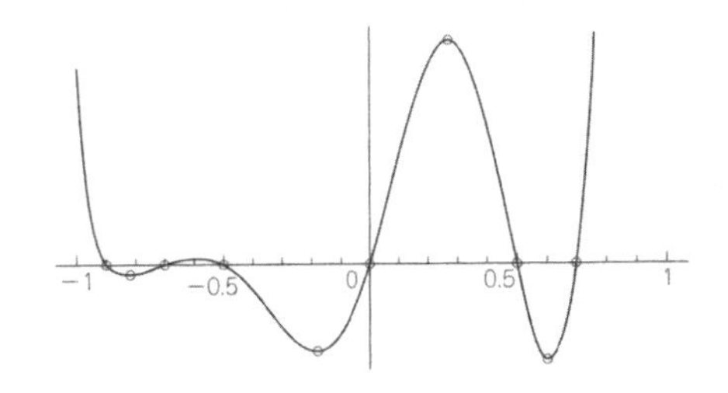

図5.3
零点から関数すべてを知ることができる

5.2 実零点からの信号の回復 —— 1ビットA-D変換

1970年代後半，零交差値からの信号回復の研究が流行した[1),2)]．これらは虚根がないと仮定したモデルだったので，現実の多くの信号（とくに画像が取り扱われた）にあてはめることは正しくなかったが，コンパレータ（2値化回路あるいは1ビットのA-D変換器ともいえる．**図5.4**）一つで実現できる手軽さと，理論的でなくとも直感的にわかりやすいので，その後1980年代においてももてはやされた[3)]．

図5.5に，観察信号の2値化，零値，および零値からの信号回復の計算例を示す．回復には零値を通る信号のうち，もっとも滑らかな関数として多項式を当てはめればよい．すなわち，零値を式(5.3)のz_1，z_2，…，z_nに代入し，$y(t)$を求めた．当然のことながら虚根の位置を含む領域は実際の波形とは異なっているが，ある程度の情報は回復されているといえる．

2値化データからの信号回復には，多項式ではなく有限の次数のフーリエ級数をフィットする方法もある．しかし，このとき根である零値は，信号の帯域（フーリエ級数の次数）から決まるサンプリング定理とは無関係に決定されるので，2値信号をフーリエ変換して信号帯域で制限しても正しい信号回復は得られない（**図5.6**）．

ところで，**画像データに対する零値的問題**は，1次元データの場合とまったく異なる．1次元データがもつ零値はどんなに複雑な信号であっても，これまで述べてきたとおり有限個しかないのに対し，2次元画像の場合，零値は一般に線となり点としては無限個存在する．因数分解は容易ではなく，多項式フィッティングも容易ではない．

図5.4
コンパレータ回路

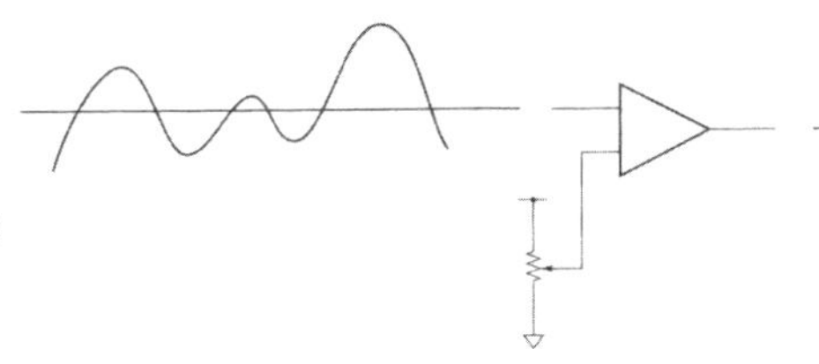

図5.5　零値からの信号回復

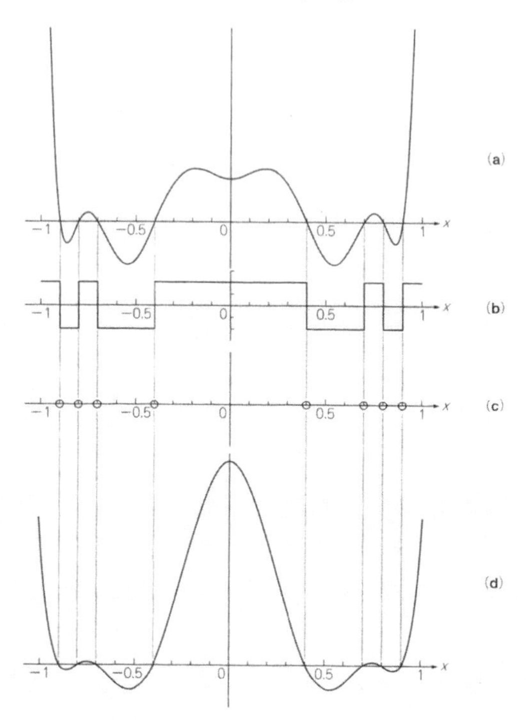

図5.6　2値信号をフーリエ変換して信号帯域で制限しても正しい信号回復は得られない

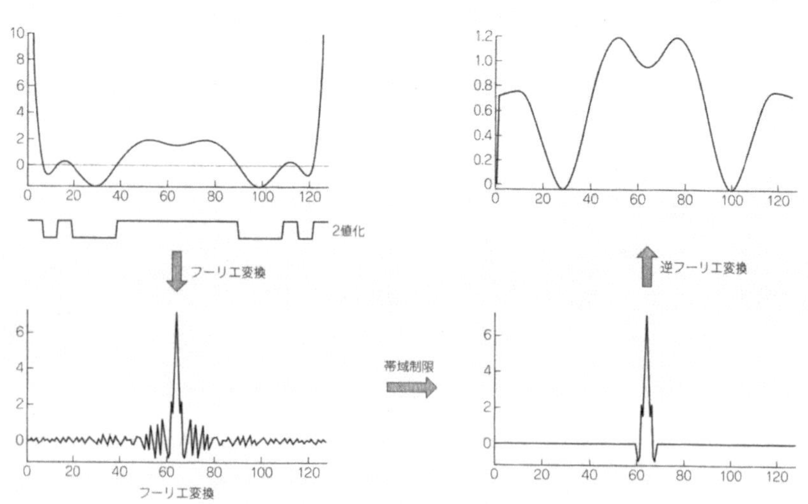

5.3　複素根からの信号回復とヒルベルト変換

前節までに述べてきたことは，観測信号が多項式で近似してよいなら，その根（多項式＝0とする値であるので零値と呼ばれる）のみを知ることができれば，因数分解の式に当てはめることによって信号すべてが回復できるということだった．

ところが，**図5.5**に示すように，根には実根と虚根（複素根）があり，実根は簡単にコンパレータ（1ビットA-D変換器）出力の値の変化点によって見つかるが，複素根はそれでは得られない．そこで，虚根を求めるための工夫が必要である．**図5.7**にその原理を示す．観測信号**図5.7**（**a**）に自身のもつ最大周波数以上の周期信号図（**b**）を足すと，図（**c**）に示すように観測信号は参照信号の零交差値の位置に変調を与え，虚根情報はその中に含まれる．

ここで，虚根をそのまま虚根として残すことなく漏らさず実根に変換するためには，①参照信号の周波数が観測信号の最高周波数より高いことに加え，②その振幅が観測信号の最大振幅より高いことが必要条件となる[1]．

図5.7に示すように，この信号操作によって零値の数は**図5.7**（**a**）の1個から図（**c**）に示すように多数個へと大きく増加する．しかし，**図5.8**に示すように，観測信号のスペクトルは，その帯域内でまったく変化していない．気をつけるべき点は，通常の信号の変調（mixing）は参照信号の掛け算によるスペクトルの座標移動であるのに対し，この方法は参照信号の足し算であり，信号のスペクトルの変化はないという点である．

さて，信号$y(t)$の対数の微分関数は，$y(t)$の根$z_1(t)$，$z_2(t)$，…をデルタ関数として並べて表される関数のヒルベルト変換で与えられることを，Voelckerが1966年に算出した[4]．すなわち，

$$\frac{d}{dt}l_n y(t)=\frac{d}{dt}l_n y(0)+\sum_n \frac{r_n t}{z_n(t-z_n)} \quad \cdots\cdots (5.5)$$

である．そこで，**図5.9**に示すように，参照信号を重畳して変調された観測信号$y(t)$を2値化する．すなわち，

$$y(t)=|y(t)|\cos\phi_{y(t)} \quad \cdots\cdots (5.6)$$

の$\cos\phi_{y(t)}$を微分して，零交差値より，

$$\frac{d}{dt}\phi_{y(t)}=\pi\sum\delta(t-z_i) \quad \cdots\cdots (5.7)$$

を得る．ここで$y(t)$の振幅$|y(t)|$と位相$\phi_{y(t)}$は，

図5.7　複素根を実根に変換する方法

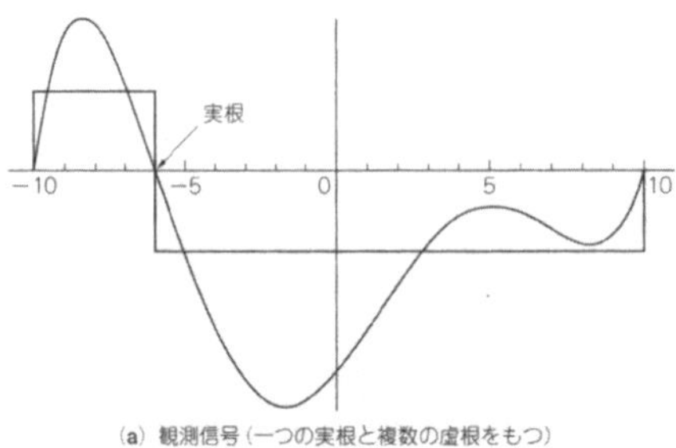

(a) 観測信号(一つの実根と複数の虚根をもつ)

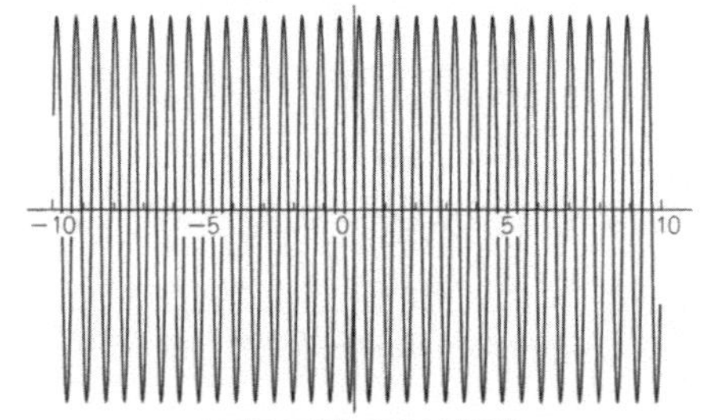

(b) 図5.1の信号に加える参照信号

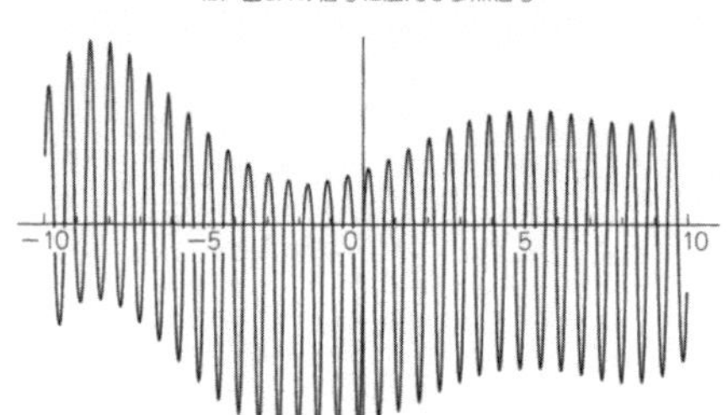

(c) 図5.1の信号によって変調される参照信号

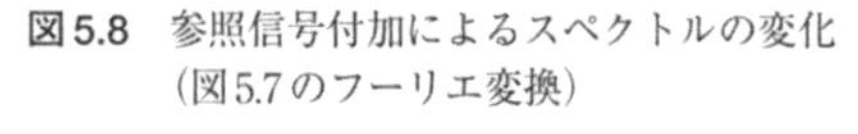

図5.8　参照信号付加によるスペクトルの変化(図5.7のフーリエ変換)

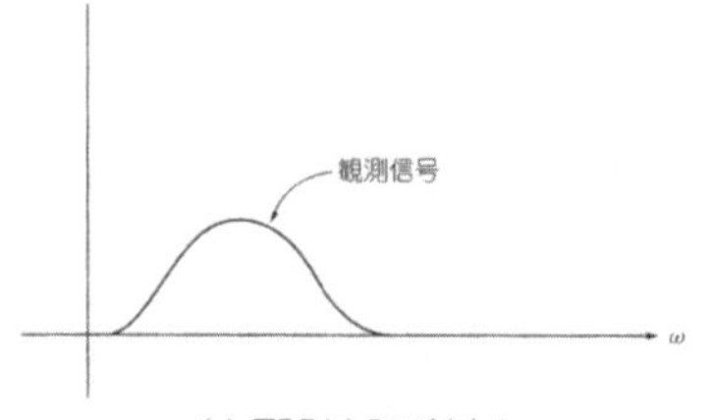

(a) 図5.7(a)のスペクトル

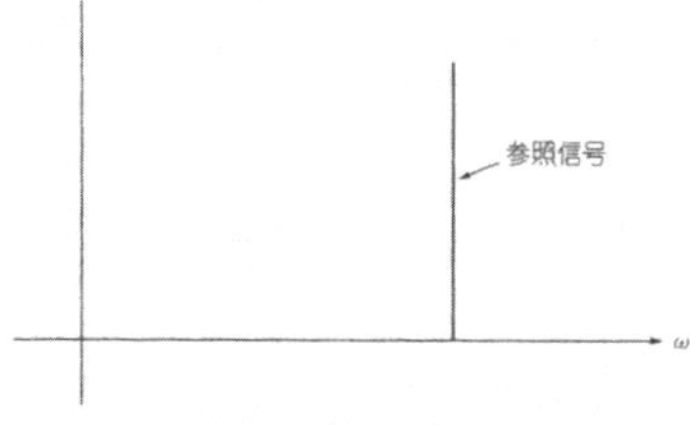

(b) 図5.7(b)のスペクトル

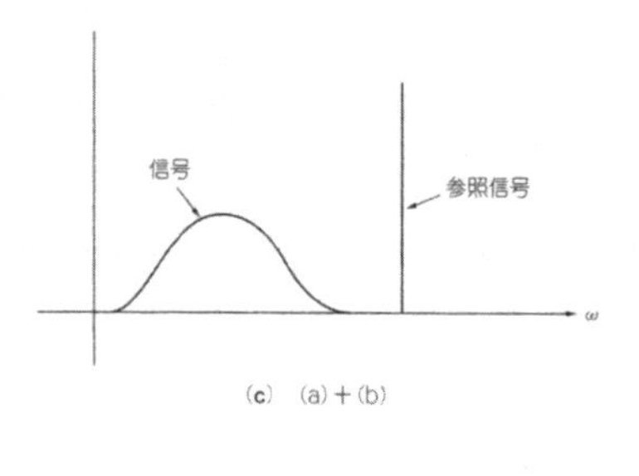

(c) (a)+(b)

図5.9　ヒルベルト変換による零交差信号からの観測信号 $\phi_{y(t)}$ 回復手順

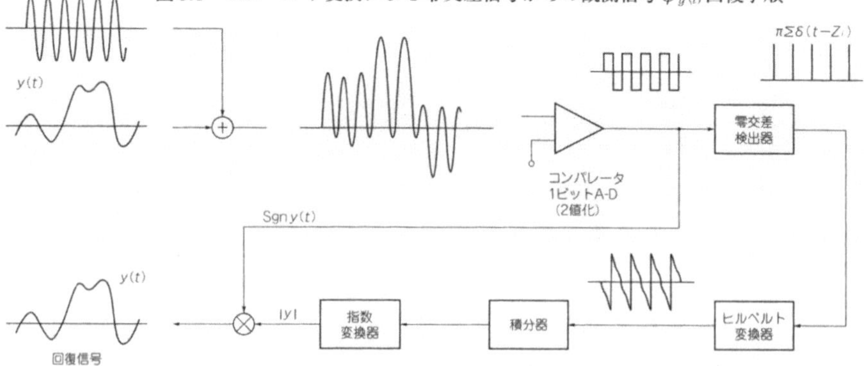

$$\frac{d}{dt}\ln|y(t)|=\mathscr{H}\left\{\frac{d}{dt}\phi_{y(t)}\right\} \quad \cdots\cdots (5.8)$$

なるヒルベルト変換の関係で結びつけられる[4]．式(5.7)，式(5.8) から信号の振幅 $|y(t)|$ は零交差情報 $\{z_i\}$ を用いて，

$$\ln|y(t)|=\int\mathscr{H}\left\{\sum_i \pi\delta(t')-z_i\right\}dt' \quad \cdots\cdots (5.9)$$

で与えられる．式(5.9)を指数表現し，最後に$y(t)$の符号(すなわち，コンパレータ出力)を与えてやると，

$$y(t) = \mathrm{sgn}(y(t))\cdot|y(t)| \quad \cdots\cdots (5.10)$$

より，原信号が回復される．**図5.9**にその計算手順を示した．

5.4 参照周期信号の重畳とヒルベルト変換による1ビットA-Dスペクトル回復の実施例

このような零交差信号からの回復問題は，たとえば音声や光の干渉，レーダなど，波として観測される信号に対して，とくに実用的である．

図5.10は，赤外フーリエ分光器のアナログ出力に対し，高ダイナミックレンジのA-D変換器を使うことなく，1ビットのA-D変換器(コンパレータ)と**図5.9**の手順で干渉波形を回復し，そのスペクトルを求める装置の試作例を示す．

図5.10 赤外フーリエ分光器のインターフェログラムの零交差点検出装置

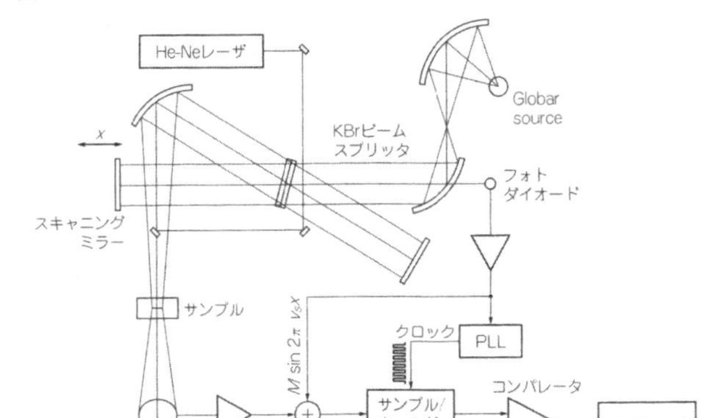

通常のマイケルソン干渉計をベースとした赤外フーリエ変換分光器に対し，可視のレーザ光源（He-Neレーザ：その振動周期は赤外光の周期より十分短い）からの光を導入し，計測対象の赤外光はTGS検出器で，He-Neレーザ光は光電検出器で，それぞれ別に検出する．

信号は2光束干渉計の一方のアームの長さを反射ミラーを動かすことで変化させて得る．測定対象の赤外光干渉計からの出力に周波数が高く出力の大きな可視干渉光を加え，コンパレータに入力して2値化する．その後の処理は，コンピュータによってディジタル処理する．

リスト5.1には，コンパレータ出力により後の手順をディジタル的に行うプログラムを示す．

図5.11に，計算の過程を示す．図(**a**)は，グローバー光源からの2光束干渉光が試料であるマイラフィルムによって吸収されて変調を受けた信号（観測信号）にHe-Neレーザの干渉光成分を加えることによって得られた出力信号である．図(**b**)はそれを2値化した信号で，図(**b**)の零交差位置をディジタル関数としそれをヒルベルト変換して，その後，積分，指数変換，そして符号回復した結果が，図(**c**)である．

赤外フーリエ分光は，スペクトルのフーリエ変換である干渉縞を計測する分光法であり，スペクトル〔**図5.11**(**d**)〕はこの干渉信号〔**図5.11**(**c**)はほんの一部〕をフーリエ変換することによって得られる．

図5.12(**a**)は，この方法によって得られたマイラのスペクトル（光源のスペクトル分布が加わったまま），**図5.12**(**b**)は比較のために参照信号なしに検出した16ビットA-D変換器を用

図5.11 計算の過程と実験結果

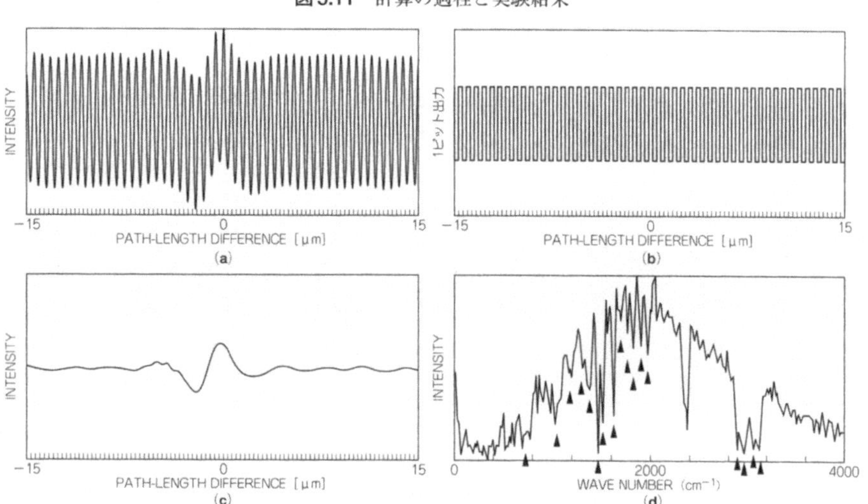

図5.12 マイラのスペクトル

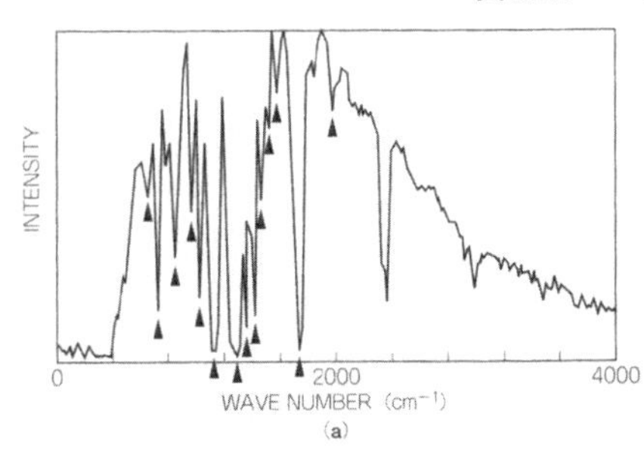

(a)

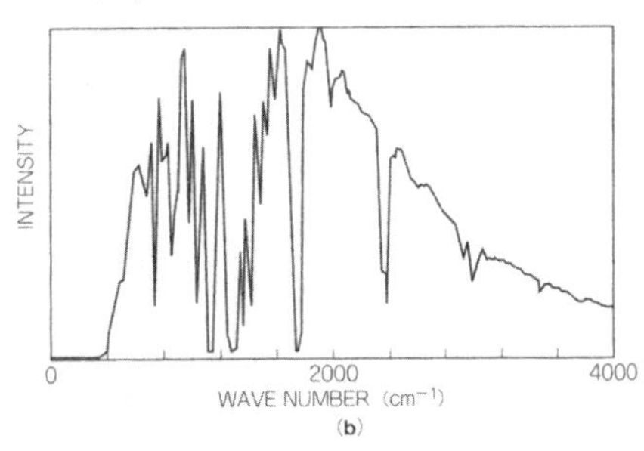

(b)

いてディジタル化し，それをフーリエ変換した結果である．このように，零交差情報(すなわち，1ビットA-D変換による出力)だけからでも16ビット相当の精度の信号とそのスペクトルが回復できる．

リスト5.1 ヒルベルト変換による零交差信号からの観測信号回復プログラム

```
#include <stdio.h>
#include <stdlib.h>
#include <math.h>
#include <complex.h>

#define complex complex<float>

void Comparator(float data[], float result[], int size);
void CrossingDetect(float data[], float result[], int size);
void Hilbert(float data[], float result[], int size);
void IntegralandExp(float data[], float result[], int size);
void Multiply(float data1[], float data2[], float result[], int size);
void FileWrite( float data[], int size, char fname[] );

main(int argc, char *argv[])
{
    FILE *fp;
    int i;
    int size;
    float *data;
    float *modulated;
    float *comparator;
    float *zerocross;
    float *hilbert;
    float *integral;
    float *result;
    static char buff[256];

    fp = fopen( argv[1], "rt" );
    if( fp == NULL )
    {
        printf( "Can't open file\n" );
```

リスト5.1　ヒルベルト変換による零交差信号からの観測信号回復プログラム（つづき）

```
        exit(0);
    }

    size = atoi( argv[2] );

    data = (float *)malloc( sizeof(float)*size );
        /* データの格納領域確保 */
    comparator = (float *)malloc( sizeof(float)*size );
    zerocross = (float *)malloc( sizeof(float)*size );
    hilbert = (float *)malloc( sizeof(float)*size );
    integral = (float *)malloc( sizeof(float)*size );
    result = (float *)malloc( sizeof(float)*size );

    for( i = 0; i < size; i++ )                             /* データの読み込み */
    {
        fgets( buff, 256, fp );
        data[i] = atof( buff );
    }

    fclose( fp );

    Comparator( data, comparator, size );                   /* コンパレータ処理 2
値化 */
    FileWrite( comparator, size, "comparator.txt" );

    CrossingDetect( comparator, zerocross, size );          /* ゼロ交差検出 */
    FileWrite( zerocross, size, "zerocross.txt" );

    Hilbert( zerocross, hilbert, size );                    /* ヒルベルト変換 */
    FileWrite( hilbert, size, "hilbert.txt" );

    IntegralandExp( hilbert, integral, size );              /* 積分,指数変換 */
    FileWrite( integral, size, "integral.txt" );

    Multiply( integral, comparator, result, size );         /* コンパレータ出力との
掛け算 */

    for( i = 0; i < size; i++ )
    {
        printf( "%i, %fIn", i, result[i] );                 /* 結果の出力 */
    }
}

void Comparator( float data[], float result[], int size )
                                                            /* コンパレータ処理 */
{
    int i;

    for( i = 0; i < size; i++ )
    {
        if( data[i] >= 0.0 )
            result[i] = 1.0;
        else
            result[i] = -1.0;
    }
```

リスト5.1 ヒルベルト変換による零交差信号からの観測信号回復プログラム（つづき）

```
}

void CrossingDetect( float data[], float result[], int size )  /* ゼロ交差検出 */
{
    int i;
    float current;

    current = data[0];
    for( i = 1; i < size; i++ )
    {
        if( data[i] != current )
        {
            result[i] = 3.141592;
            current = data[i];
        }
        else
        {
            result[i] = 0.0;
        }
    }
}

void Hilbert( float data[], float result[], int size )
        /* ヒルベルト変換 */
{
    int i, j;

    for( i = 0;i < size; i++ )
    {
        result[i] = 0.0;
    }

    for( i = 0; i < size; i++ )
    {
        if( data[i] == 0.0 )
            continue;
        for( j = 0; j < size; j++ )
        {
            if( j == i )
                continue;
            else
                result[j] += data[i]*1.0/(j - i);
        }
    }
}

void IntegralandExp( float data[], float result[], int size )
                                                    /* 積分,指数変換 */
{
    int i;
    float integral=0.0;

    for( i = 0; i < size; i++ )
    {
        integral += data[i];
```

リスト5.1 ヒルベルト変換による零交差信号からの観測信号回復プログラム（つづき）

```
        result[i] = exp(integral);
    }
}

void Multiply( float data1[], float data2[], float result[], int size )
                                                        /* 掛け算 */
{
    int i;

    for( i = 0; i < size; i++ )
    {
        result[i] = data1[i] * data2[i];
    }
}


void FileWrite( float data[], int size, char fname[] )
                                        /* データの出力用関数 テスト用 */
{
    FILE *fp;
    int i;

    fp = fopen( fname, "wt" );
    if( fp == NULL )
    {
        printf( "File (%s) can't open\n", fname );
        exit(0);
    }

    for( i = 0; i < size; i++ )
    {
        fprintf( fp, "%d, %f\n", i, data[i] );
    }

    fclose(fp);
}
```

5.5　デルタ・シグマ変調の原理

これまでの仮定どおり，信号に滑らかさがあって不連続に変化しないなら，たとえ16ビットや24ビットのA-D変換器を使ってはじめてディジタル化できる信号であっても，それを十分細かくサンプリングすることによって，1ビットA-D変換器で信号のディジタル化が可能である．ただし，このとき微分回路と積分回路が必要である．微分を示す表記がΔ（デルタ），積分を示す表記がΣ（シグマ）であることより，この方法はデルタ・シグマ変調（Delta-Sigma modulation）と呼ばれる．

図5.13(**a**)のように，通常のA-D変換ではナイキスト（Nyquist）のサンプリング間隔ごとに信号をサンプルし，それをA-D変換する．ナイキストのサンプリング間隔とは，信号のもつ最大周波数の2倍の周波数でのサンプリング（サンプリング間隔はその1/2）であり，原信号を正確に復元できるサンプリング間隔である．このときA-D変換器が何ビットであるかはきわめて重要であり，たとえば1ビットしか変換できなければ原信号はまったく回復できない．しかしもし，

① サンプリング間隔を十分に細かくし，

② 前のサンプリング点の信号値との差をA-D変換する．

とすればどうだろうか？

信号が不連続に変化しないかぎり，サンプリング間隔を細かくしていけば，**図5.13**に示すように，一つ前のサンプル値との差を表現するためのA-D変換のビット数は減り，最終的にはそれは1ビットA-D変換器でも表現できる．

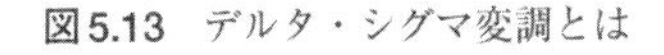

図5.13　デルタ・シグマ変調とは

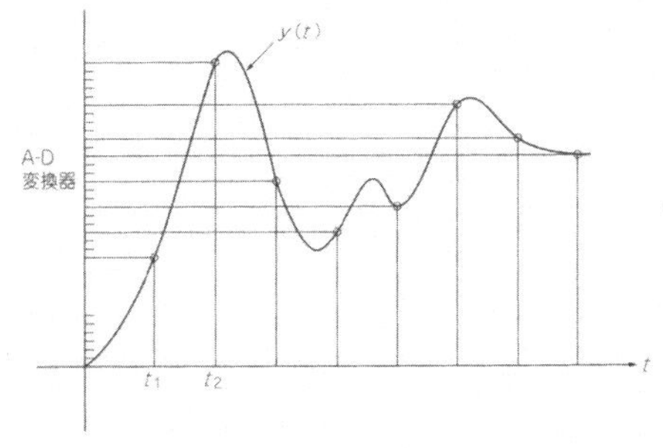

(**a**) 通常のA-D変換（ナイキストのサンプリング間隔によるA-D変換）

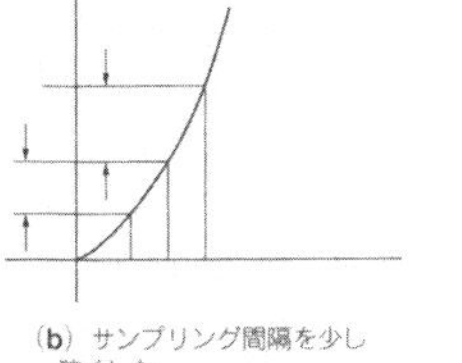

(**b**) サンプリング間隔を少し狭くした

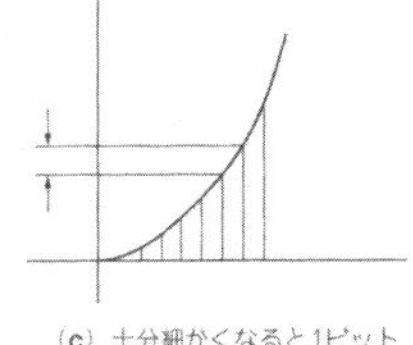

(**c**) 十分細かくなると1ビット以下になる

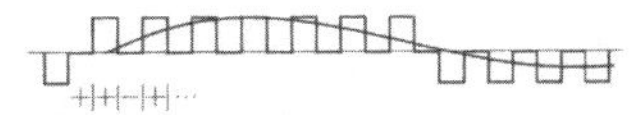

(**d**) 変化のない信号に対しては1ビットA-D出力は揺れる

図5.14　デルタ・シグマ変調の手順　　**図5.15**　デルタ・シグマ変調器の回路

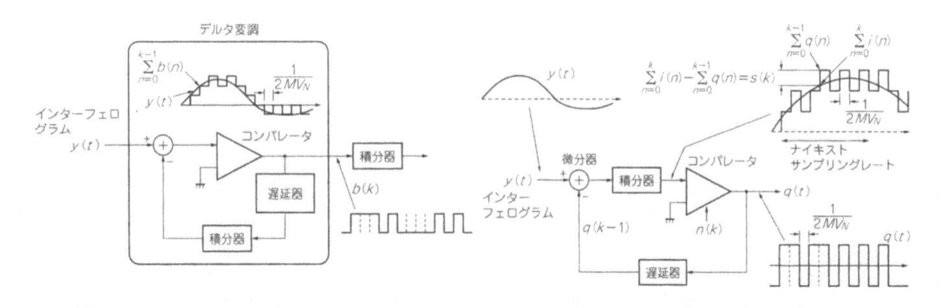

前のサンプル値との差である1ビットは，＋1か－1となり，変化の少ない信号に対しては，＋1や－1が続くのではなく，＋1，－1が交互に出力される．

図5.14は，この手続きを示している．1回前のサンプル値(delay unit + integrator)と入力信号$y(t)$がコンパレータ(1ビットA-D)で比較されて，＋または－1の2値信号を出力する．この出力をアナログ的またはディジタル的に積分すると，原信号が回復される．積分器を用いずに2値信号のパルス数をカウントするカウンタでも積分は実行できる．

図5.14の回路には積分器が二つあるのでこれを整理すると，実際にデルタ・シグマ変調に用いられる回路になる．**図5.15**の回路の中で零交差信号はコンパレータ出力であり，これがコンピュータあるいはメモリに送られる．

5.6　デルタ・シグマ変調の実際

デルタ・シグマ変調による1ビットA-D変換を，再び赤外フーリエ変換分光器の干渉信号計測に応用するための実装例について述べる．**図5.16**に，そのブロックダイアグラムを示す．光学系は**図5.10**と同じであり，回路部分だけが異なる．サンプリング間隔を十分細かくするためにPLL(Phase-Locked Loop)を加え，そこからの高周波クロックをデルタ・シグマ変調器のサンプリング信号として用いる[5]．

図5.17(a)は，干渉計からのアナログ出力の一部分であり，これをデルタ・シグマ変調器によって2値化したのが図(**b**)である．この信号を積分すれば図(**a**)が回復するはずだが，あえてこのままフーリエ変換すると図(**c**)が得られる．このときFFTの入力は±1なのでcos/sin関数との掛け算の処理が不要で，高速にフーリエ変換が計算できる．この信号のサンプリング間隔は何度も述べたとおり，ナイキスト間隔より十分細かいので，図(**c**)の帯域は信号帯域より何倍も広い．図(**c**)のうち信号帯域だけを拡大すると，図(**d**)に示すように信号

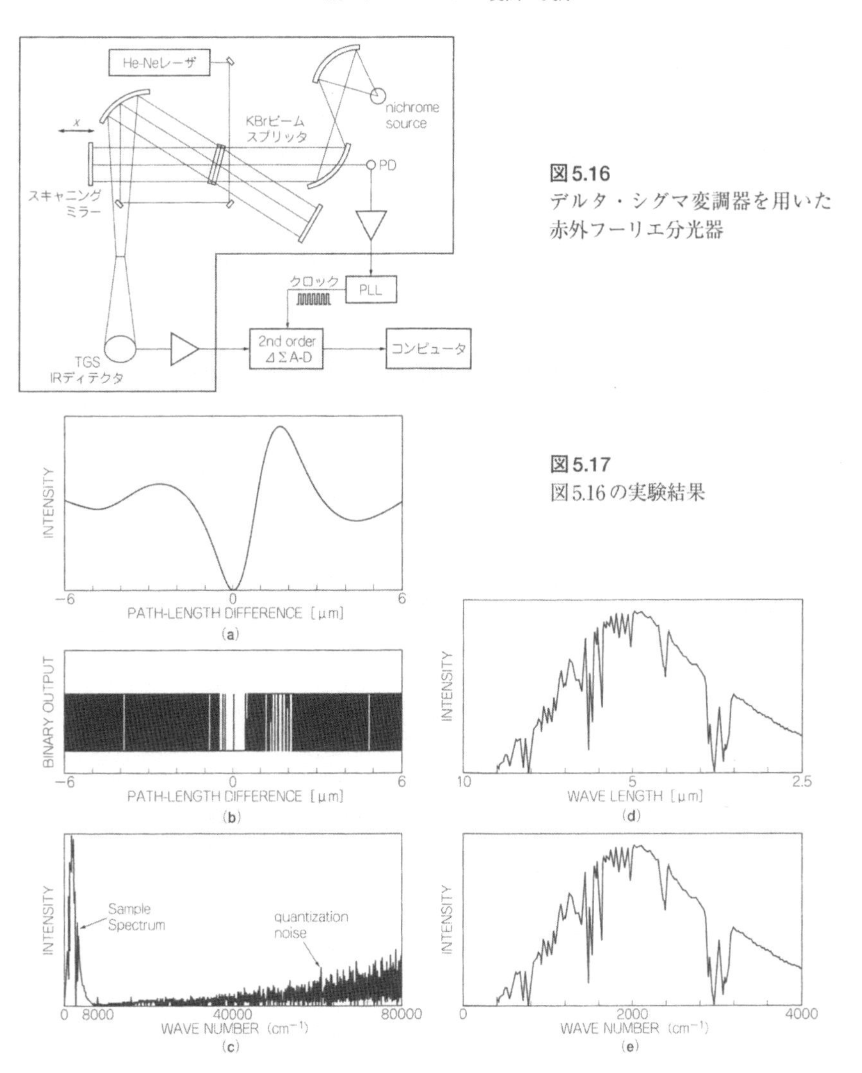

図5.16
デルタ・シグマ変調器を用いた赤外フーリエ分光器

図5.17
図5.16の実験結果

のスペクトルが得られる．

このとき計測したサンプルはポリスチレンフィルムであり，その赤外スペクトルが正しく回復されている．図(**e**)は比較のために示した16ビットA-D変換によって得たディジタル信号のフーリエ変換スペクトルである．図(**c**)あるいは図(**d**)を求めるフーリエ変換には，**図5.18**の回路が用いられる．

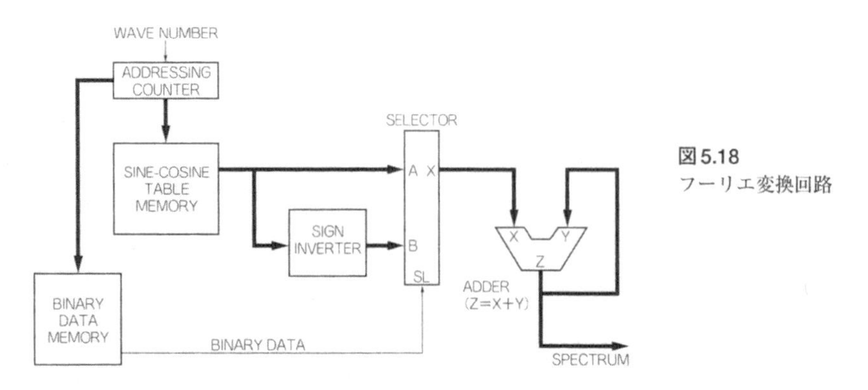

図5.18
フーリエ変換回路

5.7 ブラインド・デコンボリューションはゼロシート法

零値問題でもっともエレガントにして高級で有用な手法のきわめつけは，ゼロシート法である．これはブラインド・デコンボリューション法の一つだが，唯一の実用的ブラインド・デコンボリューション法といえる．ブラインド・デコンボリューションとは，劣化をもたらす要因を知らずに，計測された信号から劣化前の原画像を回復する逆問題解法である．ゼロシート法がいかに画期的であり，かつユニークな手法であることは，これが，

① 解析的にユニークに解が求まること

および，

② 信号，劣化関数ともに2次元の画像でなければならないこと

からも明らかであろう．上記の②に加えて，

③ 画像，劣化関数ともに有限サイズであること

が条件となる．欠点は，

④ 計算量が膨大であるため，大きな画素数を扱うことが難しいこと

があげられるが，パソコンやワークステーションの急速な容量と演算速度の進歩は，この問題を致命的なものとはしない．

ゼロシート法は，1987年にNew ZealandのBatesによって考案された（彼はその後若くして他界している）が[6]，その数学的エレガントさの一方，z空間という慣れない数学を基礎としなければならないため，多くの人たちの興味を得ることはできなかった．もっと直感的で扱いやすい拘束付反復法（Ayer&Daintyが提案[7]）のフォローアップをする研究者が圧倒的に多かったが，筆者からすると，二つの手法は，まったく「格」が違う．日本では筆者ら以外に，このゼロシート法に取り組んだ研究者はほとんどいないようだが，ここではぜひこの究極のブラインド・デコンボリューション法，究極の零値問題に取り組んでいただきたい．

5.8 ゼロシート法の原理 —— ゼロシートとは？

ゼロシート法の基礎は，本章の最初に述べた多項式の因数分解である．画像$f(x, y)$をxとyに関する多項式の係数と考えると，多項式$F(u, v)$は，

$$F(u,v)=\sum_{x=1}^{M}\sum_{y=1}^{M}f(x,y)u^x v^y \quad \cdots\cdots (5.11)$$

と表すことができる．ここで簡単にするために，空間座標x，yは離散化して，$x=1$，2，3，……M；$y=1$，2，3，……Mというように整数値で表す．この操作はu，vを変数とする2次元z変換の式にほかならない．ただし，z変換ではu，vの代わりにu^{-1}，v^{-1}だが，これは変数変換すればよい．ここで条件となるのは，画像サイズは有限$(M\times M)$であることである．

画像を劣化させる要因（ピントぼけ，像の流れやゴーストなど）が，点物体に対する拡がり分布として$h(x, y)$で与えられるなら，これも2次元z変換して，

$$H(u,v)=\sum_{x=1}^{M}\sum_{y=1}^{M}h(x,y)u^x v^y \quad \cdots\cdots (5.12)$$

で与えられる．そして，観察される画像$g(x, y)$がこの二つの関数の2次元コンボリューション積分，

$$g(x, y)=\iint f(x', y')h(x-x', y-y')\,dx'\,dy'$$
$$\triangleq f(x, y)\,\Theta\,h(x, y)$$

で表されるなら，$g(x, y)$のz変換，

$$G(u,v)=\sum_{x=1}^{N+M}\sum_{y=1}^{N'+M'}g(x,y)u^x v^y \quad \cdots\cdots (5.13)$$

はz変換の性質により，FとHの積，

$$G(u, v)=F(u, v)\cdot H(u, v) \quad \cdots\cdots (5.14)$$

として与えられる．

さて，画像$f(x, y)$のz変換$F(u, v)$は，式(5.11)においてvに関して因数分解すると，

$$F(u, v)=\sum_{x=1}^{M}A_X\prod_{y=1}^{M}(v-\beta_i)u^x \quad \cdots\cdots (5.15)$$

と表すことができる．すなわち$v=\beta_1$，β_2，……β_Mのとき，

$F(u,\ v)=0$となる．

もう一つ準備をしよう．変数u（変数xに対するz変換だが，ラプラス変換のsの逆数と考えてもよい）に対しては極座標表記，変数v（変数yのz変数）に対しては実部と虚部で表記する．すなわち，

$x \rightleftarrows u=\rho e^{-j\phi}$

$y \rightleftarrows v=\mathrm{Re}[v]+j\mathrm{Im}[v]$

ここでρ，ϕ，$\mathrm{Re}[v]$，$\mathrm{Im}[v]$の四つの変数のうち，**図5.19(a)**に示すように$\mathrm{Re}[v]$，$\mathrm{Im}[v]$の2次元にρ軸を加えた3次元空間をつくる．そして，まずρを固定（たとえば$\rho=1$）して，**図5.19(b)**のような平面でϕを固定（たとえば$\phi=0$）して，式(5.15)の$F(u,\ v)=0$となるvの値であるβ_1，β_2，……β_Mをプロットしてみよう．

次に，$\rho=1$を固定したままでϕの値を少しずつ変化させる．すると，$\rho=1$平面上のM個の根の位置は少しずつ動くはずである．そして，ϕを0から2πまで変化すると軌跡は必ず閉じ，$\rho=1$の平面上には複数の閉曲線ができるであろう．ただし，閉曲線の数は根の数と同じである必要はなく，一般にそれより少ない．**図5.20**に，一つの実根と二つの複素根に対して$\phi=0\sim2\pi$まで変化したとき，三つの閉曲線ができるのではなく二つまたは一つの閉曲

図5.19　閉曲線の変化

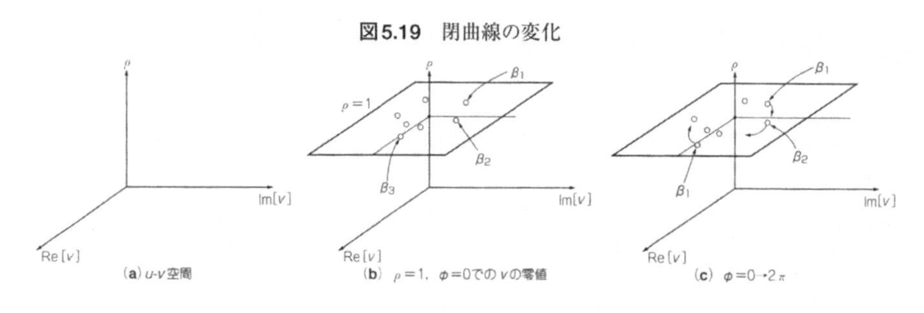

(a) u-v空間　(b) $\rho=1$，$\phi=0$でのvの零値　(c) $\phi=0\rightarrow2\pi$

図5.20　$\phi=0\rightarrow2\pi$にともなう閉曲線の形成

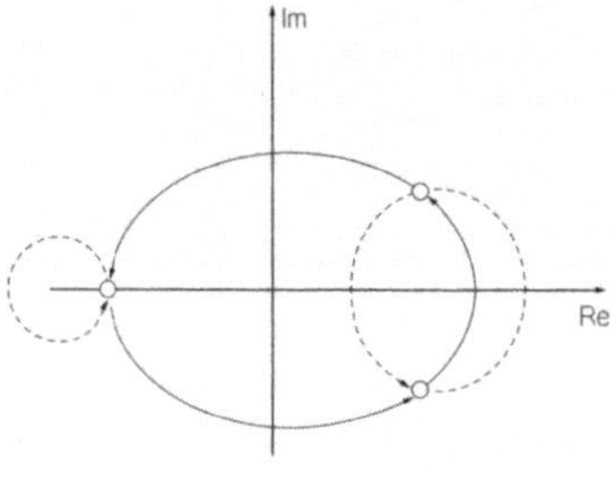

図5.21　ゼロシート

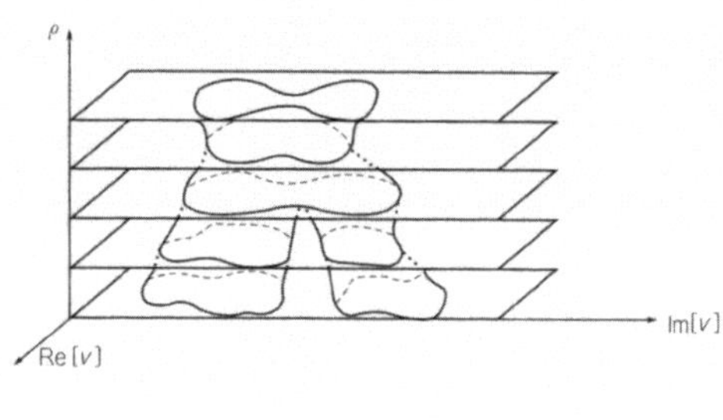

線となることもあり得るという例を示す．

今度は，さらにρを変化させてみよう．閉曲線はρを徐々に変化させると，やはり少しずつその形を変化させ，**図5.21**に示すように二つの閉曲線が一つに融合したり，あるいは一つの閉曲線が二つ以上に分散したりする．このようにして零値によってできあがる曲面が「ゼロシート」である．

5.9　ゼロシートの分離

では，ブラインド・デコンボリューションの話に進めよう．一般に，計測される画像，観察される画像は，実際の画像$f(x, y)$と比べて何らかの歪みを受けている．歪みをもたらす要因は，計測器自身（たとえば，レンズの性能や回路特性など）であったり，計測環境（たとえば，大気のゆらぎやテレビ画像での反射ゴースト），あるいは測定対象自身のゆらぎ（たとえば，流れ写真など）などである．デコンボリューションとは，このような劣化がコンボリューション積分で与えられると近似できるときの信号回復計算である．

観測画像$g(x, y)$が，物体$f(x, y)$と点線分布関数$u(x, y)$のコンボリューションで与えられるということは，z空間ではそれぞれの2次元z変換$G(u, v)$，$F(u, v)$，$H(u, v)$に対して，式(5.14)で示したように積で与えられる．

ここで，G，F，Hのそれぞれのゼロシートを考えると，Gのゼロシート〔すなわち$G(u, v) = 0$とする曲面〕は，FのゼロシートとHのゼロシートの合成であることがわかる．もし，$g(x, y)$が$f(x, y)$と$h(x, y)$のコンボリューション積分で表すことができるなら，$G(u, v)$のゼロシートは必ず$H(u, v)$のゼロシートに分離されるはずである．

図5.22に示すように，$F(u, v)$のゼロシートと閉曲線，閉曲面はϕ，あるいはρを少しずつ変化させると，不連続になることなく滑らかにつながっていくので，滑らかさを追いかけることによってFとHは分離できる．ただし，特定のρ平面ではFだけについても複数の閉曲線があるので，ρも変化させ，二つの関数にグルーピングする必要がある．

図5.22　$G = F$，Hのゼロシート

5.10　フーリエ変換による画像の再構成

このようにして分離させられた画像のz変換$F(u, v)$の零点から，画像$f(x, y)$を求めることは困難ではない．

分離された$F(u, v)$のuをまず，

$$u=\exp\left(2\pi j\frac{k_0}{M}\right) \quad \cdots\cdots (5.17)$$

に固定しよう．すると$F(u, v)$は，vに関する$(M-1)$次の多項式となり，

$$F\left\{\exp\left(2\pi j\frac{k_0}{M}\right), v\right\}=A_{k0}\prod_{n=1}^{M-1}(v-\beta_{0n}) \quad \cdots\cdots (5.18)$$

と表すことができる〔ただし，β_{0n}はμを式(5.17)のように固定したときの零点の集合を意味する〕．次に，

$$v=\exp\left(2\pi j\frac{l}{M}\right) \qquad l=1, 2, \cdots M \quad \cdots\cdots (5.19)$$

とおいて，

$$F\left\{\exp\left(2\pi j\frac{k_0}{M}\right), \exp\left(2\pi j\frac{l}{M}\right)\right\}=A_{k0}\prod_{n=1}^{M-1}\left\{\exp\left(2\pi j\frac{l}{M}\right)-\beta_{0n}\right\} \quad \cdots\cdots (5.20)$$

が得られる．この左辺は$f(x, y)$とフーリエ変換したときのx方向の空間周波数をk_0/mに固定して，y方向の空間フーリエスペクトル信号を表している．すなわち，式(5.11)の$f(x, y)$のz変換の式(多項式展開の式)のuとvを，

$$v=\exp\left(2\pi j\frac{k}{M}\right) \quad \cdots\cdots (5.21)$$

$$v=\exp\left(2\pi j\frac{l}{M}\right) \quad \cdots\cdots (5.22)$$

と置き換えたとき，式(5.11)は，

$$F(k, l)=\Sigma\Sigma f(x, y)\exp\{2\pi j(kx+ly)/m\} \quad \cdots\cdots (5.23)$$

という2次元フーリエ級数展開の式と等価になり，式(5.20)はその1列を示している．このようすを**図5.23(a)**に示す．

さて，今度はkを走査することにより，個々のkについてのl方向のスペクトルが得られる〔**図5.23(b)**〕．ただし，ここで式(5.18)の複素定数A_{k0}だけは零点からは求まらない．したが

図5.23 零点により決定できる$f(x,\ y)$のスペクトル成分

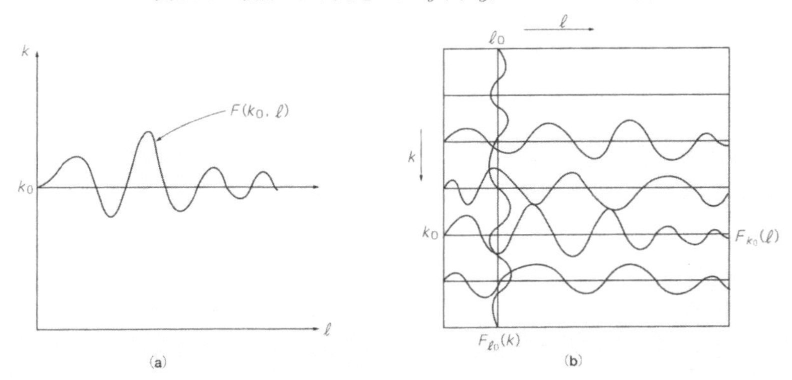

って，$F(k_0,\ l)$の絶対値は決まらず，各kに対する$F(k,\ l)$の比が決まらない．そこで今度は，

$$v=\exp\left(2\pi j\frac{l_0}{M}\right) \qquad \cdots\cdots (5.24)$$

で固定して，

$$F(k,\ l_0)=\beta_{l0}\prod_{n=1}^{M-1}\left\{\exp\left(2\pi j\frac{l_0}{M}\right)-\alpha_{0n}\right\} \qquad \cdots\cdots (5.25)$$

を求める（α_{0n}は同じように零点の集合）．これを用いて，各kに対する1次元スペクトルの比であるA_kを定める．このようにして得られた2次元フーリエスペクトルを逆フーリエ変換することによって，$f(x,\ y)$が再構成される．

5.11 ゼロシート法によるブラインド・デコンボリューションの実験

図5.24の画像からのブラインド・デコンボリューションを試みよう．**図5.25**はゼロシートの断面である．これを**図5.26**のように二つに分離して，フーリエ逆変換による再構築を行うと**図5.27**(**a**)の回復画像と，図(**b**)の劣化原因となる点線分布関数が求まる．**図5.28**はぶれによる劣化画像であり，この像からの回復結果とぶれ関数を**図5.29**に示す．

次に，顕微鏡画像への応用例を示す．**図5.30**(**a**)は，直径26 μmのラテックス球の像を透過顕微鏡で観察した画像だが，劣化している．この劣化画像をブラインド・デコンボリューションにより回復した結果が**図5.30**(**b**)，(**c**)で，もとのラテックス球の画像と，劣化の原因となった点像分布関数が求まっている．

図5.24　多重露光によるボケ像

図5.25　図5.24のゼロシート

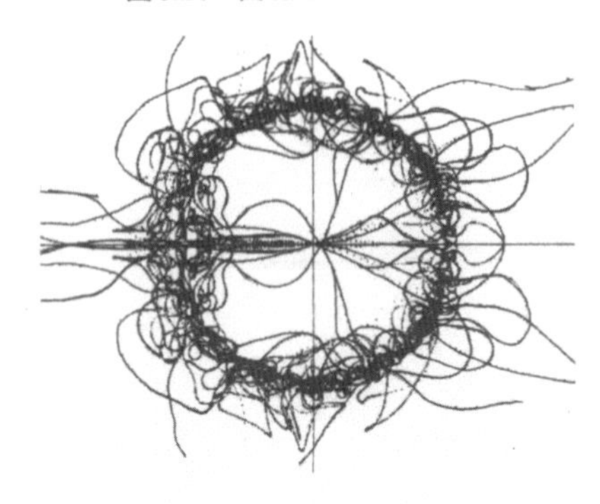

図5.26　ゼロシートの分離

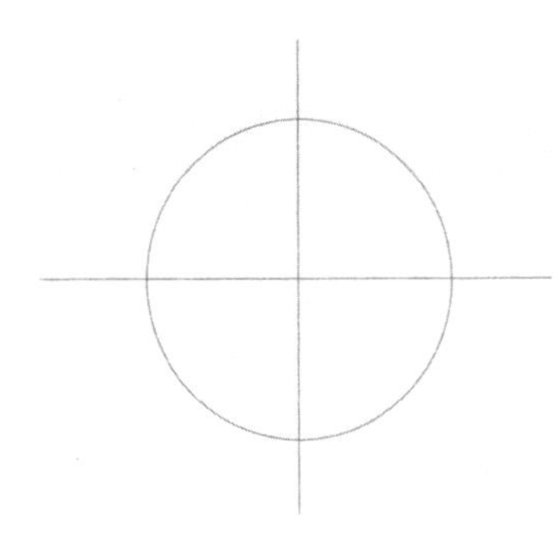

(a) 点像分布関数のゼロシート

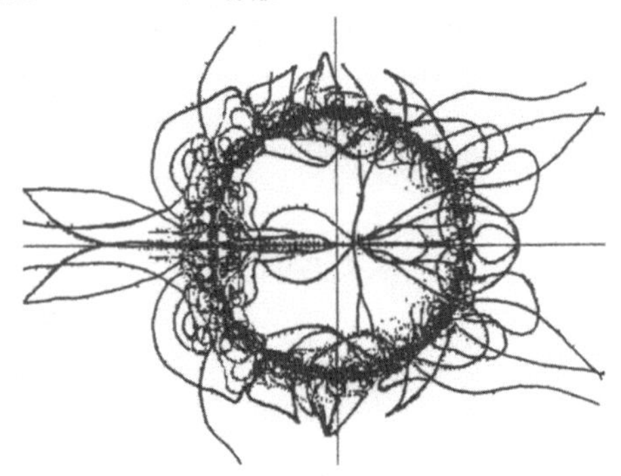

(b) 回復画像のゼロシート

図5.27　ゼロシート上の零点より回復した像

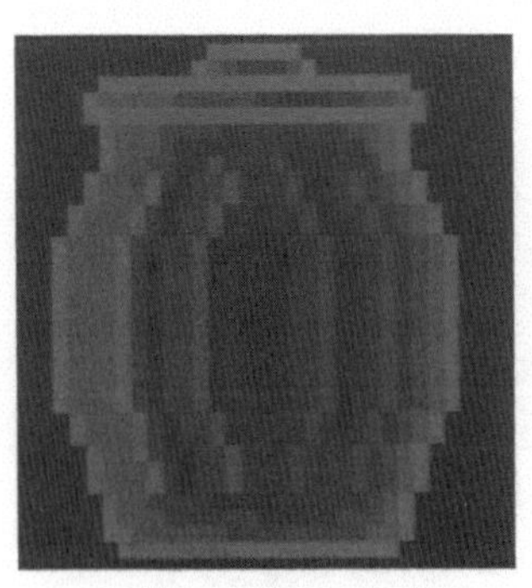

(a) 回復した画像(32 × 32画素)

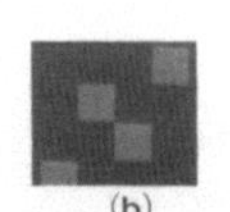

(b) 劣化原因の点像分布関数(4 × 4画素)

図5.28　ぶれによる劣化画像

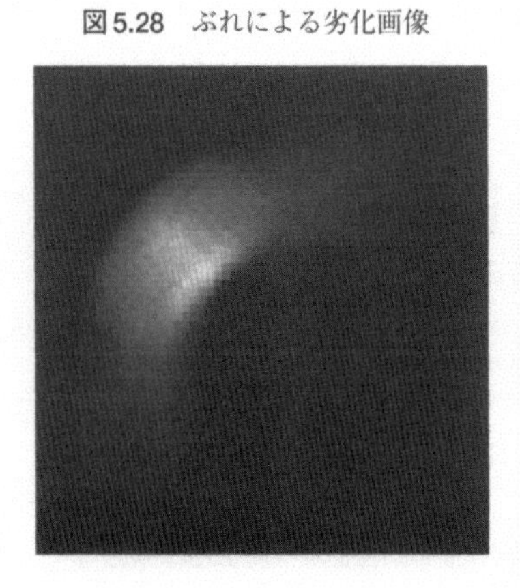

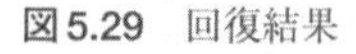

図5.29　回復結果

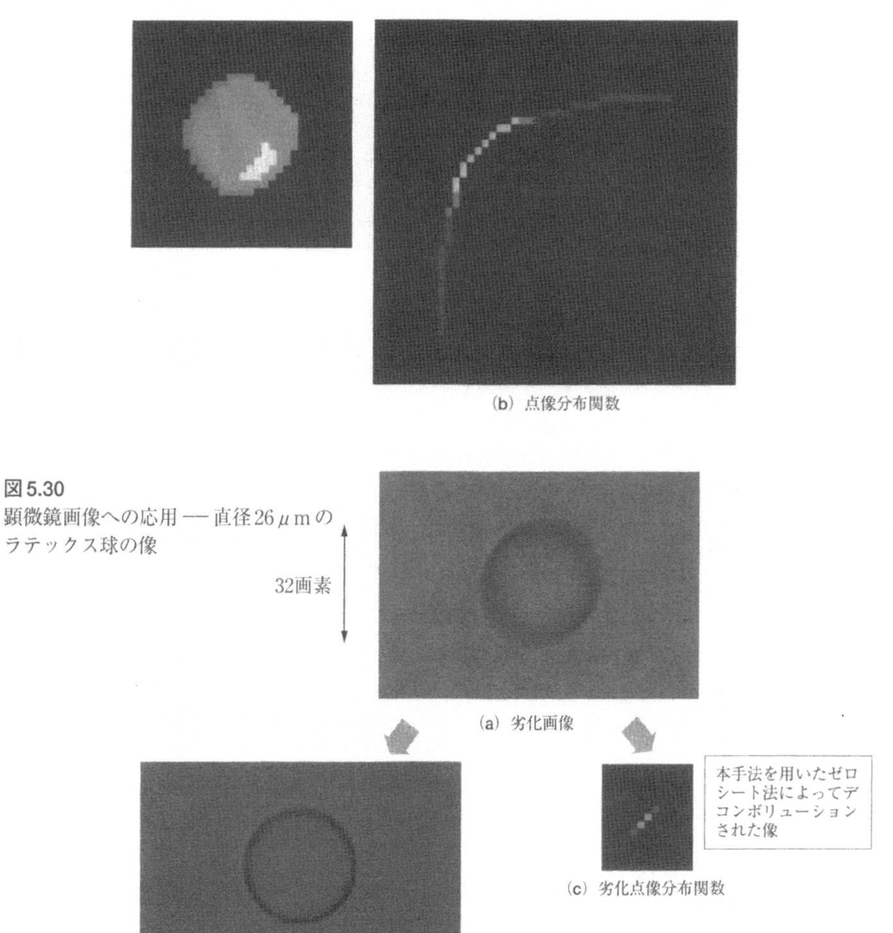

(b) 点像分布関数

図5.30
顕微鏡画像への応用 ― 直径26 μmのラテックス球の像

(a) 劣化画像

(b) 回復したラテックス球の像

(c) 劣化点像分布関数

リスト5.2に，ゼロシートを求めるプログラムを示す．

参考文献

1) B. Logan, "Information in Zero Crossings of Bandpass Signals", *Bell System Tech.* J., Vol. 56, 487-510, 1977

2) A. Oppenheim and R. Schafer, *Digital Signal Processing*, Prentice-Hall, Englewood Cliffs, 1975

3) S. Curtis and A. Oppenheim, "Reconstruction of Multidimensional Signals from Zero Crossings" *J. Opt. Soc. Am. A*, Vol. 4, 221-231, 1987
4) H. Voelcker, "Toward a Unified Theory of Modulation, Part I and II", *Proc. IEEE*, Vol. 54, 340-353 and 735-755, 1996
5) K. Minami and S. Kawata, "Dynamic range enhancement of Fourier transform infrared spectrum measurement using delta sigma modulation", *Appl. Opt.*, Vol. 32, No. 25, 4822-4827, 1993
6) R. G. Lane and R. H. T. Bates, "Automatic multidimensional deconvolution", *J. Opt. Soc.* Am. A, Vol. 4, 180-188, 1987
7) G. R. Ayers and J. C. Dainty, "Iterative blind decomvolution method and its applications", *Opt. Lett.*, Vol. 13, No. 7, 547-549, 1988

リスト5.2 ゼロシートを求めるプログラム

```
#include <stdio.h>
#include <stdlib.h>
#include <math.h>
#include <complex.h>

#define complex complex<float>

#define PI 3.1415926535897932384626433832795

int FindRoots(complex a[], int m, complex roots[]);
int Laguer(complex a[],int m,complex *x, int *its);


main(int argc, char *argv[])
{
    int size;
    float *image[128];
    FILE *fp;
    complex u, v;
    float row, phai;
    static complex *coeff;
    static complex *solution;
    int i, j;
    static char buff[256];


    if( argc < 4 )
    {
         printf( "Usage: zerosheet datafile size rowIn" );
         exit(0);
    }

    fp = fopen( argv[1], "rt" );
    if( fp == NULL )
    {
         printf( "Can't fopen fileIn" );
         exit(0);
    }
    size = atoi( argv[2] );
    row = atof( argv[3] );
```

リスト5.2 ゼロシートを求めるプログラム（つづき）

```
    for( i = 0; i < size; i++ )
    {
        image[i] = (float *)malloc( sizeof(float)*size );
    }

    coeff = (complex *)malloc( sizeof(complex)*size );    /* メモリ確保 */
    solution = (complex *)malloc( sizeof(complex)*size );

    for( i = 0; i < size; i++ )                           /* 入力データ読み込み */
    {
        for( j = 0; j < size; j++ )
        {
            fgets( buff, 256, fp );
            image[i][j] = atof( buff );
        }
    }

    fclose( fp );


    for( phai = 0.0; phai < 2.0 * PI; phai += 0.01 )
                                              /* 位相をゼロから2πまで変化 */
    {
        u = row * exp( complex( 0.0, 1.0)*phai );  /* 多項式の係数を作る */
        for( i = 0; i < size; i++ )
        {
            coeff[i] = 0.0;
            for( j = 0; j < size; j++ )
            {
                coeff[i] += (image[i][j] + coeff[i]*u);
            }
        }

        if( FindRoots(coeff, size-1, solution) == -1 )
                                                  /* 根を求める */
            continue;;
        for( i = 1; i < size; i++ )
        {                                         /* 結果表示 */
            printf( "%f, %f¥n", real(solution[i]),
                imag(solution[i]) );
        }
    }

}

#define EPS 2.0e-6
#define MAXM 100

int FindRoots(complex a[], int m, complex roots[])
{
    int i,its,j,jj;
    complex x,b,c;
    complex *ad;
    int result;

    ad = (complex *)malloc( sizeof(complex)*(m+1) );
```

リスト5.2 ゼロシートを求めるプログラム（つづき）

```
    for (j=0;j<=m;j++)
    {
        ad[j]=a[j];
    }
    for (j=m;j>=1;j--)
    {
        x = complex(0.0, 0.0);
        result=Laguer(ad,j,&x,&its);
        if( result == -1 )
        {
            fprintf( stderr, "error¥n" );
            return(-1);
        }
        if (fabs(imag(x)) <= 2.0*EPS*fabs(real(x)) )
            x=complex( real(x), 0.0);

        roots[j]=x;
        b=ad[j];
        for (jj=j-1; jj>=0; jj--) {
            c=ad[jj];
            ad[jj]=b;
            b=x*b + c;
        }
    }

    for (j=1;j<=m;j++)
        Laguer(a,m,&roots[j],&its);


    free( ad );

    return(1);

}


#define EPSS 1.0e-7
#define MR 8
#define MT 5
#define MAXIT (MT*MR)

int Laguer(complex a[],int m,complex *x, int *its)
{
    int iter,j;
    float abx,abp,abm,err;
    float abmax;
    complex dx,x1,g,h,sq,gp,gm,g2;
    complex P, Pd, Pdd;
    static float frac[MR+1] =

{0.0,0.5,0.25,0.75,0.13,0.38,0.62,0.88,1.0};

    for (iter=1;iter<=MAXIT;iter++)
    {
        *its=iter;
        err=abs(a[m]);
        abx=abs(*x);
```

リスト5.2 ゼロシートを求めるプログラム（つづき）

```
        err = 0.0;
        P=Pd=Pdd=complex(0.0, 0.0);
        for( j=m; j>=0; j--)
        {
            P=(*x)*P + a[j];
            err=abs(P)+abx*err;
        }
        for( j=m; j>=1; j-- )
        {
            Pd = Pd*(*x) + j*a[j];
        }
        for( j=m; j>=2; j-- )
        {
            Pdd = Pdd*(*x) + j*(j-1)*a[j];
        }

        g=Pd/P;
        g2=g*g;
        h=g2 - Pdd / P;

        err *= EPSS;
        if (abs(P) <= err)
            return(1);
        sq=sqrt((m-1)*(m*h - g2));
        gp=g+sq;
        gm=g-sq;
        abp=abs(gp);
        abm=abs(gm);
        if (abp < abm)
            gp=gm;
        if( abp > abm )
            abmax = abp;
        else
            abmax = abm;

        if( abmax > 0.0 )
            dx = m/gp;
        else
            dx = exp(log(1+abx))*exp(complex(0.0, 1.0)*iter);

        x1=(*x)-dx;
        if (real(*x) == real(x1) && imag(*x) == imag(x1))
            return(1);
        if (iter % MT)
            *x=x1;
        else
            *x=(*x)-frac[iter/MT]*dx;
    }
    return(-1);
}
```

第6章 データ処理の基礎の基礎
最小2乗法と多変量解析

データ処理では，膨大な量のデータを要約してデータ間に存在する関係を求めることが重要である．このときの基本となる技術と道具は，最小2乗法と多変量解析法である．これらは，人文科学，自然科学，工学の多くの分野で，古くから今日まで共通の基礎技術として広く用いられている．本章で議論する最適化問題はもちろんのこと，フィルタリングと信号回復論や，自己回帰モデリングにおいても，最小2乗法と多変量解析法を基本原理としている．

本章では，多変量解析の一つである主成分分析法と最小2乗法，さらに実際の計測技術との関係を，新しい視点によって統一的に説明する．

6.1 最小2乗法を使った直線フィッティング（近似）

図6.1に示したのは，もっともよく経験する最小2乗法の例である．これは，二つのパラメータxとyの関係を示す実測値を複数個並べたものであり，その関係を示す直線を求めたい．

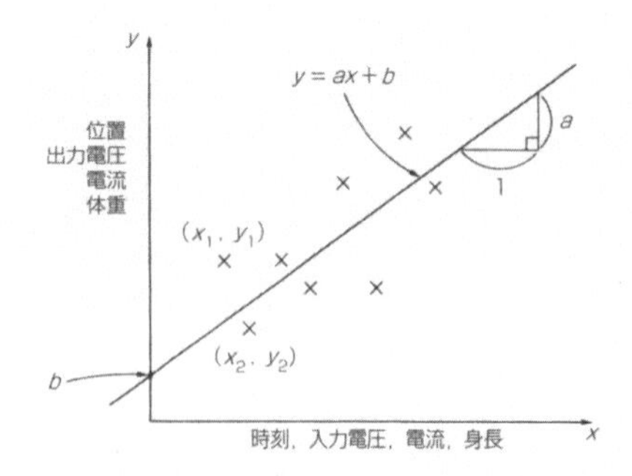

図6.1
最小2乗法を使った直線フィッティング

xとyは，入力電圧と出力電圧の関係であったり，あるいは電流と電圧や時刻と位置の関係，身長と体重の関係であったりする．このxとyが比例関係にあるならば，その比例定数(傾き)をa，バイアスまたはオフセット(切片)をbとして，

$$y = ax + b \quad \cdots\cdots\cdots (6.1)$$

という関係で与えられる．

しかし，実際のデータは誤差を含んでいるので，各測定データ$(x_1,\ y_1)$，$(x_2,\ y_2)$，$(x_3,\ y_3)$，…が，すべて正確に式(6.1)の関係を満足してはいない．

そこで，最小2乗法が登場することになる．最小2乗法は，観測データすべてに対しもっとも近い直線関係を記述するaとbを選ぶ．すなわち，

$$\begin{aligned} e &= \{y_1-(ax_1+b)\}^2+\{y_2-(ax_2+b)\}^2+\cdots \\ &= \sum_{i=1}^{n}\{y_i-(ax_i+b)\}^2 \end{aligned} \quad \cdots\cdots\cdots (6.2)$$

を最小にするようなaとbを求める．式(6.2)は，凹の2次式なので，eを最小にするaとbは，式(6.2)をそれぞれ，aとbに関して偏微分を行って，0点を求めればよい．すなわち，

$$\left.\begin{aligned} \partial e/\partial a &= -2\sum_i x_i(y_i-ax_i-b)=0 \\ \partial e/\partial b &= -2\sum_i (y_i-ax_i-b)=0 \end{aligned}\right\} \quad \cdots\cdots\cdots (6.3)$$

これより，

$$\left.\begin{aligned} a &= (n\sum x_iy_i - \sum x_i \sum y_i)/\delta \\ b &= (\sum x_i^2 \sum y_i^2 - \sum x_i \sum x_iy_i)/\delta \\ \delta &= n\sum x_i^2 - (\sum x_i)^2 \end{aligned}\right\} \quad \cdots\cdots\cdots (6.4)$$

6.2　最小2乗法による直線近似の原則(1)――xとyの違い

この観測データの直線へのフィッティングには，二つの隠された重要な原則がある．第1の原則は，観測データの測定は，y方向には誤差や雑音，ゆらぎをもっているが，x軸は正確であると，いつの間にか決められてしまっていることである．

だから，**図6.2**(a)に示すように，2乗誤差はy方向にとる．xは時刻や位置であるのでそれは正確だが，yはそのときの計測器からの出力値であるので誤差を含んでいるといった暗黙の了解である．

しかし，もちろんx方向の計測値がゆらいでいて，y方向の値が正確であることもありうる．そのときは，**図6.2**(b)に示すように，2乗誤差和はx方向にとるので，式(6.1)は，

$$x = (y - b)/a = cy + d \quad \cdots\cdots\cdots (6.5)$$

と置き換えられ，2乗誤差和は式(6.2)に代わり，

$$e = \sum\{x_i - (cy_i + d)\}^2 \qquad \cdots\cdots (6.6)$$

となる．その後も計算を進めると，

$$c = \frac{(n\sum x_i y_i - \sum x_i \sum y_i)}{(n\sum y_i^2 - (\sum y_i)^2)}$$

$$a = \frac{1}{c} = \frac{(n\sum y_i^2 - (\sum y_i)^2)}{(n\sum x_i y_i - \sum x_i \sum y_i)}$$

$$d = \frac{(\sum y_i^2 \sum x_i - \sum y_i \sum x_i y_i)}{(n\sum y_i^2 - (\sum y_i)^2)} \qquad \cdots\cdots (6.7)$$

$$b = -ad = \frac{(n\sum x_i y_i - \sum x_i \sum y_i)(\sum y_i^2 \sum x_i - \sum y_i \sum x_i y_i)}{-(n\sum x_i^2 - (\sum x_i)^2)(n\sum y_i^2 - (\sum y_i)^2)}$$

となり，これはy方向の最小2乗解と異なる．

● 主成分分析法との関係

では，x，yの両方の測定値に，ゆらぎや雑音，誤差などが含まれるときは，どちら向きに最小2乗をとればよいのだろうか？　また，パラメータがx，yだけではなく，さらにたくさんあるようなときは，どうすればよいのだろうか？

図6.2(c)は，座標軸x，yではなく，近似した直線との2乗誤差が最小になるように，直線を決めている．すなわち，各測定データ(x，y)に対して，その点から直線に降ろした垂線の2乗値の総和が最小になるように，直線の傾きと切片を選んでいる．

このような方法は，**主成分分析法**と呼ばれる技術と一致する(ただし，平均値をあらかじめ引いておき，切片は原点となるようにしておく)．パラメータが多くなると，2乗誤差和がもっとも小さくなる直線を「第1主成分」と呼び，さらに，その直線に直交する超平面内でもっとも2乗誤差和を小さくする直線を「第2主成分」，そして第3，第4主成分と続く．

6.3 最小2乗法による直線近似の原則(2)――最小3乗法？

最小2乗法の隠された重要な原則のもう一つに，誤差を「2乗する」ということがある．

しかし，2乗であって，なぜ3乗ではないのか？　2乗は分散であってパワーだから？　では，なぜ分散であってパワーでなければならないのか？　これは，誤差の統計的性質を**正規分布**とみなしているからで，もし誤差が**一様分布**なら最小2乗はとらない．

それでもなお，誤差が正規分布だとしても，各測定値と直線との距離(すなわち2乗の平方根，あるいは絶対値)の和でもよいのではないか？　あるいは，最小3乗法でも，最小4乗法

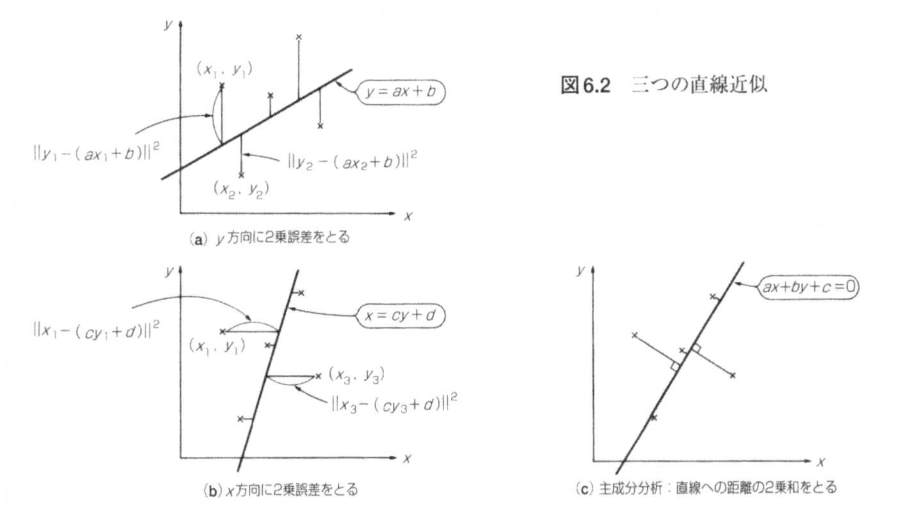

図6.2　三つの直線近似

でも，さらに最小対数法でもよいのではないか？　なぜ2乗なのか？

技術的には，次のことがいえる．式(6.2)の2乗誤差ではなくて，3乗誤差にすると，それを最小にする解は，ユニークに決まらない．式(6.2)は2次式なので〔これは式(6.1)が1次式だったから〕最小値はユニークに存在し，その微分は1次式になり，0を交差する点はユニークに決まる．

図6.3にそのようすを示す．図の左側および右下は最小2乗法によって誤差最小点が得られるようすを示し，図の右上は式(6.1)が2次式の場合を示している．

図6.3　最小2乗法とは2次式の最小値を求める方法

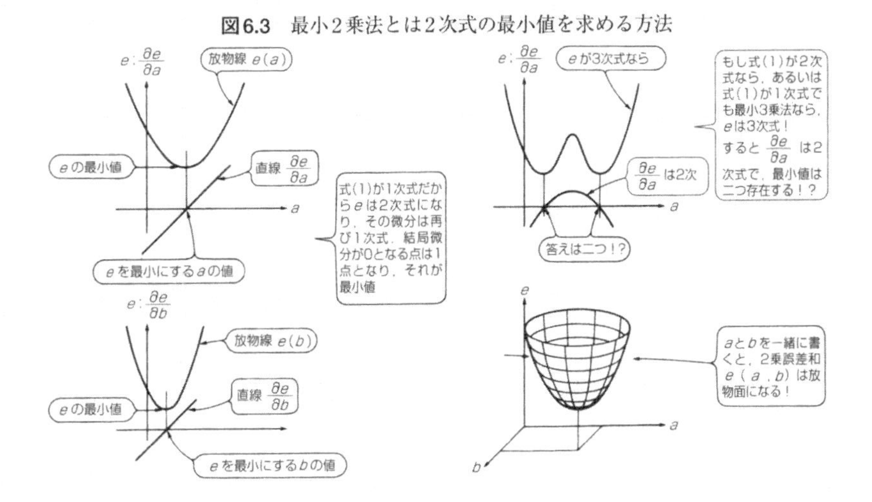

6.4 線形方程式の解を求める

少し数学的に，連立1次方程式の解法問題を考えてみる．たとえば，未知数がx_1，x_2の連立1次方程式，

$$y_1 = h_{11}x_1 + h_{12}x_2 \quad \cdots\cdots (6.8a)$$

$$y_2 = h_{21}x_1 + h_{22}x_2 \quad \cdots\cdots (6.8b)$$

$$y_3 = h_{31}x_1 + h_{32}x_2 \quad \cdots\cdots (6.8c)$$

が与えられたとする．未知数が2個，方程式が3個だから，この方程式は明らかに解不能である．(a)，(b) だけで方程式が成り立ち，それを満足する解が(c)を満足するとは限らない．このようなとき，最小2乗法を使うと答えが得られる．先の直線近似の例と同じく，

$$e = \{y_i - (h_{11}x_1 + h_{12}x_2)\}^2 + \{y_2 - (h_{21}x_1 + h_{22}x_2)\}^2 + \{y_3 - (h_{31}x_1 + h_{32}x_2)\}^2$$

$$= \sum\{y_i - (h_{i1}x_1 + h_{i2}x_2)\}^2 \quad \cdots\cdots (6.2')$$

を最小にする解を求める．ただし，さっきは未知数がaとbだったが，今度はx_1とx_2である．このあたりは混乱しないように注意が必要である．より一般的に，n個の未知数x_1，x_2，…，x_nと$m(>n)$個の方程式に対して，ベクトルと行列を用いると，

$$\boldsymbol{y} = [H]\boldsymbol{x} \quad \cdots\cdots (6.9)$$

で表される．ただし，

$$\boldsymbol{y} = \begin{bmatrix} y_1 \\ y_2 \\ \vdots \\ y_n \\ \vdots \\ y_m \end{bmatrix} \quad \boldsymbol{x} = \begin{bmatrix} x_1 \\ x_2 \\ \vdots \\ x_n \end{bmatrix} \quad \cdots\cdots (6.10)$$

$$[H] = \begin{bmatrix} h_{11} \cdots h_{1m} \\ h_{21} \cdots \\ \vdots \quad \vdots \quad \vdots \\ h_{m1} \cdots h_{mn} \end{bmatrix}$$

$m \neq n$なので，式(6.9)には解$x = [H]^{-1}y$はない．$[H]$が正方行列ではないので，$[H]^{-1}$が存在しないからである．しかし，式(6.9)の最小2乗解は存在する．それは，

$$e = \|\boldsymbol{y} - [H]\boldsymbol{x}\|^2 = (\boldsymbol{y} - [H]\boldsymbol{x})^t(\boldsymbol{y} - [H]\boldsymbol{x})$$

$$= \sum\left\{y_i - \left(\sum h_{ij}x_{ij}\right)\right\}^2 \quad \cdots\cdots (6.11)$$

を最小にするxである．ここで，$\|\cdot\|^2$は「2乗ノルム」と呼ばれ，

$$\|z\|^2 = z^{\mathrm{t}}z = \sum z_i^2$$

となる．ベクトル（あるいは行列）の右肩に乗っているtはベクトル（あるいは行列）の縦横を並べ換えた転置ベクトル（あるいは行列）を意味する．

行列の偏微分の計算のルールを使うと，式(6.11)のxの各要素x_1，x_2，…，x_nに関する偏微分は，

$$\frac{\partial e}{\partial x} = \begin{bmatrix} \partial e/\partial x_1 \\ \partial e/\partial x_2 \\ \vdots \\ \partial e/\partial x_n \end{bmatrix} = \frac{\partial}{\partial x}\|\boldsymbol{y}-[H]\boldsymbol{x}\|^2 \quad \cdots\cdots (6.12)$$

$$= -2[H]^{\mathrm{t}}(\boldsymbol{y}-[H]\boldsymbol{x})$$

これを0とするxを$\hat{x}$とすると，

$$[H]^{\mathrm{t}}(\boldsymbol{y}-[H]\hat{\boldsymbol{x}}) = 0 \quad \cdots\cdots (6.13)$$

より，

$$\hat{\boldsymbol{x}} = ([H]^{\mathrm{t}}[H])^{-1}[H]^{\mathrm{t}}\boldsymbol{y} \quad \cdots\cdots (6.14)$$

の$\hat{\boldsymbol{x}}$が最小2乗法の解となる．これは，式(6.4)や式(6.7)を行列表示したことにほかならない．

6.5　最小2乗法と科学計測の関係

式(6.8)または式(6.9)は，科学計測では入力xを計測して出力yが得られると考えることができる（**図6.4**）．そのとき，行列$[H]$は変換オペレータである．入力データ$\boldsymbol{x}$が求めたい信号（未知数）だとすると，出力データ$\boldsymbol{y}$は計測された信号で，$[H]$は計測系による歪みや応答などを表す．

もし，出力データ$\boldsymbol{y}$に誤差や雑音を含んでいないのなら，最小2乗法など行わなくても，得たい信号の数（すなわちベクトル$\boldsymbol{x}$の要素数n）と同じ数だけ$\boldsymbol{y}$の要素を選べばよいが，実際は$\boldsymbol{y}$には誤差や雑音，ゆらぎを含んでいるので，そうはいかない．

図6.4　計測システムと連立1次方程式

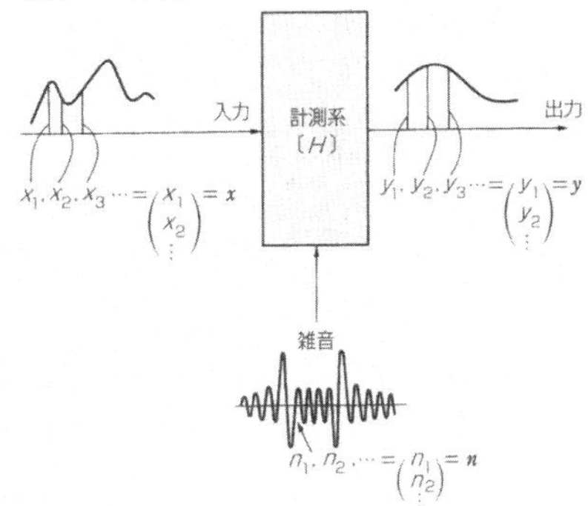

このような雑音成分をベクトル$\boldsymbol{n}$で表すと，計測された信号$\boldsymbol{y}$は，

$$\boldsymbol{y} = [H]\boldsymbol{x} + \boldsymbol{n} \qquad (6.15)$$

で与えられ，式(6.11)で2乗誤差を最小にすることは，

$$e = \| \boldsymbol{y} - [H]\boldsymbol{x} \|^2 = \| \boldsymbol{n} \|^2 \rightarrow \text{Min.} \qquad (6.16)$$

より，雑音(または誤差)の影響を最小にすることに対応している．

● 行列[*H*]？

図6.4に，線形(連立1次方程式)で表される計測系と，その入出力関係を示した．さらに，**図6.5**ではその他のいくつかの行列$[H]$の具体例を示した．

図6.5(a)は，計測系の具体例であり，CT(コンピュータトモグラフィ)の計測系を示している．物体内部の光学密度分布を各画素に分解してベクトル化したものが，いま求めたい未知数xであり，観測される投影データを各方向に画素分解してベクトル化したものが，出力yである．行列$[H]$は投影という操作を表し，それはxの各方向への線積分(離散的には和)の操作を行う．

図6.5(b)のフーリエ変換も線形系である．信号$x(t)$をフーリエ変換した結果，$y(v)$が得られるなら，フーリエ級数は変換行列$[H]$である．計測において，電気信号の周波数分析を行うスペクトラムアナライザや，光のスペクトルを分解できる分光器(たとえばプリズム)は，フーリエ変換器そのものであり，かつ計測器としての具体例である．

● 直線に近似する，放物線に近似する

最初に解説した直線近似の例では，行列$[H]$はどのように表されるだろうか？ この問題では，未知数は$\boldsymbol{x}$ではなく，aとbである．そして，式(6.1)と式(6.8)を見比べることにより，変換行列$[H]$は，

$$[H] = \begin{bmatrix} x_1 & 1 \\ x_2 & 1 \\ \vdots & \vdots \\ x_n & 1 \end{bmatrix} \qquad (6.17)$$

で表されることがわかる〔**図6.5(c)**〕．

また，同じデータセットを直線ではなく2次式，

$$y = ax^2 + bx + c \qquad (6.18)$$

にフィッティング(近似)するなら，変換行列$[H]$は，

図6.5 行列$[H]$のさまざまな具体例

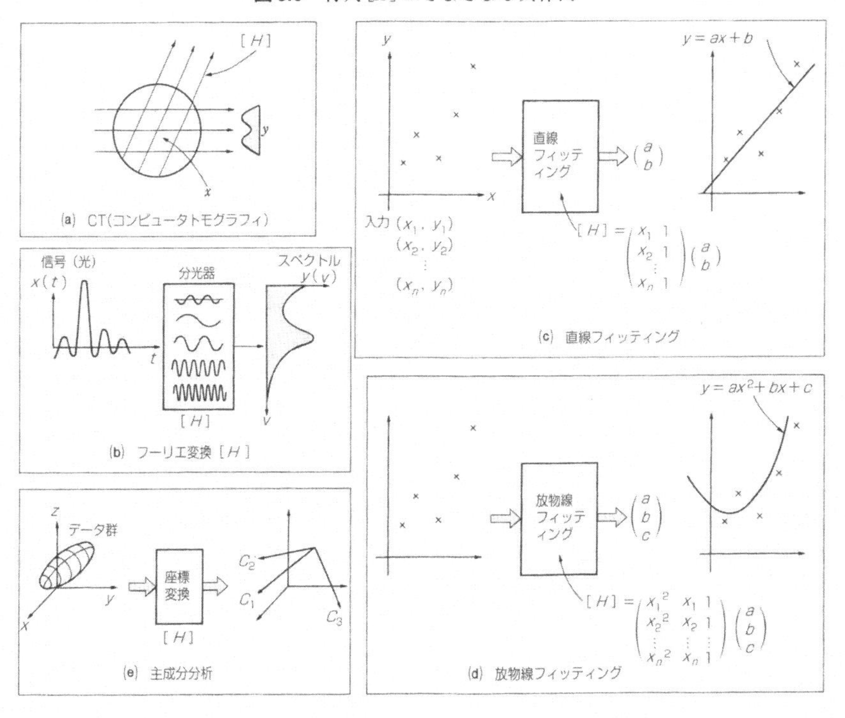

$$[H]=\begin{bmatrix} {x_1}^2 & x_1 & 1 \\ {x_2}^2 & x_2 & 1 \\ \vdots & \vdots & \vdots \\ {x_n}^2 & x_n & 1 \end{bmatrix} \quad\cdots\cdots\cdots\cdots (6.19)$$

となり，やはり連立1次方程式を満足している〔**図6.5(d)**〕．すなわち，一見2次式になったように見えるものの，未知数はa，b，cであり，それに対して系は，依然線形システムである．

図6.5(e)は，主成分分析の変換系である．主成分分析法は，線形変換の代表例である座標変換を行っていることになる．

6.6 最小2乗平均誤差，正則化最小2乗法，ウィーナ・フィルタ

最小2乗法では，式(6.14)の行列表記からもわかるように，偏微分の条件から導かれる連立方程式を解く手続き，つまり逆行列を計算し，それをデータ・ベクトルに施すことが必要になる．

このとき，この逆行列$([H]^t[H])^{-1}$の状態が不安定〔これを「悪条件系」と呼ぶ〕だったり，データに含まれる雑音が過大になってくると，最小2乗法による解の推定はうまく行えず，雑音の増幅によって真値とかけ離れた結果を得てしまう(信号のパワーに比して，雑音のパワーが過大に増幅されてしまうため)．

現実の科学計測の場面では，S/N比が推定解にうまく反映されるような考慮を最小2乗法に盛り込む必要がある．

● 最小2乗平均誤差(MMSE)とウィーナ・ヘルストローム・フィルタ

通常の最小2乗法では，測定値$\boldsymbol{y}$と$\boldsymbol{y}$の推定値$\hat{\boldsymbol{y}}$ $(=[H]\hat{\boldsymbol{x}})$の差の2乗和が最小になるように$\hat{\boldsymbol{y}}$を求める．ところが，これでは，$\hat{\boldsymbol{y}}$は$\boldsymbol{y}$にフィット(近似)するが，$\hat{\boldsymbol{x}}$は$\boldsymbol{x}$にフィットしているかどうかがわからない．解不足(すなわち$[H]$が正則でない)の場合は，$\hat{\boldsymbol{x}}$がどんな答えでも，$\hat{\boldsymbol{y}}$の最小2乗解は求まってしまう．

それに対し，次式に示す**最小2乗平均誤差規範**(**Minimum Mean-Squared Error Criterion：MMSE**)では，信号および雑音を確率過程とみなし，推定解$\hat{x}$と真値xの差の統計的期待値を最小にする．すなわち，

$$e=E\{\|\hat{\boldsymbol{x}}-\boldsymbol{x}\|^2\}\rightarrow \mathrm{Min.} \quad \cdots\cdots (6.20)$$

である．ここで，$E\{\cdot\}$は，期待値をとるオペレータである．この式で得られる解は，統計的に最大のS/N比を与える．

では，式(6.20)のeをどのようにして最小にすればよいのか？　詳しくは，参考文献1)を参照していただきたい．ここでは簡単に，その結果だけを示す．手続きとしては，まず，$\hat{\boldsymbol{x}}$が，ある線形変換行列$[G]$を用いて，

$$\hat{\boldsymbol{x}}=[G]\boldsymbol{y}_n \quad \cdots\cdots (6.21)$$

と表すことができるとする．ここで，

$$\boldsymbol{y}_n=[H]\boldsymbol{x}+\boldsymbol{n}$$

であり，$\boldsymbol{n}$は雑音を表すベクトルである．このとき，2乗誤差和eの行列$[G]$に関する偏微分が0であるという条件を用いると，$\hat{\boldsymbol{x}}$は，

$$\hat{\boldsymbol{x}} = [\phi_x][H]^t([H][\phi_x][H]^t + [\phi_n])^{-1}\boldsymbol{y}_n \qquad \cdots\cdots (6.22)$$

で与えられる．ここで，$[\phi_x]$および$[\phi_n]$は，信号および雑音の自己相関行列で，次式で定義される．

$$[\phi_x] = E\{\boldsymbol{x}\boldsymbol{x}^t\}$$

$$[\phi_n] = E\{\boldsymbol{n}\boldsymbol{n}^t\}$$

雑音と信号は，ともに無相関であると仮定し，それぞれの分散を$\sigma_x{}^2$，$\sigma_n{}^2$とすると，上式は，

$$\hat{\boldsymbol{x}} = ([H]^t[H] + \sigma_n{}^2/\sigma_x{}^2[I])^{-1}[H]^t\boldsymbol{y}_n \qquad \cdots\cdots (6.23)$$

となる．

結果を見ると，式(6.14)の最小2乗法の行列$[H]^t[H]$の逆行列の代わりに，式(6.23)の最小2乗平均誤差法では，$[H]^t[H]$の対角成分にS/N比の分散の比の逆数を加えた行列の逆行列が用いられている点だけが異なっている．

$([H]^t[H] + \sigma_n{}^2/\sigma_x{}^2[I])^{-1}$の効果をフーリエ面で考えると，MMSEの意味がよく理解できる[注1]．**図6.6(a)**および**図6.6(b)**はそれぞれ，行列$[H]$に対応する周波数フィルタ$H(\omega)$，雑音の周波数スペクトル$N(\omega)$である．このとき最小2乗法は，逆フィルタ（インバースフィルタ）に対応し，$1/H(\omega)$で与えられる．逆フィルタの特性を**図6.6(c)**に示す．

一方，上記MMSE規範では，$H(\omega)^*/(|H(\omega)|^2+|N(\omega)|^2)$なるフィルタを通用することに等しく，このフィルタは**ウィーナ・ヘルストローム・フィルタ**と呼ばれている．その形状を**図6.6(d)**に示す．このフィルタでは，たとえば$H(\omega)=0$の周波数ではフィルタ値が自

図6.6　逆フィルタおよびウィーナ・ヘルストローム・フィルタの特性

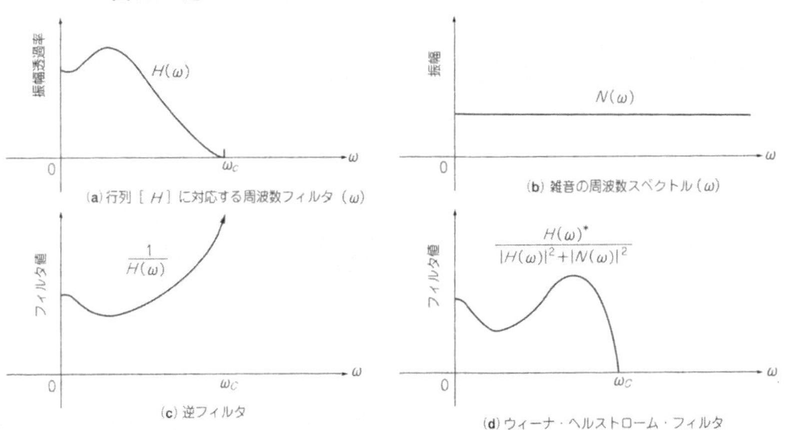

注1：このように，変換行列$[H]$をフーリエ面で$H(\omega)$（あるいは$[H]^t[H]$を$|H(\omega)|^2$）で表すことができるのは，変換操作がコンボリューション積分から与えられる場合にかぎられる．

動的に0となる．$H(\omega)$ の値が大きいところでは，フィルタ値は近似的に $1/H(\omega)$ となり，逆フィルタとなる．

● 正則化最小２乗法とは？

最小2乗平均誤差法は，「正則化最小2乗法」とみなすこともできる．いま，$[H]^t\boldsymbol{y} = [H]^t[H]\boldsymbol{x}$ なる式を $\boldsymbol{x}$ について解くとする．ここで，行列 $[H]^t[H]$ は $N \times N$ の正方行列である．ただし，$[H]^t[H]$ のランクが N より小さい，つまり $[H]^t\boldsymbol{y} = [H]^t[H]\boldsymbol{x}$ に含まれる N 個の方程式のうち，いくつかは独立ではないとする．このとき，行列 $[H]^t[H]$ の逆行列は存在せず，解 $\boldsymbol{x}$ は不定となる．

正則化最小2乗法は，このようなとき行列 $[H]^t[H]$ の対角成分に微小な数を加え，$[H]^t[H]$ を正則化（regularization）し，近似的な解を求める手法である．ただし，科学計測における最小2乗法においては，前述したとおり，行列の対角に加えるべき微小な数は S/N 比の逆数で与えられる．

● 特異値分解（SVD）に基づく最小２乗平均誤差法とは

雑音抑圧を実現する最小2乗法の一つに，特異値分解によるものがある．これは先に述べたMMSEやウィーナ・フィルタ，正則化最小2乗法と同じファミリに属すると考えられる（**図6.7**）．ここでは，特異値分解の原理と，それへのMMSEの導入法について示す．

最小2乗法（正則化していない）による解，式(6.14)

$$\hat{\boldsymbol{x}} = ([H]^t[H])^{-1}[H]^t\boldsymbol{y} \quad \cdots\cdots (6.14)$$

において，行列 $[H]^t[H]$ は，その固有値 λ_1，λ_2，…，λ_N（$\lambda_1 > \lambda_2 > \cdots > \lambda_N$）を用い，

$$[H]^t[H] = [U][\Lambda][U]^t = \lambda_1\boldsymbol{u}_1\boldsymbol{u}_1^t + \lambda_2\boldsymbol{u}_2\boldsymbol{u}_2^t + \cdots + \lambda_N\boldsymbol{u}_N\boldsymbol{u}_N^t \quad \cdots\cdots (6.24)$$

のように表すことができる．ここでベクトル u_i は，$[H]^t[H]$ の固有ベクトルである．行列 $[U]$ と $[\Lambda]$ はそれぞれ，

$$[U] = [\boldsymbol{u}_1,\ \boldsymbol{u}_2,\ \cdots,\ \boldsymbol{u}_N] \quad \cdots\cdots (6.25)$$

$$[\Lambda] = \begin{bmatrix} \lambda_1 & 0 & 0 & 0 & \cdots & 0 \\ 0 & \lambda_2 & 0 & 0 & \cdots & 0 \\ 0 & 0 & \lambda_3 & 0 & \cdots & 0 \\ \vdots & \vdots & \vdots & \vdots & \vdots & \vdots \\ 0 & 0 & 0 & 0 & \cdots & \lambda_N \end{bmatrix} \quad \cdots\cdots (6.26)$$

で表される．式(6.24)の逆変換行列を式(6.14)に代入するとき，最小固有値が雑音の分散より小さければ，信号の回復よりもむしろ雑音が強調されることになる（**図6.8**）．そこで雑音の分散値より大きな固有値とそれに対応する固有ベクトルだけで $[H]^t[H]$ を近似的に表す．

$$([H]^t[H])' \fallingdotseq \lambda_1 u_1 u_1^t + \lambda_2 u_2 u_2^t + \cdots + \lambda_L u_L u_L^t = [U'][\Lambda'][U']^t \quad \cdots\cdots (6.27)$$

図6.7　最小2乗平均誤差も正則化最小2乗法も同じ仲間である

図6.8　$[H]^t[H]$ の固有値 λ と誤差の関係

ここで，行列 $[\Lambda']$ は式(6.26)の左上 $L\times L$ の部分行列，$[U']$ は式(6.25)の左から L 個のベクトルからなる長方行列である．L は雑音より大きな固有値の数である．

式(6.27)の逆変換を $([H]^t[H])^+$ と表すと，

$$([H]^t[H])^+ = \{([H]^t[H])'\}^{-1} = [U']^t\ [\Lambda']^{-1}\ [U'] \qquad \cdots\cdots (6.28)$$

となる．$[\Lambda']^{-1}$ は，対角要素が，$1/\lambda_1$，$1/\lambda_2$，…，$1/\lambda_L$ なる対角行列である．これを式(6.14)の $([H]^t[H])^{-1}$ の代わりに用いると，雑音が信号に勝る固有値に対応する固有ベクトル成分は，逆変換に関与せず，雑音が抑圧されることになる．

このような共分散行列 $[H]^t[H]$ の固有ベクトル展開を**特異値分解**と呼び，式(6.28)を**一般化逆行列**と呼ぶ．

● 特異値分解へMMSEを導入する

一方，$[H]^t[H]$ を $([H]^t[H] + \sigma_n^2/\sigma_x^2[I])$ に置き換えることは，逆行列の固有値を，

$$(1/\lambda_1,\ 1/\lambda_2,\ \cdots,\ 1/\lambda_N) \rightarrow (1/(\lambda_1+\gamma)^{-1},\ 1/(\lambda_2+\gamma)^{-1},\ \cdots,\ 1/(\lambda_N+\gamma)^{-1} \qquad \cdots\cdots (6.29)$$

と置き換えることに相当する．ここで，$\gamma = \sigma_n^2/\sigma_x^2$ である．これにより，固有値の小さい成分(つまりシステムにより伝達されにくい成分)の再生を抑え，雑音の増幅を回避しているといえる．

この効果を**図6.9**に示す．ここで，●および△は逆行列の固有値の列であり，それぞれ特異値分解において採用される固有値 $(1/\lambda_1,\ 1/\lambda_2,\ \cdots,\ 1/\lambda_L,\ 0,\ \cdots,\ 0)$，および特異値分解にMMSEを導入したときに用いられる固有値 $((\lambda_1+\gamma)^{-1},\ (\lambda_2+\gamma)^{-1},\ \cdots,\ (\lambda_N+\gamma)^{-1})$ を表している．●では $i = L+1$ 以降，急激に固有値が0になっているのに対し，△では $i = L$ 付近で，固有値が滑らかな分布をしている．

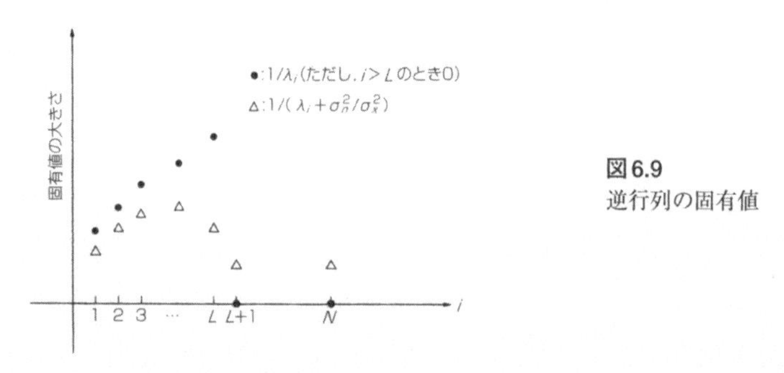

図6.9
逆行列の固有値

6.7　逆行列の計算

ところで実際に，$[H]^t[H]$や$([H]^t[H]+\sigma_n{}^2/\sigma_x{}^2[I])$などの逆行列を計算するにはどうするのか？　結論を先にいってしまうと，直接的に逆行列を求めるより反復解法によるのがよいということであるが，まずなぜ逆行列による方法が不利であるのかについて説明し，次にいくつかの反復法について，その考え方と実際の計算法について解説する．

● ガウスの消去法とは？

逆行列の計算といっても結局は連立1次方程式を解くだけのことなので，変数を順次一つずつ潰していき，最後には変数を一つにし（前進消去），それをもとにまた順に各変数を求めていく（後退代入）手法（これを**ガウスの消去法**という）を用いれば，解が求められる．x_1，x_2，…，x_Nは未知数として解くべき連立方程式を，次式のように表すと，

$$\begin{bmatrix} a_{11} & a_{12} & \cdots & a_{1n} \\ a_{21} & a_{22} & \cdots & a_{2n} \\ \vdots & \vdots & \vdots & \vdots \\ \vdots & \vdots & \vdots & \vdots \\ a_{n1} & a_{n2} & \cdots & a_{nn} \end{bmatrix} \begin{bmatrix} x_1 \\ x_2 \\ \vdots \\ \vdots \\ x_n \end{bmatrix} = \begin{bmatrix} b_1 \\ b_2 \\ \vdots \\ \vdots \\ b_n \end{bmatrix} \quad \cdots\cdots\cdots\cdots\cdots\cdots (6.30)$$

ガウスの消去法では第k式の両辺をa_{kk}で割り，これにa_{ik}をかけたものを第i式から引く消去演算を，次式のようにして行う．

$$a_{kj}/a_{kk} \to a'_{kj} \ (j=1, 2, \cdots, N+1)$$

$$a_{ij} - a'_{kj} \cdot a_{ik} \to a'_{ij} \ (i=k+1, \cdots, N)$$

この操作を順次行うことにより，

$$a'_{kk}=1, \ a'_{ik}=0 \ (i=k+1, \cdots, N)$$

と変換していき，最終的に，

$$\begin{bmatrix} 1 & c_{12} & \cdots & c_{1N} \\ 0 & 1 & \cdots & c_{2N} \\ \vdots & \vdots & \vdots & \vdots \\ \vdots & \vdots & \vdots & \vdots \\ 0 & 0 & \cdots & 1 \end{bmatrix} \begin{bmatrix} x_1 \\ x_2 \\ \vdots \\ \vdots \\ x_N \end{bmatrix} = \begin{bmatrix} d_1 \\ d_2 \\ \vdots \\ \vdots \\ d_N \end{bmatrix} \quad \cdots\cdots (6.31)$$

を得る．ここまで変換できれば，あとはx_N，x_{N-1}，…，x_1の順で求めていくことができる．ただしこの場合，x_N，x_{N-1}など，最初の方で求められる未知数の計算誤差，およびそれらに含まれる雑音などは累積されて，x_2，x_1など，後のほうで計算される未知数の解に含まれてしまう．つまり，求められる解ベクトルの中で雑音が非定常な分布をすることになってしまう．

● 固有値問題とパワー法

逆行列を計算する方法は，ガウスの消去法のほかにもいくつかあり，代表的なものは行列の固有値，固有ベクトルを用いる手法がある．行列$[H]^t[H]$（$=[B]$とおく）の固有値λ_jと対応する固有ベクトル$\boldsymbol{u}_j$は，

$$[B]\boldsymbol{u}_j = \lambda_j \boldsymbol{u}_j \qquad j = 1, \cdots, N \quad \cdots\cdots (6.32)$$

を満たす．ここで，λはスカラ値であり，$\boldsymbol{u}_j$は正方行列$[B]$の列のサイズNと同じ長さのベクトルである．$[B]$のすべての固有値および固有ベクトルを求めることにより，式(6.32)から$[B]$の逆行列を求められる．

固有値，固有ベクトルの求め方の一例（パワー法と呼ばれる手法）を示す．まずはじめに，適当な初期ベクトル値$\boldsymbol{x}_0$を決める．このとき，この初期値$\boldsymbol{x}_0$は，

$$\boldsymbol{x}_0 = a_0\boldsymbol{u}_0 + a_1\boldsymbol{u}_1 + \cdots$$

と固有ベクトル$\boldsymbol{u}_0$，$\boldsymbol{u}_1$，…で展開できるはずである．ここで，a_0，a_1，…はそれぞれの固有ベクトルに対する展開係数である．この$\boldsymbol{x}_0$に行列$[B]$をm回乗ずると，

$$\begin{aligned} \boldsymbol{x}_m &= a_0 [B]^m \boldsymbol{u}_0 + a_1 [B]^m \boldsymbol{u}_1 + \cdots = a_0 \lambda_0^m \boldsymbol{u}_0 + a_1 \lambda_1^m \boldsymbol{u}_1 + \cdots \\ &= \lambda_0^m (a_0\boldsymbol{u}_0 + a_1 (\lambda_1/\lambda_0)^m \boldsymbol{u}_1 + \cdots + a_j (\lambda_j/\lambda_0)^m \boldsymbol{u}_j + \cdots) \quad \cdots\cdots (6.33) \end{aligned}$$

を得る．このときλ_0を最大の固有値とし，mを十分大きくとれば，$(\lambda_j/\lambda_0)^m$はjにかかわらず0に近づく（なぜなら$\lambda_j < \lambda_0$）．つまり，

$$\boldsymbol{x}_m = \lambda_0^m a_0 \boldsymbol{u}_0 \quad \cdots\cdots (6.34)$$

が得られる．x_{m+1}とx_mの比よりλ_0が，$x_{m+1}/|x_m|$より$\boldsymbol{u}_0$が求まる．次に$\boldsymbol{x}_0$から$\boldsymbol{u}_0$成分を取り除き，同じ操作を続けると，λ_1と$\boldsymbol{u}_1$，λ_2と$\boldsymbol{u}_2$，…が順に求まる．

これにより，すべての固有値と固有ベクトルが得られる．ただし，パワー法では掛け算を多数繰り返しながら，大きいほうから順に固有値を求めていくので，初めの誤差がどんどん

膨らんで，小さい固有値を求める際には増幅された誤差を生じる．したがって，パワー法によっては精度よく逆行列を求めることができない．

6.8　反復解法と2乗誤差和マップについて

これまで述べてきたように，ガウス消去法やパワー法を用いた逆行列計算は，計算精度，対雑音性などの点で，あまり優位ではない．反復法を用いると，解ベクトル全体に一様な信号対雑音比を実現できるので，計算精度が高い．また，データ数が大きくても，小さな記憶容量のコンピュータで計算ができるので，実用的な最小2乗アルゴリズムと考えられている．

反復法を理解するには，2乗誤差の等高線マップを用いると容易になる．いま$N=2$の場合を考え，最小2乗規範を，

$$e=\|y-[H]x\|^2 \qquad \cdots\cdots (6.35)$$

で定義し，2変数x_1，x_2を平面上の直交二軸にとると，**図6.10**のようなeの等高線を描くことができる．図中で等高線の中央，eの関数の底が解$\hat{\boldsymbol{x}}$である．図中で$\boldsymbol{x}^{(0)}$は反復の初期近似解である．

ここで簡単のため，以降の式では最小2乗平均誤差で現れるσ_n^2/σ_x^2の項を無視している．実際には，$[H]^t[H]$をすべて$([H]^t[H]+\sigma_n^2/\sigma_x^2[I])$に置き換えることで雑音を抑圧する．

たとえてみると，$\boldsymbol{x}^{(0)}$から$\hat{\boldsymbol{x}}$にたどり着くことは，はじめ$\boldsymbol{x}^{(0)}$に立っている人が谷の底を探して歩いて行くことといえる．ただし，探索者のまわりは濃い霧で覆われており，わずかに足元の地面の傾きだけが見えている(後の節では，直前までに進んできた方向も覚えているという条件も使う)．

足元の傾きを知ったうえで，進むべき方向とその方向へ歩む歩数(距離)の決め方により，いくつかの反復アルゴリズムがある．

● Jacobi法 ―― もっともシンプルな反復法

直観的には，足元の地面が傾いている方向へ進めば斜面を下っていくことができる(2乗誤差eを減らすことができる)と予想できる．これが**図6.11**に示すJacobi法である．

eの勾配ベクトル$(\partial e/\partial x_1 \quad \partial e/\partial x_2)^t$は，式(6.12)で示したように，

$$\partial e/\partial\hat{\boldsymbol{x}}=-2[H]^t(\boldsymbol{y}-[H]\hat{\boldsymbol{x}}) \qquad \cdots\cdots (6.36)$$

で与えられる．このベクトルが$\boldsymbol{x}=\hat{\boldsymbol{x}}$において2乗誤差$e$が増加する方向を表している(**図6.10**参照)．逆符号の方向$-\partial e/\partial\hat{x}$へ進めば$e$は減少する．つまり，適当な正の修正係数$\alpha$を用いて，

図6.10 2乗誤差和マップと勾配ベクトル

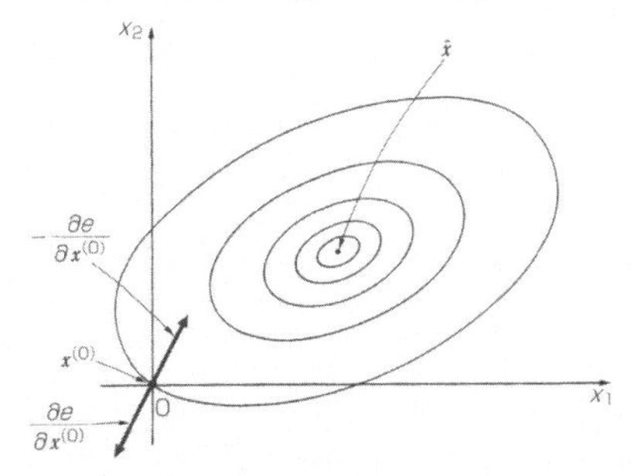

図6.11 Jacobi法の反復のようす

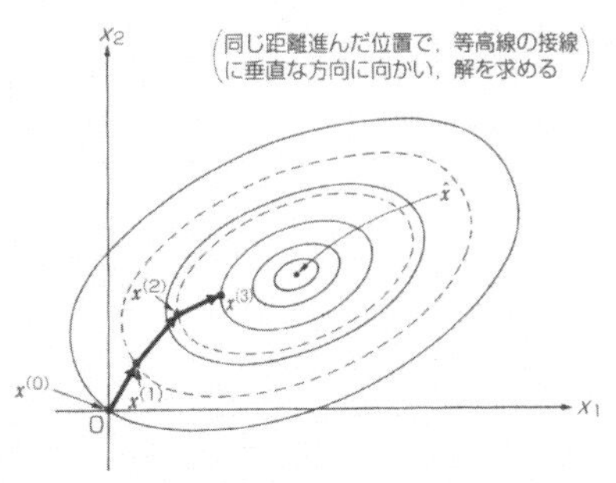

$$\boldsymbol{x}^{(1)} = \boldsymbol{x}^{(0)} - \alpha \partial e / \partial \hat{\boldsymbol{x}} \,|_{\hat{\boldsymbol{x}} = \boldsymbol{x}^{(0)}} \quad \cdots\cdots (6.37)$$

のような修正を行えば，$\boldsymbol{x}^{(1)}$は$\boldsymbol{x}^{(0)}$より小さい2乗誤差を与える．

一般には，

$$\boldsymbol{x}^{(k+1)} = \boldsymbol{x}^{(k)} - \alpha \partial e / \partial \hat{\boldsymbol{x}} \,|_{\hat{\boldsymbol{x}} = \boldsymbol{x}^{(k)}} \quad \cdots\cdots (6.38)$$

の反復を，eが十分小さくなるまで繰り返す．eがx_1 x_2について2次多項式の形をとるかぎり，式(6.38)の反復は唯一解に収束することが知られている．**図6.11**にその反復のようすを示す．

Jacobi法ではαに1/2を用いることが多い．これは1次元の2次関数においては，勾配ベクトルの－1/2を修正すれば必ず最小点に行き着くことが知られているからである．ただし，2次元以上の関数の場合，1回の修正で解に行き着くことは一般にはありえない．

● 最急降下法(SDM)—— 歩数を求める

Jacobi法だと，収束速度が不十分な場合が多い．そこで，毎回の反復において修正係数$\alpha^{(k)}$を最適化する．つまり，反復回ごとに修正ベクトル$\partial e / \partial x^{(k)}$に沿った直線上で$e$の最小値に到達するように$\alpha^{(k)}$を決める．これを最急降下法(Steepest Descent Method)という．**図6.12**のように，各反復において$\partial e / \partial x^{(k)}$方向で最小値で立ち止まるようにするのである．式で示すと，eは，

$$e = \| \boldsymbol{y} - [H]\boldsymbol{x}^{(k)} - \alpha^{(k)} \partial e / \partial \boldsymbol{x}^{(k)} \|^2 \quad \cdots\cdots (6.39)$$

と表され，その$\alpha^{(k)}$に関する偏微分が0であればよいのだから，

$$\partial e / \partial \alpha^{(k)} = 2(\boldsymbol{y} - [H]\boldsymbol{x}^{(k)} - \alpha^{(k)} \partial e / \partial \boldsymbol{x}^{(k)}) = 0 \quad \cdots\cdots (6.40)$$

式(6.12)の関係を用いて，この式を解くと，$\alpha^{(k)}$が求まり，

$$\alpha^{(k)} = \| \boldsymbol{r}^{(k)} \|^2 / \| [H] \boldsymbol{r}^{(k)} \|^2 \quad \cdots\cdots (6.41)$$

ここで，

$$\boldsymbol{r}^{(k)} = -\partial e / \partial x^{(k)} \quad \cdots\cdots (6.42)$$

である．

図6.12　最急降下法の反復のようす

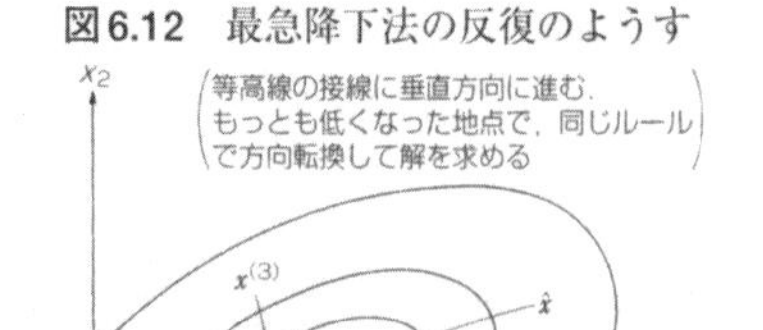

図6.13　共役勾配法の反復のようす

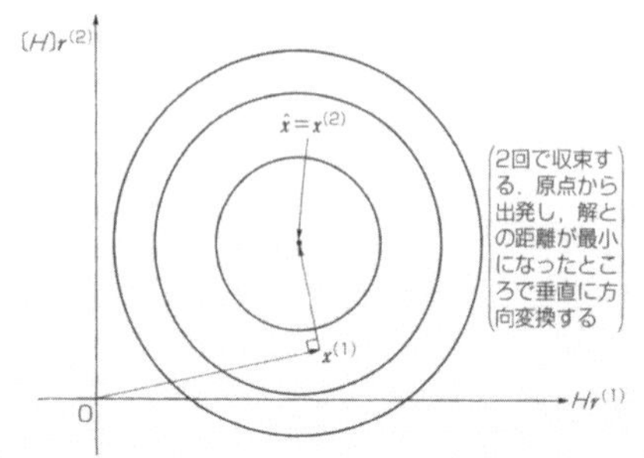

● 共役勾配法（CGM）—— 有限回での収束

最急降下法によって収束速度は大幅に改善されるが，完全に収束するまでには依然無限回の反復回数を要する．共役勾配法（Condjugate Gradient Method）は，解$\hat{\boldsymbol{x}}$の要素数と同じ回数の反復だけで，完全な収束が保証されている収束がもっとも速い反復法である．

k回目の反復における修正係数，修正ベクトルをそれぞれ，$\alpha^{(k)}$, $\boldsymbol{r}^{(k)}$（共約勾配法では$r^{(k)} \neq -\partial e/\partial \boldsymbol{x}^{(k)}$）とし，簡単のため初期値$\boldsymbol{x}^{(0)}=0$とすると，$\boldsymbol{r}^{(k)}$は，

$$\boldsymbol{x}^{(k)}=\sum_{j=1}^{k}(\alpha^{(j)}\boldsymbol{r}^{(j)}) \qquad \cdots\cdots (6.43)$$

と表すことができる．このときの残差2乗和$e^{(k)}$は，

$$e^{(k)}=\|\boldsymbol{y}-[H]\sum_{j}(\alpha^{(j)}\boldsymbol{r}^{(j)})\|^2=\|\boldsymbol{y}-\sum_{j}(\alpha^{(j)}[H]\boldsymbol{r}^{(j)})\|^2 \qquad \cdots\cdots (6.44)$$

となる．したがって，ベクトル$\{[H]\boldsymbol{r}^{(j)}\}$のセットを直交系にとれば，$\alpha^{(j)}$は$\boldsymbol{y}$を$\{[H]\boldsymbol{r}^{(j)}\}$で展開したときの展開係数とみなすことができる．つまり，ベクトル$\boldsymbol{r}^{(j)}$の次元数だけの反復を行えば，$\boldsymbol{y}$ベクトルを完全に表現できる．

結局，共役勾配法の反復で必要な条件は，

$$([H]\boldsymbol{r}^{(i)})^t([H]\boldsymbol{r}^{(j)})=0 \qquad \cdots\cdots (6.45)$$

であり，これは修正ベクトル$\boldsymbol{r}^{(k)}$と次回の勾配ベクトル$-2[H]^t(\boldsymbol{y}-[H]\boldsymbol{x}^{(k)})$が直交するように決めることで満足できる．この条件と$\partial e/\partial\alpha^{(k)}=0$の条件により，共約勾配法のアルゴリズムを構築できる．

x_1，x_2の2変数の場合，2次元平面上では図6.13に示されるように，座標軸を$[H]\boldsymbol{r}^{(1)}$，$[H]\boldsymbol{r}^{(2)}$とした必ず真円のポテンシャルの最小値問題であり，2回の反復で解の収束が保証されている．

CGMは，このようにすばらしい収束性をもつため，超解像問題などで解を求めるとき数学

的条件が悪い問題に，広く適用される．一方，その収束性の高さは逆に雑音に対する敏感さでもあり，最小2乗平均誤差などの雑音抑圧法，拘束条件の導入などを取り入れることで，問題の数学的条件をできるだけ良くしておく必要がある．

第6章のまとめ

本章で解説した内容のポイントを以下にまとめる．

1) 測定誤差(雑音)を含むデータから，科学的な情報を取り出すには，最小2乗法は必須である
2) 誤差(雑音)が含まれているのが，x 軸か，y 軸か，それとも両軸かによって対応が異なる
3) 計測データは必ず雑音を含むので，正則化，特異値分解などの雑音対策を，しっかりとした物理的背景に基づいて施すことは必須である
4) 最小2乗法に基づく線形最適化アルゴリズムとしては，計算精度，必要なメモリ容量の観点から反復法を用いるのがよい

参考文献

1) A. Papoulis, *Probability, Random Variables, and Stochastic Process*, McGraw-Hill, (1965)

第7章 線形近似からモンテカルロ，シミュレーテッド・アニーリング法，ニューラルネットワーク，遺伝的アルゴリズムまで

非線形最適化

われわれのまわりの自然現象は，一般には第6章で仮定した線形なシステムではなく非線形システムである．たとえばカオス理論において，バタフライ効果として，北京での蝶の羽ばたきがニューヨークの嵐に影響する話は，非線形フィードバックの例としてよく知られている．人間の脳のニューロンの応答はしきい値をもち，非線形である．

このような非線形システムにおける最適化には，工夫が必要である．本章では，このような非線形最適化問題を解く考え方と工夫を述べ，具体的な手法であるGauss - Newton法，Davidon Fletcher Powell法，Brent法，シンプレックス法，モンテカルロ法，シミュレーテド・アニーリング法，ニューラルネットワーク(Hopfieldモデルとバックプロパゲーション法)，遺伝的アルゴリズムなどについて述べる．

7.1 線形近似 ―― 非線形最適化問題の第1の考え方

● 重畳波形の分離と分解

科学計測における非線形最適化問題の好例としては，複数の成分が重なって観測された波形データからの，各成分波形の分離があげられる．たとえば，**図7.1**の実線に示すような観測波形から，それぞれの孤立波形(破線)の正しいピーク位置，ピーク高さなどを求めたいというニーズは，計測において日常的に発生する．

ピークの重なりがひどい場合には，ピーク高さやピーク位置がずれたり，ときには小さなピークを見落としてしまうことさえある．**図7.1**は，ある試料のラマン散乱スペクトルである．このスペクトルをそれぞれのピークに分解することによって，

① 各ピークの波数位置から含まれる物質の成分

② 各ピークの高さから成分の量

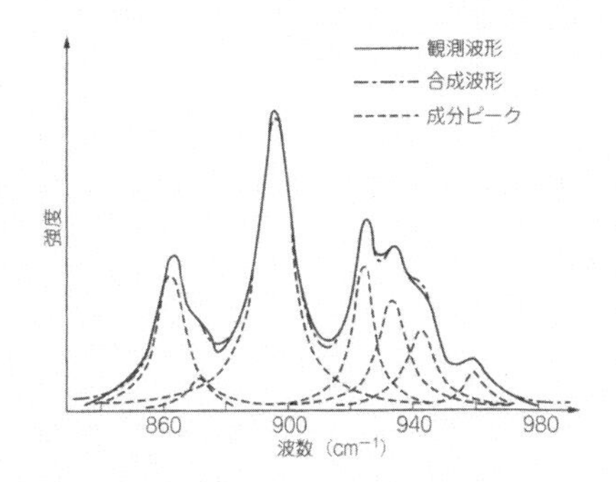

図7.1　ラマン散乱スペクトルを7本のローレンツ波形に分離した例[2)]

が判定できる.

このようなラマン散乱のそれぞれのピーク波形 $f_j(v)$ は，高さを h_j，位置を u_j，幅を ω_j とし，横軸を波数 v として，

$$y_j(v) = \frac{h_j}{\{1+(v-u_j)^2/\omega_j{}^2\}} \quad ,\ j=1,\ \cdots,\ n \qquad \cdots\cdots\cdots\cdots (7.1)$$

で与えられることがわかっており，観測される重畳したスペクトルは，

$$y(v) = \sum_j y_j(v) = \frac{\sum_j h_j}{\{1+(v-u_j)^2/\omega_j{}^2\}} \qquad \cdots\cdots\cdots\cdots (7.2)$$

で与えられる.

式(7.2)を，波数 v に関して波形をサンプリングし，離散値にして表現すると，

$$y = f\{x\} \qquad \cdots\cdots\cdots\cdots (7.3)$$

で表される．ただし，$f\{\cdot\}$ は，行列ではなく式(7.2)の変換演算子であり，それは線形結合ではなく，2乗や割り算，－2乗を含む非線形演算子である．あるいは，第6章の式(6.10)と同様にベクトル表記を使って，

$$\boldsymbol{y} = \begin{bmatrix} y(v_1) \\ y(v_2) \\ \vdots \\ \vdots \\ \vdots \\ \vdots \\ \vdots \\ \vdots \\ y(v_m) \end{bmatrix} \qquad \boldsymbol{x} = \begin{bmatrix} x_1 \\ x_2 \\ \vdots \\ \vdots \\ \vdots \\ \vdots \\ \vdots \\ \vdots \\ x_n \end{bmatrix} = \begin{bmatrix} h_1 \\ h_2 \\ \vdots \\ u_1 \\ u_2 \\ \vdots \\ w_1 \\ w_2 \\ \vdots \end{bmatrix} \qquad \cdots\cdots\cdots\cdots (7.4)$$

と表される.

● 2乗誤差和のマップ

計測データと非線形な関数の2乗誤差和eのマップの例を**図7.2**に示す．これは，未知数(求めたいパラメータ)が2の場合であるが，実際には推定すべきパラメータの数はもっと多い．第6章の図6.10の最小2乗誤差マップと比べてみると，誤差関数は2次式では与えられず，歪んだ形となっていることがわかる．

図7.2(a)は，各部分において2乗誤差の変化が比較的滑らかで，近似的に最小2乗法の原理が使えそうな例である．また，**図7.2(b)**は，変化が激しく，極小値も一つではなく複数ある例である．おのずから，この二つの例に対する手法は異なってくる．

本節では，**図7.2(a)**のように，誤差開数$e(x)$が，xに関して近似的に2次関数で表されるとして，これまでの議論をそのまま活用していく手法を述べる．このとき，先に述べた反復解法が役立つ．反復回ごとに，前回の反復解における誤差開数(2次関数)から，軌道修正を加えるのである．

● Gauss-Newton法――もっとも基本的な非線形最適化法

Gauss-Newton法は，もっとも基本的な非線形最適化のためのアルゴリズムである．この方法だと，第$m+1$回目の反復回における$\boldsymbol{x}^{(m+1)}$の最小2乗解は，その1回前の答え$\boldsymbol{x}^{(m)}$から$\boldsymbol{q}^{(m)}$だけ移動している．すなわち，

$$\boldsymbol{x}^{(m+1)} = \boldsymbol{x}^{(m)} + \boldsymbol{q}^{(m)} \quad \cdots\cdots (7.5)$$

となる．**図7.3**にこのようすを示す．補正ベクトル$\boldsymbol{q}^{(m)}$は，前回の推定解$\boldsymbol{x}^{(m)}$がつくるデータ$\boldsymbol{y}^{(m)}=f\{\boldsymbol{x}^{(m)}\}$の$j$番目の要素に対する$\boldsymbol{x}^{(m)}$の$k$番目の変数方向への微係数，

図7.2 計測データと非線形な関数の2乗誤差の和eのマップ例

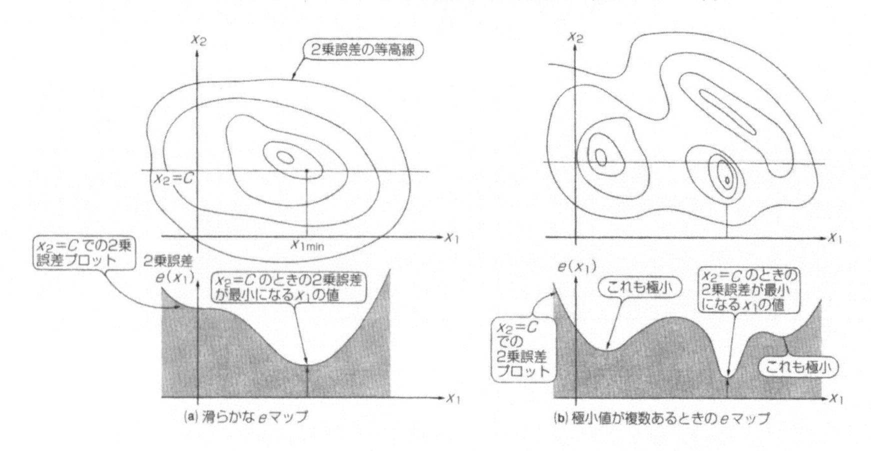

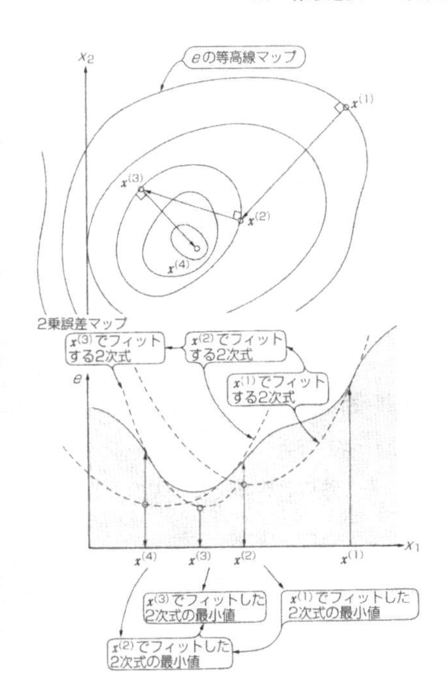

図7.3 Gauss-Newtonの説明

$$a^{(m)}{}_{jk} = \partial f\{\boldsymbol{x}^{(m)}\} / \partial \boldsymbol{x}_k \qquad (7.6)$$

を要素とする行列 $[A^{(m)}] = \{a^{(m)}{}_{jk}\}$ を用いて，

$$\boldsymbol{q}^{(m)} = -([A^{(m)}]^{t}[A^{(m)}])^{-1}[A^{(m)}]^{t}(\boldsymbol{y} - f\{\boldsymbol{x}^{(m)}\}) \qquad (7.7)$$

で，与えられる．

式(7.6)より$[A^{(m)}]$は，変換オペレータ$f\{\cdot\}$(線形の場合の$[H]$に対応)の1次偏微分であり，1次微分で済ませているのは，$f\{\cdot\}$が$\boldsymbol{x}^{(m)}$のまわりの局所的領域では線形であるとみなしているからである．式(7.7)の右辺の$[A^{(m)}]$にかかわる部分は，$[A^{(m)}]$の逆行列計算を意味している．しかし，$\boldsymbol{y}$の要素数(データ点数)より$\boldsymbol{x}$の要素数(パラメータ数)のほうが少ないので，$[A^{(m)}]$の逆行列は存在せず，最小2乗解を与える$([A^{(m)}]^{t}[A^{(m)}])^{-1}[A^{(m)}]^{t}$が用いられる．

図7.3においては，$\boldsymbol{x}^{(m)}$での2乗誤差和eを2次式に近似できるとして，その2次式の微分を求め，そのゼロ点を新しい推定解$\boldsymbol{x}^{(m+1)}$として置き換えている．これを繰り返すことにより，正しい最小値にだんだん近づくというストーリーだが，**図7.2(b)**に示したような，最小解(グローバルミニマム)以外の極小解(ローカルミニマム)が存在するときには，正しい答えに到達できるわけではない．

● Gauss-Newton法の安定化について

最小2乗マップの最小値の近傍が非常に平たんだと，Gauss-Newton法ではなかなか収束しない．これは，パラメータ$\boldsymbol{x}$のある要素を少し変えても波形がほとんど変わらないような関数fとデータセット$\boldsymbol{y}$である場合，あるいは，それに雑音$\boldsymbol{n}$が加わっている場合に対応する．

この場合は，線形問題で紹介した正則化(あるいはMMSE)を導入するのがよい．すなわち，式(7.7)を，

$$\boldsymbol{q}^{(m)} = -([A^{(m)}]^t[A^{(m)}] + \gamma[\mathrm{I}])^{-1}[A^{(m)}]^t(\boldsymbol{y} - f\{\boldsymbol{x}^{(m)}\}) \quad \cdots\cdots (7.8)$$

に置き換える．

● Davidon Fletcher Powell法――非線形の共役勾配法

Gauss-Newton法では，各反復回ごとに$[A^{(m)}]$の逆行列計算をしなければならない．これは，線形問題の最小2乗法のときに議論したように，未知数の数が多くなってきたらとてもたいへんである．

このように多変数の場合は，線形問題のときと同様に，最急降下法(SDM)や共役勾配法(CGM)のテクニックを使ってみるのが合理的であろう．このとき，行列$[A^{(m)}]$の逆行列の計算はしないが，その代わり，$\boldsymbol{x}^{(m)}$において2乗誤差和$e = \|\boldsymbol{y} - f\{\boldsymbol{x}^{(m)}\}\|^2$を$\boldsymbol{x}^{(m)}$の各要素ごとに偏微分し，$e$の勾配を知ることは簡単である．

非線形最適化問題の中でも，もっとも一般的なアルゴリズムとして知られる**Davidon Fletcher Powell法**では，前述した共役勾配法をそのまま非線形問題に持ち込み，誤差関数が2次式であるものとみなして(近似できるものとみなして)，各反復回ごとに補正ベクトルを，共役関係が満たされるように求めていく．

● Brent法

もし，$f\{\boldsymbol{x}\}$がこれまでの議論のように線形近似できるとしたら，**図7.4**に示すように，$\boldsymbol{x}$の要素の数(すなわち未知数の数)nより二つだけ多い数$n+2$個のベクトル$\boldsymbol{x}^{(1)}$，$\boldsymbol{x}^{(2)}$，…，$\boldsymbol{x}^{(n+2)}$に対して，$\boldsymbol{y}$と$f\{\boldsymbol{x}\}$との2乗誤差マップは，ユニークに最小値を与えるはずである．

図7.4(a)の例では，x_1とx_2の2変数，図(**b**)の例では1変数だから，それぞれ4点，あるいは3点を決めれば，放物面あるいは放物線は決定され，最小点は決まる．はじめに$\boldsymbol{x}^{(1)}$，$\boldsymbol{x}^{(2)}$，…，$\boldsymbol{x}^{(n+2)}$の間隔を大きくとっておいて，それらから得られる最小値の点$\boldsymbol{x}^{(\mathrm{min})}$を，いちばん大きな$e$を与えた$\boldsymbol{x}^{(j)}$に置き換える方法を，Brent法という．これを繰り返すことによって，しだいに最小値に近づいていく．

このやり方はGauss-Newton法に似ている．各反復回ごとに，いきなり最小値が求まるが，それは2乗誤差マップにおいて1点での勾配から求めるのではなく，$(n+2)$点における2乗

図7.4　Brent法の説明

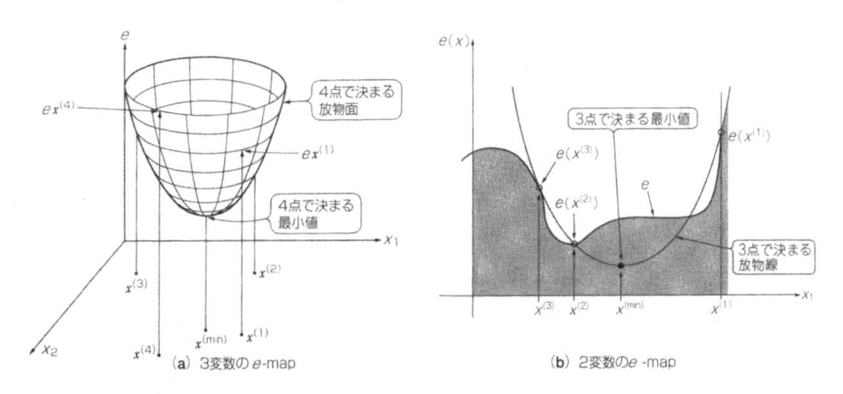

(a)　3変数のe-map　　(b)　2変数のe-map

誤差の和eから求める．

たとえば，パラメータが三つのローレンツ関数〔式(7.1)〕が三つ重なっている波形データから，3×3の9個のパラメータを推定するなら，11個の適当な$\boldsymbol{x}$に対する$f\{\boldsymbol{x}\}$を計算し(これは簡単)，それらから9次元の2次式の最小値を求める．すなわち，9元の1次連立方程式を解く．この作業において，Gauss-Newton法と同様に，めんどうな行列の逆計算が必要となる．

● シンプレックス法――最急降下法の一種

Brent法と同様に，1点ではなく複数の点のeを使って，しかし逆行列計算をせずに最小解を求めていくためには，反復法(勾配法)を用いることになる．その中でも，もっと乱暴な方法(しかし簡単だから使いやすい)が，**シンプレックス法**である．

これは，未知数の数がn個の場合について適当な$(n+1)$個の$\boldsymbol{x}$に対し，それぞれの$f\{\boldsymbol{x}\}$と$\boldsymbol{y}$との2乗誤差和eを求め，$(n+1)$個のxの中で，どれがいちばんeが大きいかを求める．すなわち，勾配を求める．そして，その$\boldsymbol{x}$を捨て，新しい$\boldsymbol{x}$に置き換える．

このとき，最小値を求めるわけではないので，行列の逆計算は不要で，eの勾配の方向に少しずつ進んで解に近づけていく．

図7.5に，シンプレックス法の手順を示す．適当に選んだ$(n+1)$点(この場合，2変数だから3点)のeの大きさを比較し，もっとも高い1点を捨て，その逆方向に3点が作る三角形を折り返す．そして，できた新しい3点に対して同じ操作を繰り返していく．

3点で傾きを見つけ，転がり落ちていくのであるから，この方法も最急降下法の一種であることがわかる．ただし，新しく置き換える1点については，**図7.5(b)**に示すような，さまざまな工夫を施すことができる．

図7.5 シンプレックス法のアルゴリズム(2変数の場合)　　**図7.6** 不連続な最小値

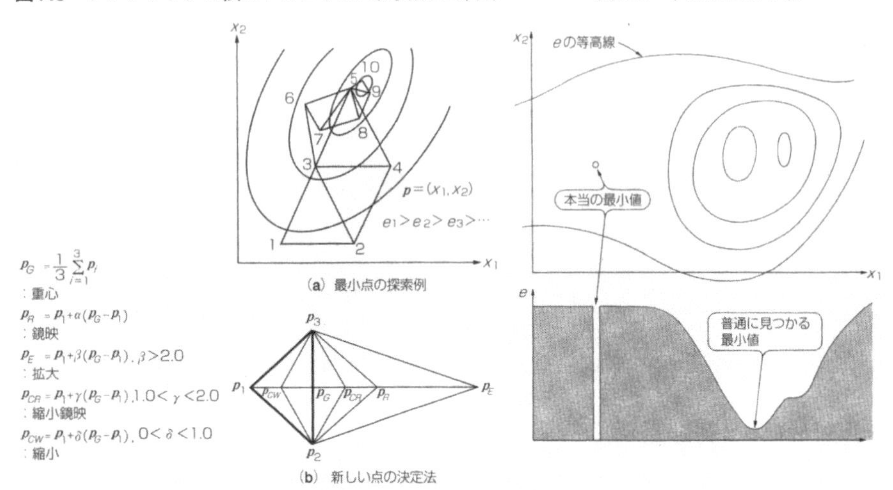

この3点が作る三角形(あるいは，n次元では$n+1$角形)が，シンプレックス(Simplex)と呼ばれ，手法を決定する最小ユニットである．

7.2 極小値がたくさんある場合 —— 非線形最適化問題の第2の考え方

図7.2(**b**)のように，極小値がたくさん存在する場合，これまで述べてきた線形近似にもとづくアルゴリズムでは，いずれも正しい答えが得られない．そして，式(7.1)と**図7.1**の例をはじめとして，特殊な都合の良い場合を除き，極小値は複数存在すると考えるのが正しい．

では，極小植がたくさんあるような場合，どうすれば真の最小値を求められるのだろうか？

● しらみつぶし法は総あたりのシミュレーション工学

2乗誤差和のマップがどのような形，関数になっているのかわからず，また極小値がいくつあるのかわからないような場合，これまでのいずれの方法でも，最小値を確実に与えてはくれない．

たとえば，**図7.6**に示すような不連続な最小値は，非線形最適化問題においては頻繁に存在しうる．このような不連続点や不連続線・面は，解空間にしきい値を設定して，それ以上はありえないとかそれ以下ならたいへん望ましい，といった規範を設けた場合によく生じる．

このような場合は，パラメータをすべて変化させ，2乗誤差和のマップのすべての点を計算して比較すればよい．昨今の，そしてこれからのコンピュータの能力の著しい向上は，多くの問題において，この力ずくのやり方を可能とする．eを求める計算はもともと単純なのだから，時間がどれくらいかかるかだけが問題である．

最近は，物理を解析的にエレガントあるいは巧妙な工夫と近似を使って解くよりも，力づくでありうる可能性をすべてシミュレーションするという**シミュレーション工学の時代**である．

全部の可能性をもれなくおさえるのだから，日本語では「しらみつぶし」である．

● しらみつぶしの例——最小値は一つでなければならないか？

回折格子分光器の回折格子の駆動機構の設計を例に，非線形最適化にもとづく最小2乗法を説明しよう．これは，凹面の回折格子にアームを付けて，アームの一端を軸に回転させる機構である．

ここでの命題は，アームの長さrとアームと格子のなす角度θを最適化することにより，軸を中心にアームを回転させても，つねに格子によって回折されたスペクトル（虹）が，CCDなどのセンサ平面上にフォーカスされるようにすることである．

図7.7(a)は，非線形最小2乗法によって求めた最適なアーム長さ(40.6mm)とアームと凹面回折格子とのなす角度(63.2°)に対する入射スリットとスペクトル焦線の位置関係を示している．**図7.7(b)**は，実現可能な領域においてbとθのすべての値を変化させて求めた最小2乗解による機構である．もちろん，もっとも2乗誤差の小さいのは，すべてを計算して求めた**図7.7(b)**である．

図7.8に，最小2乗マップを示す．これは，**図7.7(b)**を求めるときに得られる．この図か

図7.7　回折格子の駆動機能を設計する

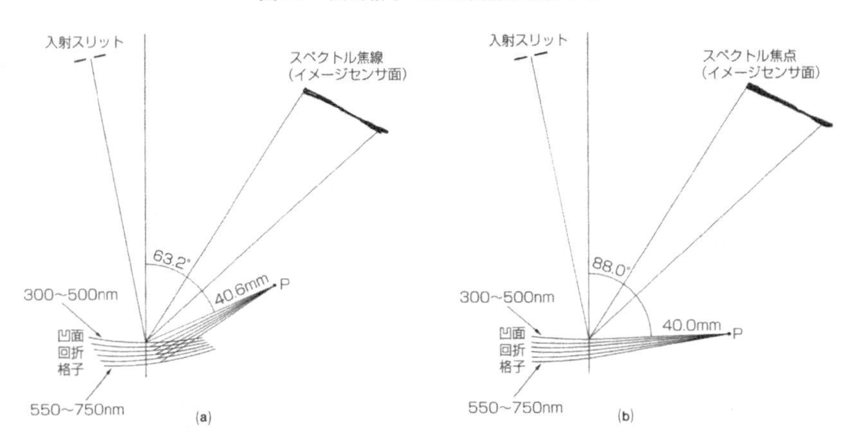

図7.8　最小2乗マップ

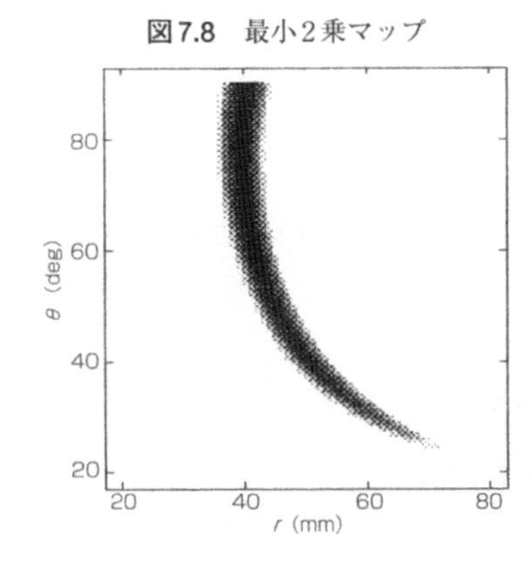

らわかるように，2乗誤差和は「し」の字の形に伸びており，**図7.7(a)**の結果もこの中に含まれていることがわかる．

厳密には，「し」の中にも高低差が多少あるものの，それはわずかの差で，「し」の中ならどれを選ぼうと大差はない．

「最小値が一つしかあってはならない」などというのはコンピュータ第1主義者の思い込みで，「答えはどれでもよい」ほうが，むしろ設計が容易である．

● モンテカルロ的手法——確率論的現象をシミュレートする

全パラメータを調べなければ絶対最小値は得られないが，楽をして最小値を調べる方法として，**モンテカルロ法**が知られている．これはシミュレーション工学において，確率論的発想を導入し，コンピュータ内で発生させた乱数を用いて確率論的現象をシミュレーションする方法である．これまで説明してきた最適化問題に対しても，このモンテカルロ的手法が使える．

これまでのいずれの方法も，解き方が一意的に決まっていたので，初期値を定めると一つの答えにしか到達しなかった．すなわち，特定の極小値につかまると，それ以外には興味を示さないという「まじめ」な人のアルゴリズムであった．しかし，ばくち好きのモンテカルロの人達は，まじめなやり方は好まない．モンテカルロでは，**図7.6**の平たんな丘にある小さな小さな，しかし深い穴を当てたい．そこできっちりと反復して答えを求めていくのではなく，適当にうろうろとよそ見をしながらランダムにxを変化させ，最適解を探していく．

正解が見つかるとは，必ずしもいえない．しかし，総当たりのしらみつぶしよりは圧倒的に時間は少なく，それでも他の方法よりは大当たりが出る可能性がある．いくつかの極小値を見つけて，なお最小値を探し続けることもできる．

● シミュレーテド・アニーリング法

シミュレーテド・アニーリング法も，モンテカルロ的最適化法といえる．この方法は原理的には勾配法であるが，ただし各反復回における誤差eにゆらぎを加える．

要するに，誤差に対する見積もりをわざと少し誤らせる．すると，近傍の極小値に到達せず(あるいは到達できず)に，山を越えて別の極小値のあるとなりの谷に飛び越す可能性をもつ．

ゆらぎを少しずつ小さくしていくと，しだいに最小値に落ちていく．実際には，ゆらぎの変化を十二分に少なくしないと，最小値には到達しないし，十二分に小さくすることは全部計算することと変わらなくなる．

分子がゆらぐと温度が上がるゆらぎの大きさは，温度に対応するので，ゆらぎを少しずつ小さくしていくことは，温度を少しずつ下げていくことと解釈できる．すなわち，「焼きなまし(アニーリング)」法なのである．

● シミュレーテド・アニーリング法と従来法で最小値を見つける工夫の違い

シミュレーテド・アニーリング法と，従来の手法で最小値を見つける工夫との比較を**図7.9**に示す．これは，底に凹凸のある箱の端から球を落としたときに，どこに球がいくかを示した図である．

図7.9(a)のシミュレーテド・アニーリング法では，最初は箱の温度が高いので，箱が激しく揺れている．そこで球は，最初に落とした位置にもっとも近い谷の底に留まることなく，底から放りだされて，隣の谷に移るかもしれない．徐々に温度を下げていくと，最終的に(うまくいけば)最小値に落ち着くだろう．

一方，**図7.9(b)**には，従来の勾配法を使って，極小値から逃れて最小値に到達する方法について，図示している．この場合，最急降下法などの勾配法を用いて，しかし各反復回において，本当の勾配より少し強めに勾配を見積もってやる．シンプレックス法を用いるなら，シンプレックスの大きさ(**図7.5**の三角形)を，2次曲面の滑らかさより大きめに選ぶことに対応する．すると，新しく選ばれる点は，小さな谷なら越えることができることになる．

そして，徐々にシンプレックスの大きさを小さくしていくと，最小値に近づく(かもしれな

図7.9　シミュレーテドアニーリング法と従来の反復法を比較する

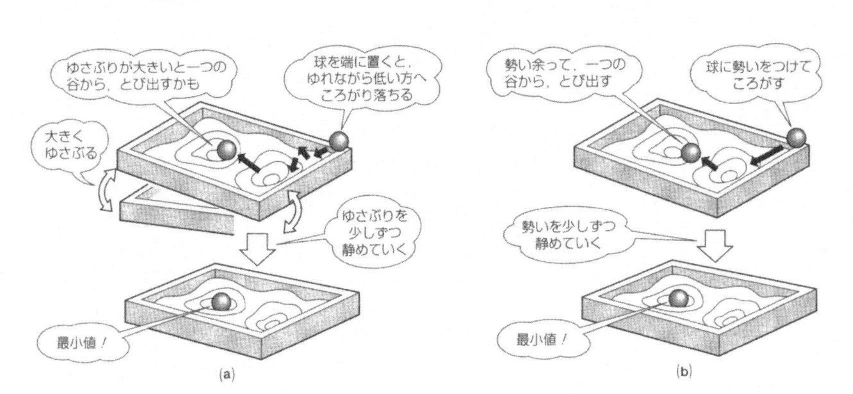

図7.10 ペナルティ関数の効果とSUMT法の説明

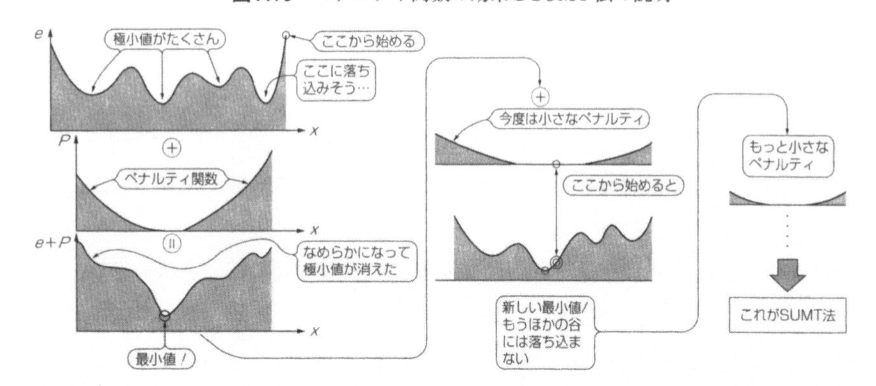

い）というわけである．一般によく行われるのは，最初にシンプレックス法を使って大きな曲面を見つけ，それからDavidon Fletcher Powell法を使って最小2乗解を求めるという方法である．

● ペナルティを与える

なかなか勝負が決まらなければ，ペナルティを課すのも勝負（ばくち）の一つの方法である．つまり，極小値がたくさんあってどれが答えかわからないとき，2乗誤差マップに部分的に重み（ペナルティ）を足してやる（**図7.10**）．そうすると，重みの分布によって最小値以外の極小値は値が大きくなり，全体の関数が単純な凹関数に近づき，最小値が求まりやすくなる．ペナルティ関数をステップ関数にすると，2乗誤差マップは2次関数から外れるので，2次関数を与えるのが普通である．

シミュレーテド・アニーリング法のときと同様，最初に大きめのペナルティ関数を与えてまず答えを求め，それを次の初期値として，今度は少し小さめのペナルティ関数を課し，もう一度最小2乗解を求め直す．これを繰り返し，だんだんペナルティ関数を小さくしていくと，最後には最小値に到達する．

最小2乗問題に，拘束条件（ある範囲以外にはパラメータは絶対に存在しないという条件）を導入すると，問題は極端に非線形な最適化問題となる．このとき，上に述べたペナルティ関数を順次変化させて最小化する方法は，**SUMT**（**Sequential Unconstrained Minimization Technique**）と呼ばれ，科学計測などにでも実際に広く使われる．

7.3 生命のしくみを模倣する ——ニューラルネットワークと遺伝的アルゴリズム

● ニューラルネットワークとHopfieldモデル——ニューロンモデルによる最適化

人間の脳が最適解を求める際には，第6章および本章に述べた方法はとられていない．人間の脳では，10^{10}～10^{11}個の神経細胞（ニューロン）が並列に神経インパルスを相互に伝達しながら，情報の処理（最適化問題も当然含まれる）が行われる．これを模倣したモデルが，ニューラルネットワークモデルである．

ニューラルネットワークモデルとは，**図7.11**(**a**)の形式のニューロンを多数組み合わせた，**図7.11**(**b**)のような多段階のネットワークをいう．ここで，図(**a**)では，入力x_iの重みつきの和Sに$\sum x_i w_i$の値によって$y=f(S)$の値が決まる．関数fの例を**図7.12**に示す．

ここで問題は，入力xと出力yがいくつか与えられたときに，それらをもとにニューロン間の結合係数である，重みwをすべて求めることである．これをニューラルネットワークでは学習という．

実際には，ある入力x_iについて，仮の重みwを用いて，その出力y_iを求め，y_iと真値との差（残差）の2乗和を計算する．このとき，各重みに関する残差の偏微分を求め，最急降下的にこの微分ベクトルによってwを修正する．これを繰り返し，xとyを結ぶニューラルネットワークの重みを漸近的に求めていく．

ただし，このままでは初期値によってはローカルミニマムに落ち込む可能性があるので，

図7.11 ニューラルネットワークモデル

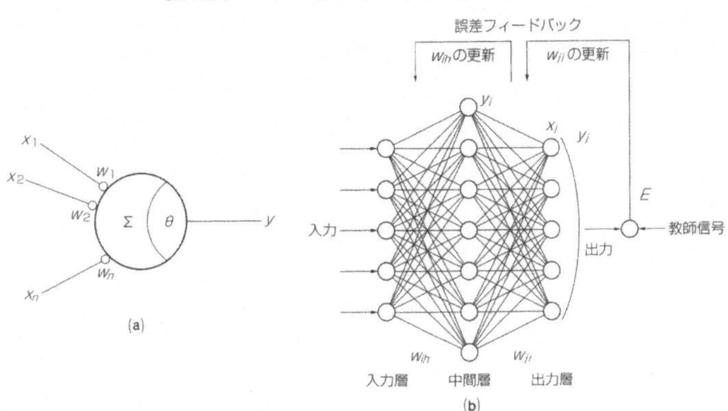

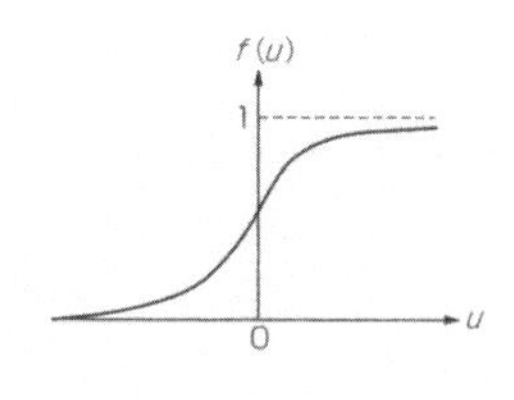

図7.12　特性関数fの例
（シグモイド関数）

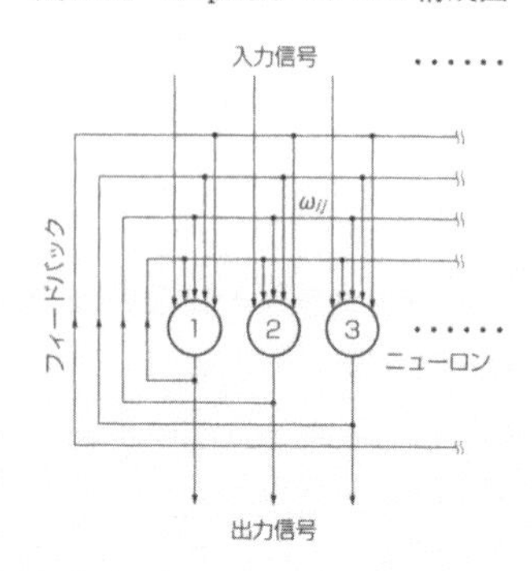

図3.13　Hopfieldモデルの構成図[3]

これを避けるため，**誤差逆伝搬学習法（Back Propagation：BP法）**が用いられる．BP法ではwの修正に，微分ベクトルと1回前の修正ベクトルの線形和を用いる．これによって，誤差関数の細かな凹凸を無視する効果をもたせている．

● Hopfieldモデル——連想記憶法

われわれの脳の重要な特徴の一つに連想がある．知人の顔の一部を見ただけで，顔の全体や全身像を想像することができる．Hopfield（ホップフィールド）モデルとは，入力ベクトルの相関行列Wを用い，この連想記憶を実現するものである．

つまり，ニューラルネットワークの一部が欠けても，正しい出力を出せるよう，冗長なネットワークを構成するのである．この詳細については，ここでの議論を超えているので，興味のある人は参考文献3）を参考にされたい．

● 生命の進化を模倣する——遺伝的アルゴリズム

遺伝的アルゴリズム（Genetic　Algorithms：GA）とは，生物の進化過程をもとにモデル化したアルゴリズムである．遺伝子がもつ，交配，突然変異，個体の適者生存を用いて，環境（条件）への適応能力が高い最適化手法を実現するものである．

はじめに，変数xを0と1の2値表現として遺伝子に符号化し（ただし，本物の遺伝子は0と1では構成されていない），環境に対する適合度（評価関数）の高い遺伝子を交配し，また，突然変異を仕組む．再び，適合度の高い遺伝子を選び，同じ操作を繰り返す．

これにより，簡単で，ローカルミニマムにトラップされにくいアルゴリズムを実現できる．実用上は，最初に符号化がうまくできる問題かどうか，交配と突然変異をどの程度含ませるかに結果が大きく左右される．シミュレーテッド・アーニングで説明したものと同じ課題である．

第7章のまとめ

本章のポイントを以下にまとめる．

1）解析的には解くことができない非線形最適化問題であっても，コンピュータを用いて比較的シンプルなアルゴリズムで解くことができる

2）とくに，ローカルミニマムに対する対応が重要である

3）生物をモデルにしたニューラルネットワーク，遺伝的アルゴリズムは，そのモデルの柔軟性から今後は適用範囲が広がると思われる

4）問題ごとに，モデル化がもっとも容易なアルゴリズムがあるので，それを見きわめることが重要である

参考文献

1）藤田寛，河田聡，「マルチチャネル分光法における回折格子のアーム操作機構」，『分光研究』，vol.40，p.353，(1991)

2）臼井支朗他編著，『基礎と実践　ニューラルネットワーク』，コロナ社，(1995)

第8章 失われた周波数成分を回復する

フィルタリングと信号回復

もっともよく知られる科学計測データの処理法は，フィルタリングと信号回復である．雑音の除去，信号の平滑化，信号のクリア化，特定信号の検出・認識など，フィルタリングに求められる役割は多い．

本章では，このもっとも基礎的なデータ処理方法についてまず解説し，さらに失われた信号を見つけ出す最先端の逆問題である信号回復論にまで話題を展開する．これまで学んだフーリエ変換や自己回帰モデルはもとより，最小2乗法や非線形最適化問題など，これまでのすべての知識を投入して本章をマスタしていただきたい．

8.1 フィルタリングは濾過器[1)〜3)]

ざるを使って小さな粒だけを取り出せるように，また浄水器のフィルタできれいな水だけを取り出せるように，データ処理のフィルタもきれいな信号だけを取り出す（**図8.1**）．ただし，きれいな信号といっても人と場合によって異なり，雑音を取り除いて信号だけを取り出

図8.1 ざると浄水器

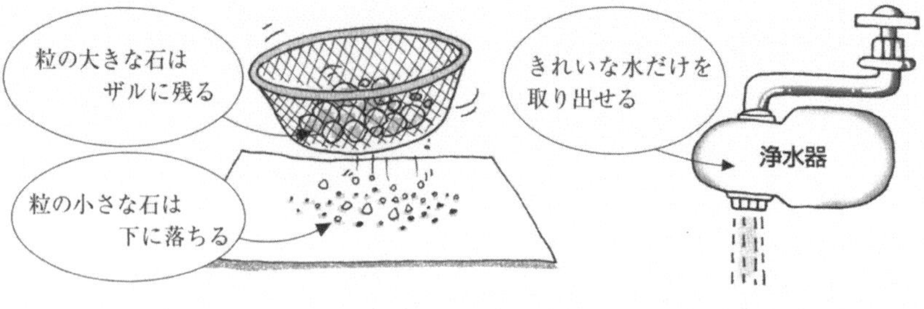

図8.2　低周波，高周波，バンドパスフィルタリング

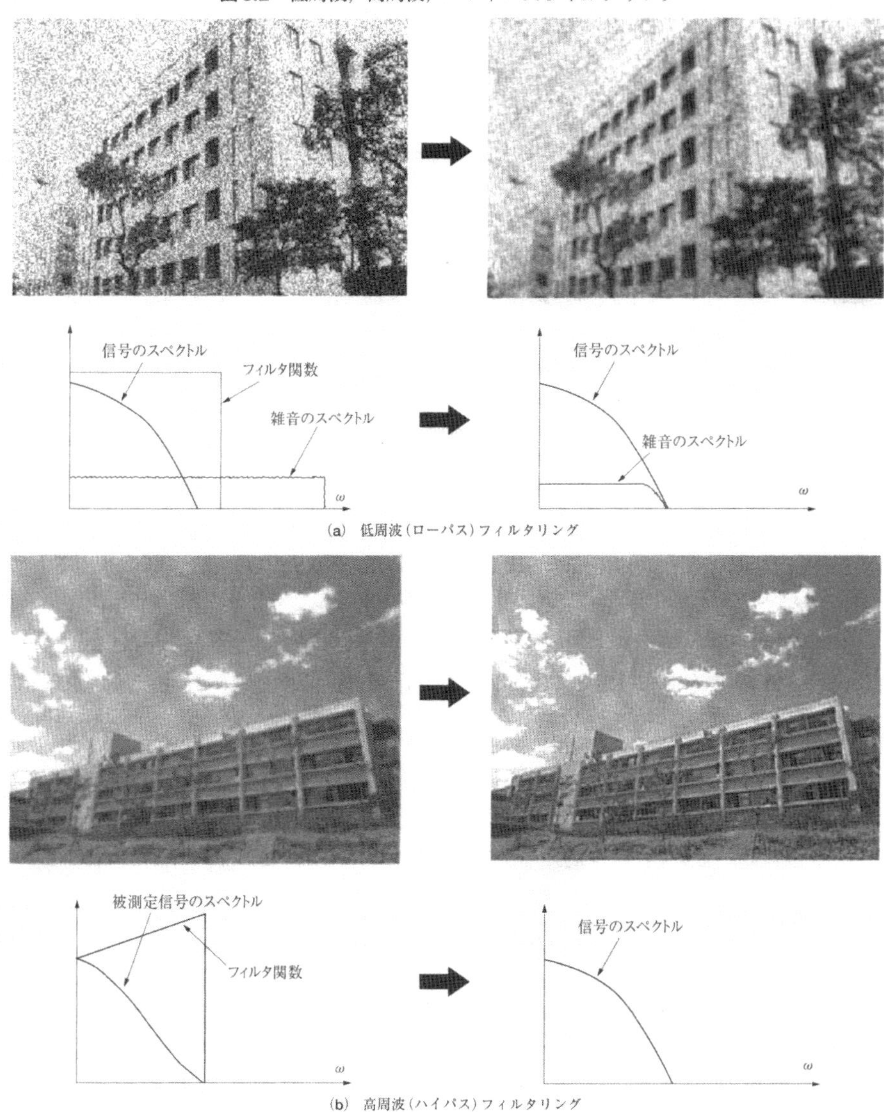

(a)　低周波（ローパス）フィルタリング

(b)　高周波（ハイパス）フィルタリング

す低周波フィルタ，ぼやけた成分を取り除いてクリアで繊細な信号だけ取り出す高周波フィルタ，特定の構造だけを取り出すバンドパスフィルタなどを目的に応じて使い分ける必要がある（**図8.2**）．

図8.2　低周波，高周波，バンドパスフィルタリング（つづき）

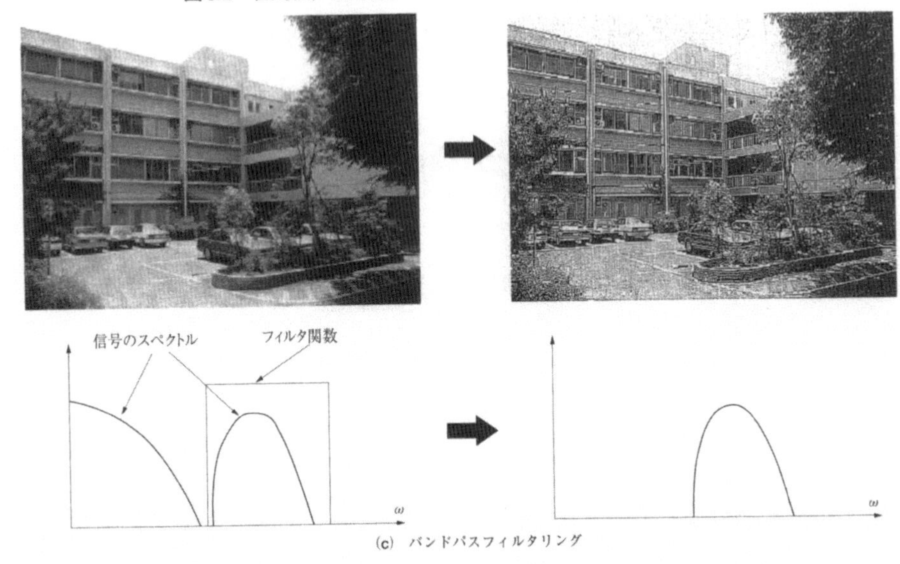

(c)　バンドパスフィルタリング

バンドパスフィルタの中でもさらに複雑なフィルタとしては，計測過程において歪んでしまった信号を，ゆがみの要因を知ってその逆関数をかけることによって元の信号に戻すインバースフィルタ(**図8.3**)や特定の具体的な信号だけを検出するマッチドフィルタなどがある．

図8.3　インバースフィルタ

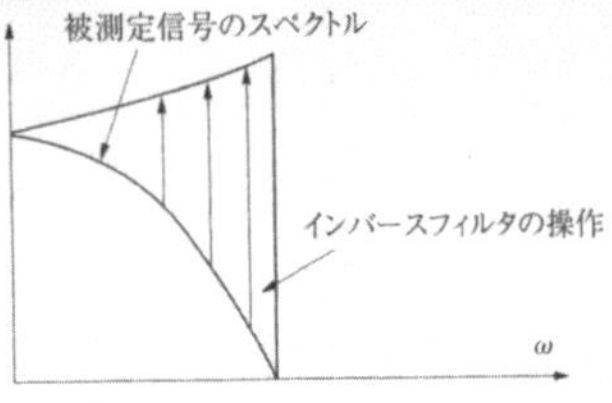

8.2 フィルタリングとコンボリューション

●フィルタリング

図8.4に示すように，フィルタリングは計測信号成分の一部を周波数領域でフィルタを通すことを指す．その作業は，信号をフーリエ変換してフィルタ関数をかけ算し，その出力を逆フーリエ変換することと等価である．しかし，この演算を行うためには2回のフーリエ変換を必要とする．第3章において，高速にフーリエ変換する方法であるFFTを学んだが，これを用いればフーリエ変換に要する計算時間は飛躍的に短縮される．

図8.4 時間領域で無限に続く信号のフィルタリング法

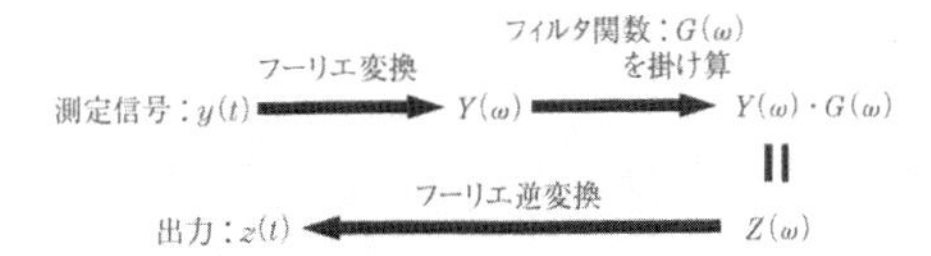

●コンボリューション

一方，コンボリューションとはフーリエ変換をせずにフィルタリングを実現する計算方法である．コンボリューションは入力信号 $y(t)$ に対して次の積分計算を行い，出力 $z(t)$ を得る．

$$z(t) = \int y(t')g(t-t')dt' \qquad (8.1)$$

ここで，$g(t)$ はカーネル，インパルスレスポンス，ポイントスプレッド関数などと呼ばれ，パルス信号が入力したときの出力信号に相当する．**図8.5**に，このようすを示す．

図8.5 コンボリューションの説明．入力信号と出力信号とインパルスレスポンス

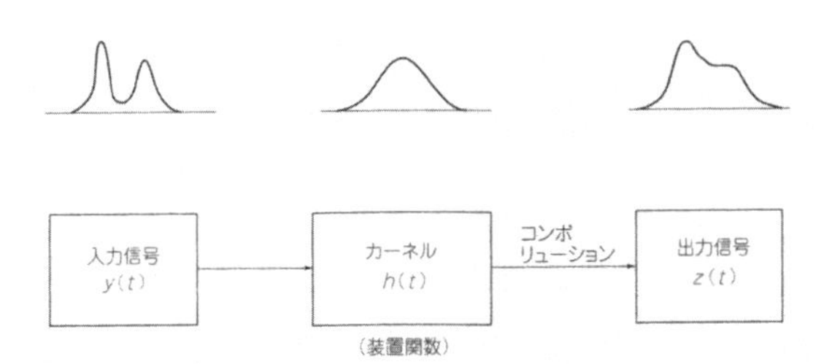

8.3　平滑化処理と微分処理

●平滑化処理

計測系を信号が通過して出力が得られるプロセスは，まさにこのコンボリューション積分によって表現できる．例として，**図8.6**に2次元ガウス分布応答による平滑化と1次元平滑化による画像例を示す．

雑音や微細な揺らぎを持って計測された信号から元の情報を見つけだすためには，計測信号をそれぞれの周りで平均するという平滑化処理が行われる．これは単純移動平均と呼ばれ，矩形関数のコンボリューションで与えられる．

すなわちカーネル$g(t)$は，

$$\mathrm{rect}(t)=\begin{cases}1 & |t|\leqq 1\\ 0 & |t|>1\end{cases} \quad\cdots\cdots(8.2)$$

図8.6　$y(t)$と$z(t)$の例

(a)　$y(t)$

(b)　2次元ガウス関数による$z(t)$

(c)　1次元平滑化による$z(t)$

で与えられる．**図8.7**に三角形の重み（カーネル）によって平滑化された例を示す．

●微分処理

高周波の信号を抽出するには，微分処理（微分フィルタともいう）が有効である．信号波形$y(t)$は，そのフーリエ変換を$Y(\omega)$とすると，

$$y(t) = \int Y(\omega) \exp[-j\omega t] d\omega \qquad \cdots\cdots (8.3)$$

であるので，両辺を時間tで微分すると，

$$dy(t)/dt = (-j\omega) \int Y(\omega) \exp[-j\omega t] d\omega \qquad \cdots\cdots (8.4)$$

となり，振幅に関していうと，ωに関して比例する$|\omega|$なるフィルタをかけ算してより高周波の信号を強調する結果となる．雑音が低周波数であれば，この処理で信号を強調することができる．

8.4　FIRとIIRと自己回帰モデリング[4)]

●FIRフィルタとIIRフィルタ

平滑化と微分処理に用いられるフィルタはその重み関数であるカーネルの長さが有限であるので，FIRフィルタ（Finite Impulse Response Filter）と呼ばれる．一方，**図8.8**のブロック図に示されるように，コンボリューションの結果を再び入力に戻す（フィードバックを伴う）フィルタがある．これは無限の長さのインパルスレスポンスを与えるので，IIRフィルタ（Infinite Impulse Response Filter）と呼ばれる．IIRフィルタによれば，再帰（Recursive）効果によって，短

図8.7　重み付き移動平均

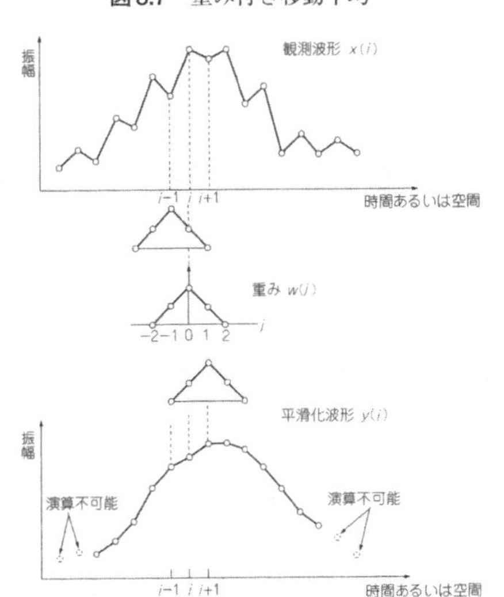

図8.8　IIRフィルタリング

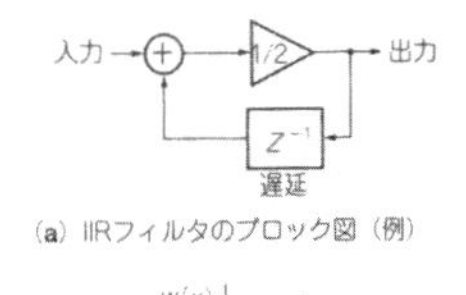

(a) IIRフィルタのブロック図（例）

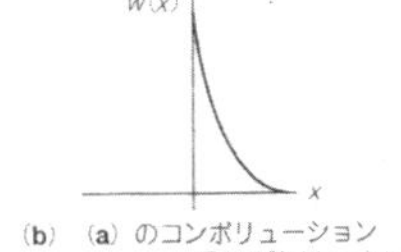

(b) (a)のコンボリューション重み関数（カーネル）

いカーネルを用いても長いインパルスレスポンスを実現することができる．第3章で取り扱った自己回帰モデリングは，IIRフィルタの一種である．短い重み系列を用いて無限に続く，正弦波信号を表すことができる．

8.5　デコンボリューションとインバースフィルタ[5)]

●デコンボリューション

式(8.1)のコンボリューション演算で，カーネル$g(t)$をうまく選んでやると，計測系によって劣化した信号$y(t)$から元の信号$x(t)$を得ることができる．劣化をもたらす関数を$h(t)$で表すなら$y(t)$と$h(t)$を知って$x(t)$を求めていることにほかならず，この手続きはデコンボリューションと呼ばれる．

●インバースフィルタ

測定信号$y(t)$のフーリエ変換は，

$$Y(\omega) = X(\omega) \cdot H(\omega) \quad \cdots\cdots (8.5)$$

となり，デコンボリューションを行うカーネル$g(t)$のフーリエ変換は，

$$G(\omega) = 1/H(\omega) \quad \cdots\cdots (8.6)$$

で与えられる．この$G(\omega)$をインバースフィルタと呼ぶ(**図8.9**)．

劣化関数のフーリエ変換は，$H(\omega) = 0$の周波数においては$G(\omega) = 1/0$となり，$X(\omega)$を求めることができない．そこで，システムの遮断周波数〔カットオフ周波数．**図8.9(b)**参照〕以上の高周波成分は再生できない．これを解決するには，8.7で示す超解像法が用いられる．

入力：$X(\omega)$

ω

(a)　入力$X(\omega)$

$H(\omega)$
（インパルスレスポンスの
フーリエ変換）

カットオフ周波数

ω

(b)　インパルスレスポンスのフーリエ変換$H(\omega)$

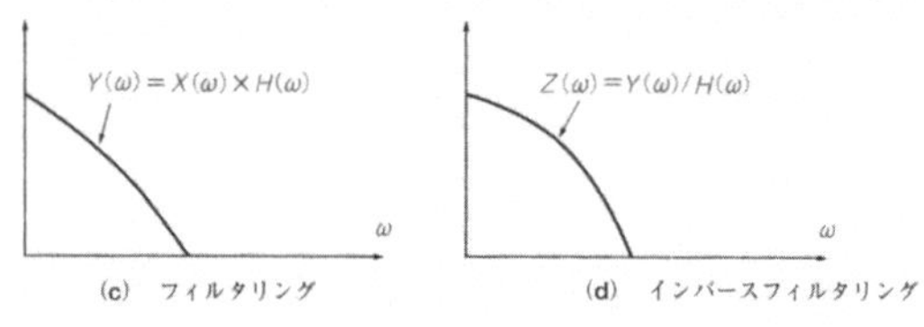

(c)　フィルタリング　　(d)　インバースフィルタリング

図8.9
インバースフィルタ

8.6 自己相関．相互相関とマッチドフィルタリング

●周期信号成分の検出を例として

雑音に埋もれた信号成分を検出するには，自己相関関数が有効である．これは，信号には自分自身と相関があり，雑音とは相関がないことを利用している．

自己相関関数$R_y(\tau)$は，次式で定義される．

$$R_y(\tau) = \lim_{T=\infty} \frac{1}{T}\int_0^T y(t)y(t+\tau)dt \quad \cdots\cdots (8.7)$$

いま観測された波形$y(t)$に含まれる信号波形を$s(t)$，雑音を$n(t)$とすると，

$$y(t) = s(t) + n(t) \quad \cdots\cdots (8.8)$$

と表すことができる．このとき，信号と雑音の間に相関がなければ，$R_y(\tau)$は，

$$R_y(\tau) = R_s(\tau) + R_n(\tau) \quad \cdots\cdots (8.9)$$

と表される．雑音nは白色雑音（つまり，0以外のτで$R(\tau)=0$）であり，かりに信号が，

$$s(t) = A\sin(\omega t + \phi) \quad \cdots\cdots (8.10)$$

で表されるような周期信号であるとすると，

$$R_y(\tau) \fallingdotseq R_s(\tau) = A^2/2\cos(\omega\tau) \quad \cdots\cdots (8.11)$$

となるので，周期信号成分のみを自己相関演算によって抽出することができる．周期成分が抽出されているようすを**図8.10**に示す．

●相互相関とマッチドフィルタリング

式(8.8)を，

$$y(t) = a \cdot s(t) + n(t) \quad \cdots\cdots (8.12)$$

と置き換えると，$y(t)$と信号$s(t)$の相互相関は次式で定義される．

$$R_{sy}(\tau) = \lim_{T=\infty} \frac{1}{T}\int_0^T s(t)y(t+\tau)dt \quad \cdots\cdots (8.13)$$

さらにこの式は，

$$R_{sy}(\tau) = a \cdot R_s(\tau) + R_{sn}(\tau) \quad \cdots\cdots (8.14)$$

となる．信号と雑音が無相関であれば，右辺第2項はゼロであり，$R_s(\tau)$とその振幅を求めることができる．この方法を，マッチドフィルタリング(matched filtering)と呼び，通信工学においてよく用いられている．

図8.10　自己相関による周期信号成分の検出

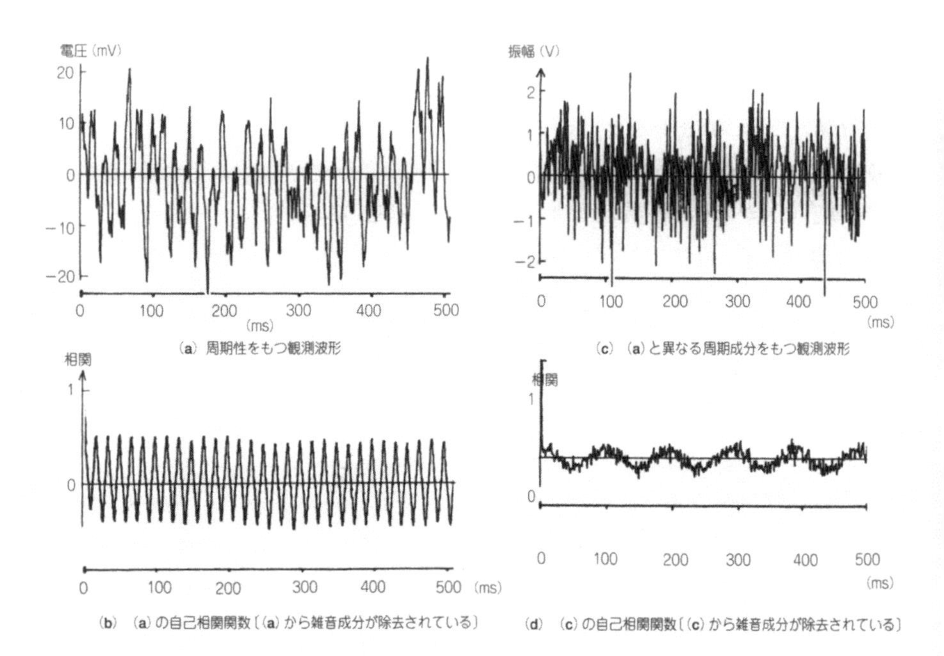

（a）周期性をもつ観測波形

（c）（a）と異なる周期成分をもつ観測波形

（b）（a）の自己相関関数〔（a）から雑音成分が除去されている〕

（d）（c）の自己相関関数〔（c）から雑音成分が除去されている〕

8.7　超解像：失われた信号の回復[6)]

●有限時間信号のフーリエ変換は解析的（滑らか）

インバースフィルタによれば，遮断周波数までの帯域で周波数成分を再生できるが，それ以上の高周波の帯域外成分は，すでに失われているのだから，回復できない．それを何とか回復しようというのが超解像である．

信号の時間拡がりが有限であるという性質（これは現実的な測定系において成り立つ）を用いれば，この失われた信号の回復が可能である．時間信号 $y(t)$ のフーリエ変換 $Y(\omega)$ は滑らかな連続関数となるので〔数学的には解析的（analytic）という〕，$Y(\omega)$ は離散化して，次式のように表すことができる．

$$Y(\omega)=\sum_{n=-\infty}^{n=\infty} Y_n \sin[T(\omega-n\cdot 1/T)]/T(\omega-n\cdot 1/T) \quad \cdots\cdots (8.15)$$

ここで，T は信号の長さであり，Y_n は $Y(\omega)$ を $1/T$ の間隔でサンプリングした値である．これを周波数領域でのサンプリング定理（標本化定理）という．さて一般には，この $Y(\omega)$

図8.11　Y_nと$Y(\omega)$：離散点Y_nを内挿して$Y(\omega)$を表す

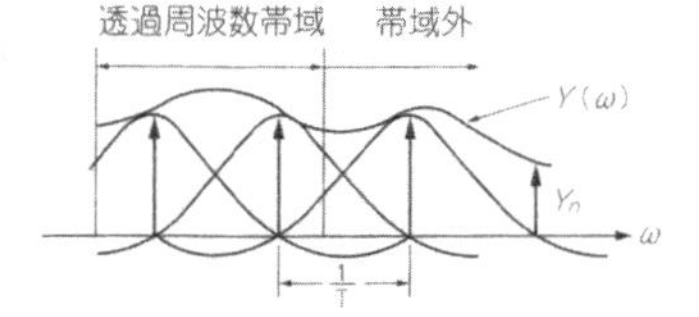

は有限範囲しか測定装置が検出できない．Y_nをいくつかしか知ることができず，よって連続関数$Y(\omega)$を限られた帯域でしか再現できないということである（**図8.11**）．

●超解像で失われたY_nを回復する

超解像法では，帯域外（遮断周波数以上の帯域）にあるY_nを求めるために，帯域内の$Y(\omega)$を未知数分（求めたいY_n）のωで求め，式(8.15)から得られる連立方程式を解くことにより，失われたY_nを求める．たとえば，Y_kからY_{k+m}までの$m+1$個のY_kを求めるためには，$\omega=\omega_1$, ω_2, ……, ω_{m+1}（ここで，$0<\omega<\omega_c$：遮断周波数）について次式をたてる．

$$Y(\omega_i)=\sum_{n=k}^{n=k+m} Y_n \sin[T(\omega_i-n\cdot 1/T)]/T(\omega_i-n\cdot 1/T) \quad \cdots\cdots (8.16)$$

ここで，$i=1$から$m+1$である．この式の未知数は$m+1$個のY_n，式の数は$m+1$個であるので，基本的には解くことが可能であり，帯域外の$m+1$個のY_nを求め得る．これにより，遮断周波数外にスペクトルを外挿することができた．この一連の手続きを超解像法と呼ぶ．

8.8　反復アルゴリズム

●反復法で解く超解像問題

上の方法は解析的に超解像を実現するが，無雑音で無限のダイナミックレンジの検出器を仮定しており，実際にはその応用は容易ではない．ここでは，数値的なアルゴリズムを紹介する．その方法を**図8.12**に示す．

ここでも，$y(t)$は時間的に有限拡がりであることを用いる．周波数の帯域制限を受けて観測された$y(t)$は，本来有限拡がりであるにもかかわらず，無限に広がったものとなる．したがって，これを既知の時間幅でカットしその範囲内を0にする（これをトランケーションという）．次にこのカットされた信号をフーリエ変換し，帯域内で制限され観測された$Y(\omega)$に置き換える（これをサブスティテューションという）．さらに，この結果をフーリエ逆変換し，時間領域の信号（yの近似解）を求め，再び信号の広がりの範囲外を捨てる．この操作を十分な回数繰り返すのである．

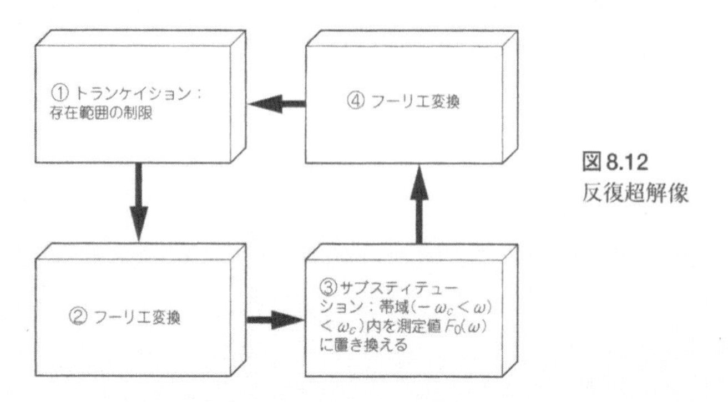

図 8.12
反復超解像

トランケーション（切り捨て操作）およびサブスティテューション（置換操作）は，ともに真値へと近づけるので，繰り返しにより近似解は真値に単純に近づいていく．当初よく使われたが，解の一意性や収束性が保証されていない．ただし，このままでは一般に収束速度が遅く，さまざまな工夫がなされる．6章で述べた共役勾配法等の高速反復法を利用すれば，実用上問題ない収束速度を実現できる．

8.9　非負拘束による超解像

● 非負拘束

帯域制限系における推定解は多くの場合，負値をもつ．これは，帯域制限フィルタの適用においては，遮断周波数における急激な周波数透過率の減衰により再生信号上に振動が起こるからである．超解像フィルタの適用においても再生される周波数帯域を制限することが多い．したがって，超解像フィルタにおける帯域制限により，再生結果に負値が産み出されることが多い．

横方向に信号の広がりを拘束する方法に加え，ダイナミックレンジの方向，つまり縦軸方向に信号の存在可能性を拘束する手法も超解像には有効である．この手法は前記の手法に比べ，数学的にはエレガントではないが，実用的には非常に優れた効果を示す．たとえば光を用いた計測では，測定量はほとんどの場合光強度そのもの，あるいは光強度を介在した密度や吸光度であるが，これらはすべて非負値である．したがって信号の縦方向の拘束は天体観察やコンピュータトモグラフィなど多くの画像修正，画像再構成の分野に適用可能である．

● 二乗誤差関数のようす

いま信号を表すベクトルfがf_1とf_2の2変数で表されるとし，fの推定値をベクトル$\hat{f}=[f_1, f_2]^t$と表す（前節までは変数yを使っていたが，以後では便宜上，yの代わりに変数fを用いる)．このとき，測定系を行列$[H]$で表すと，測定値f_0（これも2元のベクトル）から$\hat{f}$を最小二乗法により求めるための誤差関数は，次の式で与えられる．

$$e = \| f_1 - [H]\hat{f} \|^2, \quad \cdots\cdots (8.17)$$

帯域制限によりeを最小にする$\hat{f}$が負の値をもつ場合，たとえばeの等高線は**図8.13**のように，最小点がfが負の値をもつ領域に存在するような分布をもつ．

ここでわれわれが望むのは誤差関数eを最小化する解ではなく，$f_1 \geqq 0$，$f_2 \geqq 0$の範囲内でのeの最小値を与える，図中のf^*である．つまりわれわれは問題を，

$$\text{Minimize } e = \| f_0 - [H]\hat{f} \|^2 \quad \cdots\cdots (8.18a)$$

$$\text{Subject to } \hat{f} \geqq 0 \quad \cdots\cdots (8.18b)$$

と置き換え，その解f^*を求めることに変えたのである．ここで式(8.18b)は$\hat{f}$の要素がすべて非負であることを示す．

式(8.18)を解くアルゴリズムには**NNLS法(Nonnegative Least-Squares Method)**[6]など，厳密な解き方が考案されている．しかしながら，画像や分光画像，CTの画像など膨大な要素数を含む場合にはその適用は容易でない．Jacobi法などの単純な反復法(6章参照)において反復回ごとに負の値を0に置き換える手法はもっとも容易な方法であるが，系の状態が良くないときには解がf_2軸上でf^*に近づくにつれeの勾配の方向と拘束領域の境界線(ここではf_2軸)が直交に近い状態になり，解の停滞が起こる[3]．

もし，反復のある時点でfの第i番目の要素がすでに0になっていてかつ勾配ベクトルのi要素が正であるなら，次の回の反復修正後fのi要素は必ず負になる．なぜなら，通常は勾配ベクトルを逆向きにし(すなわち誤差eが減る方向)修正ベクトルとして使うからである．

そこでこのi要素を0に固定したまま次の修正を行ったほうが，残差が大きく減少すると予想できる．そこで，6章にあった最急降下法や共役勾配法を改良し，次のような反復修正を行う．

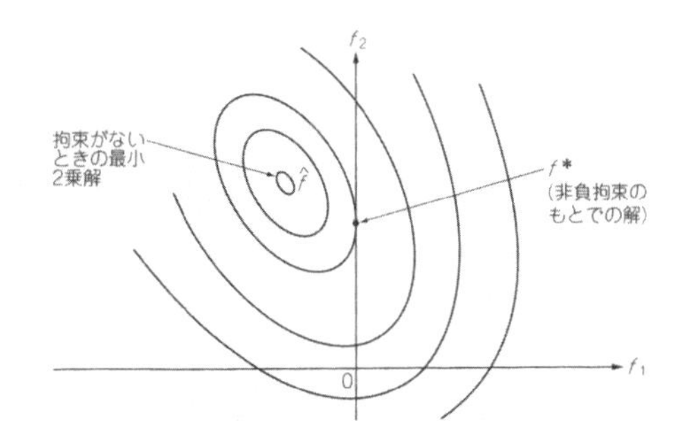

図8.13
非負拘束解と通常の最小2乗解の関係

$$f^{k+1} = f^k + \alpha(-\partial e/\partial f_i^k)\cdot t(i) \quad \cdots\cdots (8.19\text{a})$$

$$\text{if } f_i^{k+1}<0 \text{ then } f_i^{k+1} = 0 \quad \cdots\cdots (8.19\text{b})$$

ここで，

$$t(i) = 0 \text{ if } \partial e/\partial f_i^k>0 \text{ and } f_i^k = 0 \quad \cdots\cdots (8.19\text{c})$$

$$1 \text{ else}$$

ここで，修正係数αは最急降下的に決めるのがよい．この方法を**勾配投影法**（**Gradient Projection Method**）[6]という．これにより，f^kの第i番の要素が拘束領域の端に来たとき，そのi番の要素の修正は境界に沿って行われる．

リスト8.1に勾配投影法のプログラムを示す．ここで，`s(i)`，`ss(i)`，`r(i)`はそれぞれ，真の信号，反復途中の近似解，勾配を表すベクトルである．ベクトルTは式(8.19c)の判断の結果を0あるいは1の要素で表したベクトルである．修正係数には1/2を用いている．

このプログラム中では，勾配ベクトルは数値的に求められている．すなわち，`ss(i)`で得られる自乗誤差を`e`，`ss(i)`の第i要素についてのみ微小な量`DELTA`を加えたベクトルで得られる自乗誤差を`e'`とすると，

`r(i)=(e'-e)/DELTA` ……………………………… (8.19d)

のように`r(i)`を求める．

実例を示す．**図8.14**(**a**)は鉄ニッケルホローカソードランプのネオンガスの発光スペクトル（波長域520～521nm）をあるモノクロメータにより測定した結果である．この場合には，

図8.14　非負拘束最小2乗法の効果

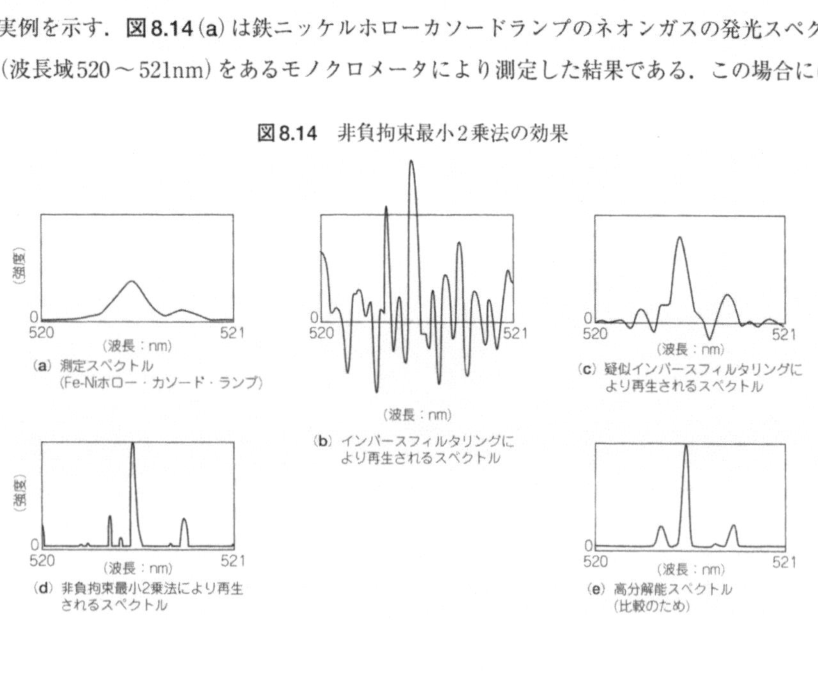

リスト 8.1 勾配投影法のプログラム

```
#include <stdio.h>
#include <math.h>

main()
{
    int   n, niter, i, jj;
    float pai, delta, e, fe, j;
    float s[32], ss[32], r[32], t[32], fw[32];
    float gntn(float fw[32], float s[32]);

    n=32;
    pai=3.1415926535;
    niter=20;
    delta=0.000001;
    e=0;

    for(i=0;i<n;i++)
    {
        j=(float)i;
        s[i]=sin((j/16.0)*pai)+0.9;
        ss[i]=1.0;
        e=e+pow(s[i]-ss[i],2);
    }
    printf("ITER = 0 , ERROR = %f¥n",e);
    for(i=1;i<=niter;i++)
    {
        for(jj=0;jj<n;jj++) fw[jj]=ss[jj];
        for(jj=0;jj<n;jj++)
        {
            fw[jj]=fw[jj]+delta;
            fe=gntn(fw,s);
            r[jj]=(fe-e)/delta;
            fw[jj]=ss[jj];
            if ((ss[jj]<0.00001) && (r[jj]>0.0))
                t[jj]=0.0;
            else
                t[jj]=1.0;
        }
        for(jj=0;jj<n;jj++)
        {
            ss[jj]=ss[jj]-t[jj]*r[jj]/2.0;
            if (ss[jj]<0.0) ss[jj]=0.0;
            fw[jj]=ss[jj];
        }
        fe=gntn(fw,s);
        e=fe;
        printf("ITER = %d , ERROR = %f¥n",i,e);
    }
}

float gntn(float fw[32], float s[32])
{
    int   jf, n;
    float fe;

    n=32;
    fe=0.0;

    for(jf=0;jf<n;jf++) fe=fe+pow(fw[jf]-s[jf],2);
    return(fe);
}
```

各発光線は三角形の装置関数でコンボリューションされている．この(a)の測定データに対し，インバースフィルタ，ある帯域までのインバースフィルタリングした結果がそれぞれ，同図(b)および(c)である．(b)では雑音が増幅され，(c)では回復帯域が制限されることによりスペクトル強度に負値(物理的に有りえない)が発生しているのがわかる．

同図(d)は(a)に対して非負拘束のもとに処理した結果である．(e)は比較のため，(a)よりも高分解能で同じスペクトルを測定したものである．(d)では負値が発生せず，高分解能なスペクトルが再生され，(e)のスペクトルともよく一致している．この例では非負拘束が有効に働いていることがわかる．

8.10 失われたディジタルビットの回復

計測システムが制限を受けるのは周波数帯域にかぎった話ではない．たとえば，A-D変換も信号を失い得る．ビデオボードやビデオメモリに用いられるアナログ-ディジタル変換器は通常8ビットのものが使われている．つまり，アナログビデオ信号の電圧を0から255までの256段階の階調で表し，ディジタル記録をする．

このとき，最小ビットが表す電圧より小さい信号成分は失われ(量子化ビット数の不足)，最大ビットが表す電圧より大きい信号成分も失われる(ダイナミックレンジの不足，信号のクリッピング)．

科学計測においては，非常に大きいダイナミックレンジが必要な，すなわち長いビット数が必要な信号を扱うことが多い．そこで，ここでは有限のビット数で測定された信号からもとの信号を再生する手法について紹介する．その方法は前述の超解像法と類似である．

● 量子化誤差とは

図8.15(a)，(b)は，アナログ信号のサンプリング/量子化において，それぞれ，量子化ビット数およびダイナミックレンジの不足した例を示している．いずれの場合もサンプリング定理に基づくナイキスト周波数でサンプリングを行っている．

この信号を適当な内挿関数で内挿して得られるのが，同図(c)，(d)である．サンプリング周波数でのサンプリングを行っているにもかかわらず，信号は歪みを受けて再生されている．

● スーパーD，スーパーQの原理

ここで，**図8.15**(e)，(f)にあるように，サンプリング間隔をナイキスト周波数より高くとる．サンプリングとA-D変換により，アナログ信号の存在範囲は図中斜線部の範囲に限定される．

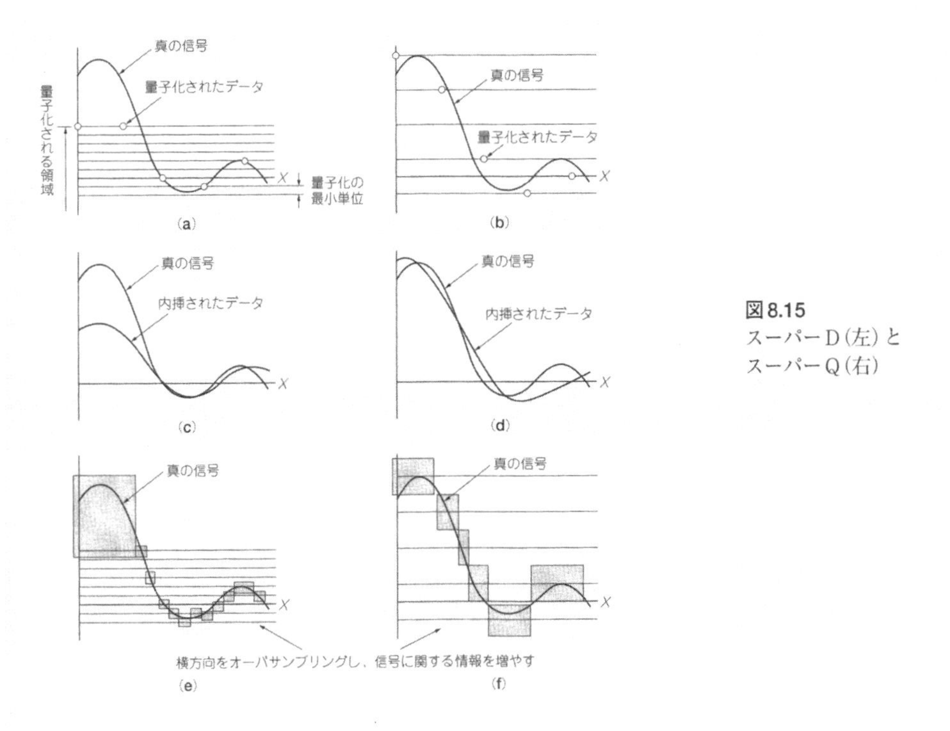

図8.15
スーパーD(左)と
スーパーQ(右)

そこで，このとき，各斜線四角部の幅はナイキストのサンプリングで決まるより狭くなり，それだけ信号に関する曖昧さは低下する．この測定信号は，なおも量子化による誤差を含んでおり，そのスペクトルはナイキスト周波数を超えて広がっている．したがって信号が有する帯域があらかじめわかっていれば(測定系に固有の測定帯域はわかっているはずである)，帯域外に広がったスペクトル成分をゼロにすることにより信号を修正できる．さらにスペクトル強度は非負値をとることは周知であるので，非負拘束を用いることができる．

(**c**)のようなダイナミックレンジが不足する場合の再生法を**スーパーダイナミックレンジ法**(略して**スーパーD**)，(**d**)のように量子化が不足する場合に有効な手法を**スーパーカンタイゼーション法**(略して**スーパーQ**)という．

この問題を解くためにも超解像の反復アルゴリズムを応用することができる．**図8.16**はスーパーDあるいはスーパーQをフーリエ分光のインターフェログラム信号に適用する際の計算のフローチャートである(フーリエ分光ではインターフェログラムを測定し，それをコンピュータでフーリエ変換することによりそのスペクトルを得る[5])．初期値としては測定されたインターフェログラム信号を用いる．これをフーリエ変換し，帯域外をゼロにし負値をゼロ

図8.16 スーパーDの計算法

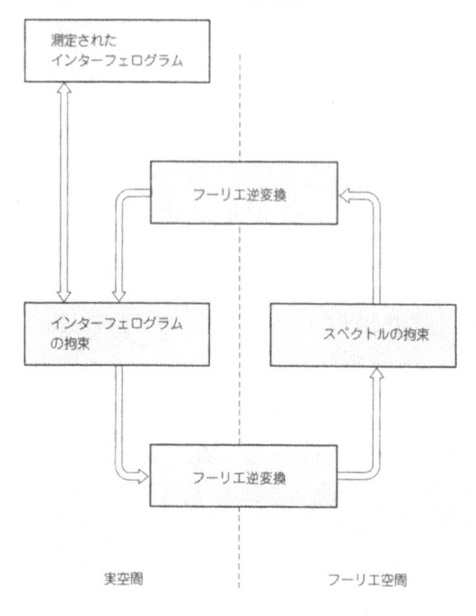

にする(スペクトルの拘束), その結果をフーリエ逆変換する. こうして得られたインターフェログラム信号は, 測定時に得られた図8.15(e), (f)の斜線の窓を満足しなくなる. そこでこのインターフェログラム信号が斜線部を通るように修正する. 十分に再生するまで以上の反復を繰り返す.

図8.17 スーパーDの実例

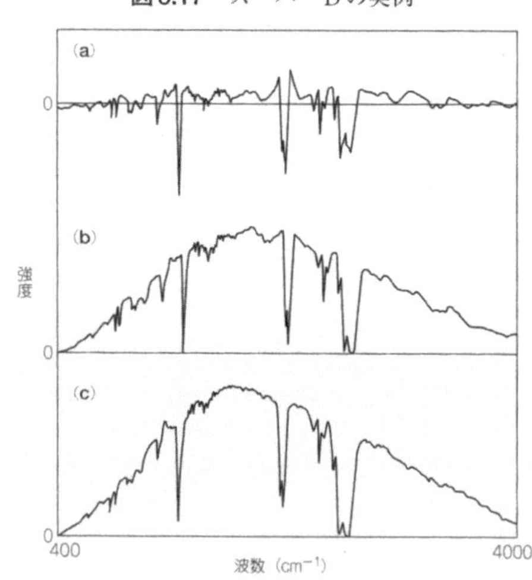

(a) ダイナミックレンジ不足で測定されたインターフェログラムのフーリエ変換(赤外スペクトル)
(b) スーパーDしたスペクトル
(c) 十分なダイナミックレンジをもって測定したスペクトル

図8.17に実際にスーパーDを行った結果を示す[6]. 図8.17(a)は測定されたシクロヘキサンのインターフェログラムの強度が大きい部分をクリップし, 強度が小さい部分のみを用いてフーリエ変換した結果得られるスペクトルである. 同図(b)は, 図(a)に対してスーパーDによって200回反復後に回復されるスペクトルである. ここでは, ナイキスト周波数で決まるサンプリング間隔の4倍細かいサンプリングを行っている.

図8.17 (c) は測定された全インターフェログラムから求めたスペクトルである．(b) と (c) はほとんど同じ程度のスペクトル形状をもっていることがわかる．結論として，この実験では数倍程度のダイナミックレンジの拡大が達成できている．

第8章のまとめ

1) 周波数帯域の制限，ダイナミックレンジや量子化の制限などによって歪みを受けた信号を，もとの信号に関する先験情報を利用することによって，回復できることができる．
2) アルゴリズムとしてはフーリエ変換を用いる反復法がわかりやすく使いやすい．収束を加速したいときには，6章の高速のアルゴリズムを導入することができる．

参考文献

1) Athanasios Papoulis, Signal Analysis, McGraw-Hill, New York, (1977)
2) Ronald N. Bracewell, The Fourier transform and its applications, McGraw-Hill, (1986)
3) Mischa Schwartz and Leonard Shaw, Signal processing:Discrete spectral analysis, detection, and estimation, McGraw-Hill, New York, (1975)
4) S. Lawrence Marple, Jr., Digital spectral analysis with applications, Prentice-Hall, San Diego, (1987)
5) Peter A. Jansson, Deconvolution with applications in spectroscopy, Academic Press, New York, (1984)
6) 河田聡編著,『超解像の光学』, 学会出版センター, 東京, (1999)

第9章 主成分分析，独立成分分析，2重固有値解析法

未知成分の発見と分離

成分分析といえば，たとえば試験管の中の未知試料に薬品を加え反応を見て試料に含まれる成分物質を検出する化学分析がまず思い浮かぶ．試験管と試薬をコンピュータとソフトウェアで置き換えることによって，未知試料の観測波形データに含まれる各成分の情報を数学的に分離・抽出することができる．

たとえば，複数の成分で構成される未知混合物試料の分光スペクトルを観測し解析することによって，含まれる成分の個数，成分の量，あるいは個々の成分のスペクトル波形を求めることができる．このような解析法は成分分析法と呼ばれ，化学分析のみならず，生物学，社会学，心理学の分野において古くから研究されてきた．最近では，脳波信号，音声信号，画像信号などの研究にも広く応用されている．本章で説明する種々の手法は，第6章で紹介した多変量解析，とくに主成分分析法を基礎としている．

9.1　多成分混合物の波形データの記述

波形データとして複数の成分からなる混合物試料を分光器で測定したときのスペクトル波形を例にあげて説明する．脳波や音声信号の時系列データ，空間分布データに対しても同じモデルを適用できる．

混合物の観測スペクトル波形は光の波長λの関数として得られた吸収や発光強度$x(\lambda_1)$，$x(\lambda_2)$，$x(\lambda_3)$，…，$x(\lambda_N)$（Nはデータ点数）であり，これを縦に並べてN次元列ベクトル$\boldsymbol{x}$で表現する．また，混合物を構成するM個の成分個々のスペクトル波形を同様にそれぞれ列ベクトルで$\boldsymbol{s}_1$，$\boldsymbol{s}_2$，…，$\boldsymbol{s}_M$とし，各成分の分量c_1，c_2，…，c_Mを縦に並べてM次元列ベクトル$\boldsymbol{c}$と表す．一般に，混合物スペクトルはM個の成分スペクトル波形の重ね合わせとして与えられ，重ね合わせの重みは成分量に比例することが知られている（**図9.1**）．

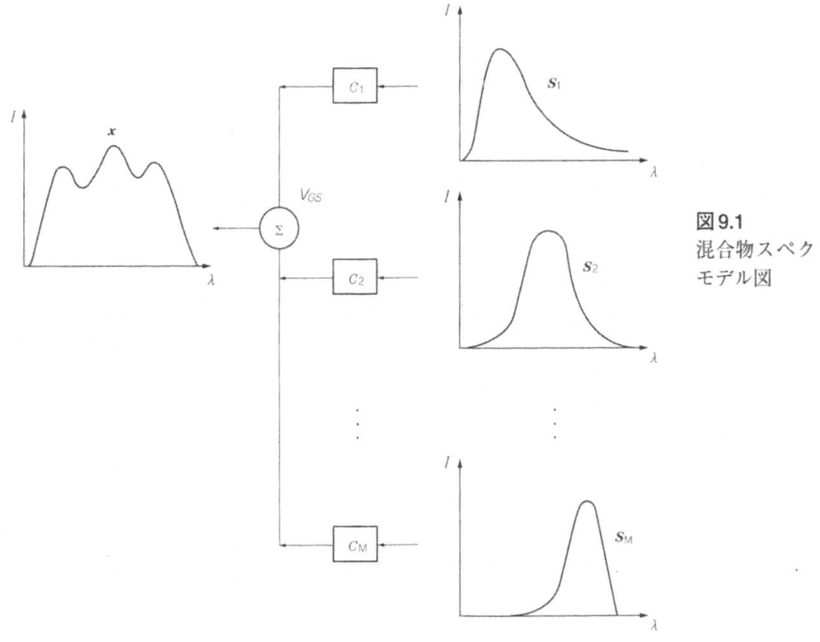

図 9.1
混合物スペクトルのモデル図

これを数式を用いて表すと，

$$\boldsymbol{x} = c_1\boldsymbol{s}_1 + c_2\boldsymbol{s}_2 + \cdots + c_M\boldsymbol{s}_M$$

$$\boldsymbol{x} = [\boldsymbol{S}]\boldsymbol{c} \qquad \cdots\cdots (9.1)$$

となる．ただし，$[\boldsymbol{S}]$ は成分スペクトルの列ベクトル $\boldsymbol{s}_1$，$\boldsymbol{s}_2$，…，$\boldsymbol{s}_M$ を横に並べた $N \times M$ 行列である．この式 (9.1) の線形関係が，以降に説明する成分分析法すべての大前提である．雑音の影響については処理過程で軽減する工夫がなされる．

また，線形でない物理現象については，式 (9.1) が使えないが，たとえば吸収測定の場合は，透過率を対数変換した吸光度とよばれる値を用いることによって線形な式で表される[1)]．また，限られた条件の下では線形な関係として近似できる場合がある．もし，線形な式への変換を忘れたり線形近似の条件を外れると，後述する解析法の結果はまったく物理的に意味のないものになってしまうので，注意を要する．

9.2　最小2乗法による成分量の求め方

基礎的な問題として，成分スペクトル$[\boldsymbol{S}]$が予備実験やライブラリによってわかっている場合に観測スペクトル$\boldsymbol{x}$から混合物の成分量$\boldsymbol{c}$を求める．簡単のため，測定波長数Nを成分の個数Mと同数と仮定する．このとき，式(9.1)はM個の未知数c_1，c_2，…，c_MについてN(=M)個の式からなる連立方程式となり，この方程式を解けば各成分の分量$\boldsymbol{c}$を求めることができる．この連立方程式を解く操作を線形代数学の様式で表すと，$M \times M$行列$[\boldsymbol{S}]$の逆行列$[\boldsymbol{S}]^{-1}$を用いて，

$$\boldsymbol{c} = [\boldsymbol{S}]^{-1}\boldsymbol{x} \qquad \cdots\cdots (9.2)$$

となる．つまり，観測スペクトル$\boldsymbol{x}$に成分スペクトルの逆行列$[\boldsymbol{S}]^{-1}$をかけることによって成分量$\boldsymbol{c}$を求めることができる．

● $N > M$の場合：最小2乗法の利用

次に，測定波長数Nが物質の個数Mより多い場合($N>M$)について考える．このときは第6章で説明した最小2乗法(多変量解析の用語では重回帰分析[2])が用いられる．最小2乗法では，N個の方程式に対して，それぞれの左辺と右辺の差を2乗し，それらを加え合わせた値(残差2乗和)が最小になるようにM個の未知数c_1，c_2，…，c_Mを求める．このような解は，ベクトル行列表記を用いて次式のように与えられる．

$$\boldsymbol{c} = ([\boldsymbol{S}]^{t}[\boldsymbol{S}])^{-1}\ [\boldsymbol{S}]^{t}\boldsymbol{x} \qquad \cdots\cdots (9.3)$$

ただし，tは行列の転置を意味する．行列$[\boldsymbol{S}]$から逆行列$[\boldsymbol{S}]^{-1}$や$([\boldsymbol{S}]^{t}[\boldsymbol{S}])^{-1}[\boldsymbol{S}]^{t}$を計算するアルゴリズムは数多くあるが，成分の個数がそれほど多くなければ数値解析の教科書に載っているガウスの消去法などの簡単なアルゴリズムで十分である[3]．

雑音についての情報がある場合には，重み付き最小2乗法を利用する．この手法では，成分量の推定に

$$\boldsymbol{c} = ([\boldsymbol{S}]^{t}[\boldsymbol{G}][\boldsymbol{S}])^{-1}[\boldsymbol{S}]^{t}[\boldsymbol{G}]\boldsymbol{x} \qquad \cdots\cdots (9.4)$$

を用いる．行列$[\boldsymbol{G}]$は重み行列と呼ばれ，雑音の共分散行列の逆行列を使う．各波長における雑音が独立な場合，$[\boldsymbol{G}]$は対角行列となり，対角要素は雑音の分散の逆数で与えられる．これは，N個の方程式のうち，雑音分散の小さい波長の式ほど重要視(重みづけ)して最小2乗規範を計算することに対応する．

● あらかじめわかっている知識を利用する：非負拘束付き最小2乗法の利用

成分量の推定精度を向上させるために式(9.1)の線形関係以外に試料についてあらかじめわ

かっている物理的な先験情報を利用して解を求める手法がある．**非負拘束付き最小2乗法**はその一つの手法で，「成分量は負の値をとることはない」という物理的先験情報を利用し，

$$\boldsymbol{c} \geqq \boldsymbol{0} \qquad \cdots\cdots (9.5)$$

という拘束条件の下で最小2乗規範により解を求めるものである[4]．不等式が入るために式(9.3)，式(9.4)のような形で解を表すことはできず，第6章で説明した非線形最適化アルゴリズムが必要になる．非負拘束付き最小2乗法でもっともよく用いられる二次計画法のアルゴリズムに基づいて作成したプログラムを**リスト9.1**に示す[5]．

リスト9.1　二次計画法のプログラム

```
#include <stdio.h>
#include <stdlib.h>
#include <math.h>

#define NCOMPONENT 3
#define NSAMPLE 100


main(int argc, char *argv[])
{
    static float spectrum[NCOMPONENT+1][NSAMPLE+1];
    static float data[NSAMPLE+1];
    static float result[NCOMPONENT+1];
    int i;

    ReadData( spectrum, data , argv[1]);

    NNLsm( spectrum, data, result );

    for( i = 1; i <= NCOMPONENT; i++ )
    {
        printf( "Component %d -> %f\n", i, result[i] );
    }

}

ReadData( spectrum, data, fname )
float spectrum[NCOMPONENT+1][NSAMPLE+1];
float data[NSAMPLE+1];
char fname[];
{
    int i, j;
    FILE *fp;
    static char buff[256];

    fp = fopen( fname, "rt" );
    if( fp == NULL )
    {
        printf( "Can't open file¥n" );
        exit(0);
```

リスト9.1 二次計画法のプログラム（つづき）

```
    }

    for( i = 1; i <= NCOMPONENT; i++ )
    {
        for( j = 1; j <= NSAMPLE; j++ )
        {
             fgets( buff, 256, fp );
             spectrum[i][j] = atof( buff );
        }
    }

    for( i = 1; i <= NSAMPLE; i++ )
    {
        fgets( buff, 256, fp );
        data[i] = atof( buff );
    }

    printf( "ReadData end¥n" );
}


NNLsm( spectrum, data, x )
float spectrum[NCOMPONENT+1][NSAMPLE+1];
float data[NSAMPLE+1];
float x[NCOMPONENT+1];
{
    float z[NSAMPLE+1];
    int i, j, k;
    static float r[NCOMPONENT+1][NCOMPONENT+1], rr;
    static float b[NCOMPONENT+1], bb;
    int nz;
    int np;
    static float iz[NCOMPONENT+1];
    float rx;
    static float w[NCOMPONENT+1];
    float wmax;
    int mi;
    int i1;
    static int ip[NCOMPONENT+1];
    static float b1[NCOMPONENT+1];
    static float r1[NCOMPONENT+1][NCOMPONENT+1];
    static float x1[NCOMPONENT+1];
    float sc;
    float sm;
    static int jz[NCOMPONENT+1];
    float al;
    int i2;
    float al1;
    int j1;


    for( i = 1; i <= NSAMPLE; i++ )
    {
        z[i] = 1.0;
    }
```

リスト9.1 二次計画法のプログラム（つづき）

```
for( j = 1; j <= NCOMPONENT; j++ )
{
    for( k = j; k <= NCOMPONENT; k++ )
    {
        rr = 0.0;
        for( i = 1; i <= NSAMPLE; i++ )
        {
            rr = rr + spectrum[j][i]*spectrum[k][i] / z[i];
        }
        r[j][k] = rr;
        r[k][j] = rr;
    }
}


for( j = 1; j <= NCOMPONENT; j++ )
{
    bb = 0.0;
    for( i = 1; i <= NSAMPLE; i++ )
    {
        bb = bb + spectrum[j][i]*data[i] / z[i];
    }
    b[j] = bb;
}

nz = NCOMPONENT;
np = 0;

for( i = 1; i <= NCOMPONENT; i++ )
{
    x[i] = 0.0;
    iz[i] = i;
}

while(1)
{
    for( i = 1; i <= NCOMPONENT; i++ )
    {
        rx = 0.0;
        for( j = 1; j <= NCOMPONENT; j++ )
        {
            rx = rx + r[i][j]*x[j];
        }
        w[i] = b[i] - rx;
    }

    if( nz == 0 )
        return;

    wmax = 1.0e-8;
    mi = 0;

    for( i = 1; i <= nz; i++ )
    {
```

リスト9.1　二次計画法のプログラム（つづき）

```
        i1 = iz[i];
        if( w[i1] > wmax )
        {
            wmax = w[i1];
            mi = i;
        }
    }

    if( mi == 0 )
        return;

    np = np + 1;
    ip[np] = iz[mi];

    iz[mi] = iz[nz];
    nz = nz - 1;

    for( i = 1; i <= np; i++ )
    {
        i1 = ip[i];
        for( j = 1; j <= np; j++ )
        {
            j1 = ip[j];
            r1[i][j] = r[i1][j1];
        }

        b1[i] = b[i1];
    }

    if( np == 1 )
    {
        x1[1] = b1[1]/r1[1][1];
    }
    else
    {
        for( i = 1; i <= np-1; i++ )
        {
            for( j = i+1; j <= np; j++ )
            {
                sc = r1[j][i]/r1[i][i];
                for( k = i+1; k <= np; k++ )
                {
                    r1[j][k] = r1[j][k] - sc*r1[i][k];
                }
                b1[j] = b1[j] - sc*b1[i];
            }
        }
        x1[np] = b1[np] / r1[np][np];
        for( i = np-1; i >= 1; i-- )
        {
            sm = 0.0;
            for( j = i+1; j <= np; j++ )
            {
                sm = sm + r1[i][j]*x1[j];
            }
```

リスト9.1 二次計画法のプログラム（つづき）

```
                x1[i] = (b1[i] - sm)/r1[i][i];
            }
        }

        j = 0;

        for( i = 1; i <= np; i++ )
        {
            if( x1[i] <= 0.0 )
            {
                j = j + 1;
                jz[j] = i;
            }
        }

        if( j == 0 )
        {
            for( i = 1; i <= np; i++ )
            {
                x[ip[i]] = x1[i];
            }
        }
        else
        {

            al = 1e10;
            mi = 0;
            for( i = 1; i <= j; i++ )
            {
                i1 = jz[i];
                i2 = ip[i1];
                al1 = x[i2]/(x[i2] - x1[i1]);
                if( al1 < al )
                {
                    al = al1;
                    mi = i1;
                }
            }

            for( i = 1; i <= np; i++ )
            {
                i1 = ip[i];
                x[i1] = (1.0 - al)*x[i1] + al*x1[i];
            }

            x[ip[mi]] = 0.0;

            nz = nz + 1;
            iz[nz] = ip[mi];
            ip[mi] = ip[np];
            np = np - 1;

        }
    }
}
```

● 実験例：混合物中の各成分の定量分析

実際に可視吸光分光による定量分析データについて，**図9.2**のプログラムを用いて成分量推定を行った例を紹介する．この実験では，3種類の色素(S_1：メチル・オレンジ，S_2：ブロモクレゾール・グリーン，S_3：インジゴカーミン)の混合物の可視吸光スペクトルを測定している．吸収分光光度計により測定されたデータは，先の注意事項で述べたように，線形関係を保つために対数アンプによって対数変換され，A-D変換されたあと，パソコンに送られる．

図9.2(**a**)，(**b**)に二つの混合物x_1，x_2の観測スペクトル(波長300nm～700nm，4nm毎101点)を示す．x_1は，3種の色素を0.6：0.3：0.2の比率で加えてあり，x_2はメチル・オレンジとブロモクレゾール・グリーンのみで，その比率は0.5：0.6である．この二つの混合物スペクトルに対し，**リスト9.1**に示したプログラムを用いて成分量推定を行った．成分スペクトルとしては，各標準色素を別々に8回分光測光し，その測定データの平均〔**図9.2**(**c**)〕を用いた．この標準スペクトルを用いて求められた成分量を**表9.1**に示す．

この表の値を見ると，混合物x_2は，成分S_3が含まれていないと推定されている．これらの値は，真値からの誤差が0.7%以内であり，この種の分析としてはかなり良い精度で得られているといえる．

また，**図9.3**(**a**)，(**b**)は，**表9.1**の値を用いて混合物スペクトル(実線)を各成分のスペク

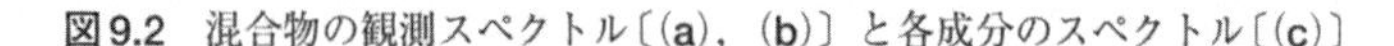
図9.2　混合物の観測スペクトル〔(**a**)，(**b**)〕と各成分のスペクトル〔(**c**)〕

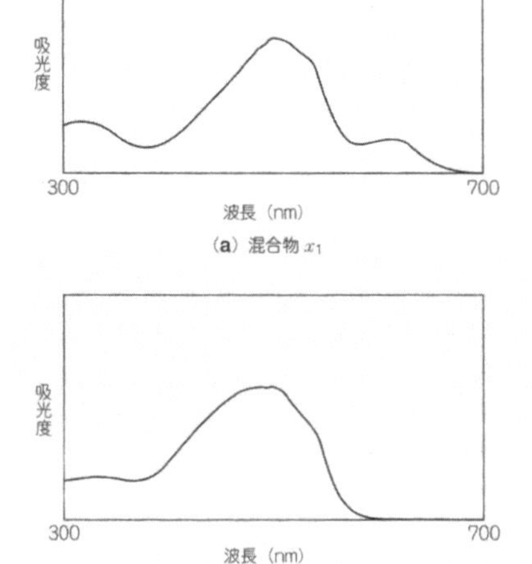

(**a**) 混合物 x_1

(**b**) 混合物 x_2

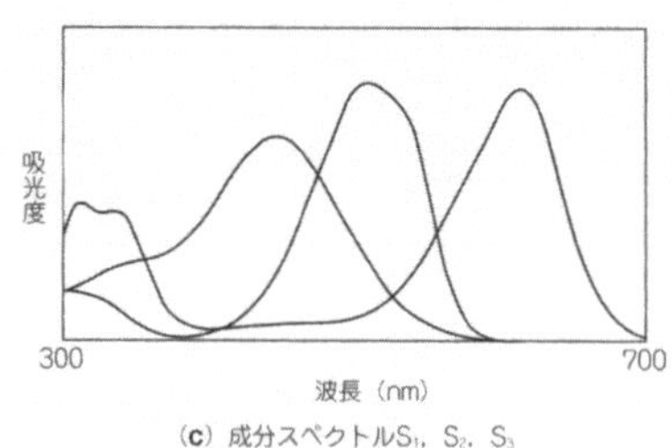

(**c**) 成分スペクトルS_1，S_2，S_3

成　分		S_1	S_2	S_3
混合物 X_1	真値	0.600	0.300	0.200
	推定成分量	0.602	0.298	0.201
混合物 X_2	真値	0.500	0.600	0.000
	推定成分量	0.501	0.599	0.000

表 9.1
非負拘束付き最小二乗法による成分量推定

図 9.3　分離スペクトル

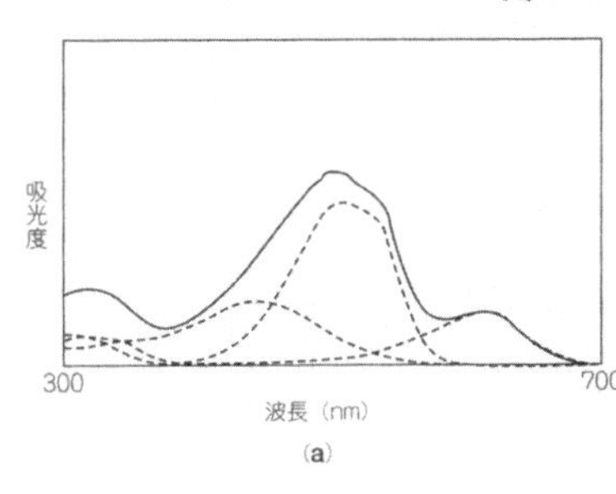

(a)

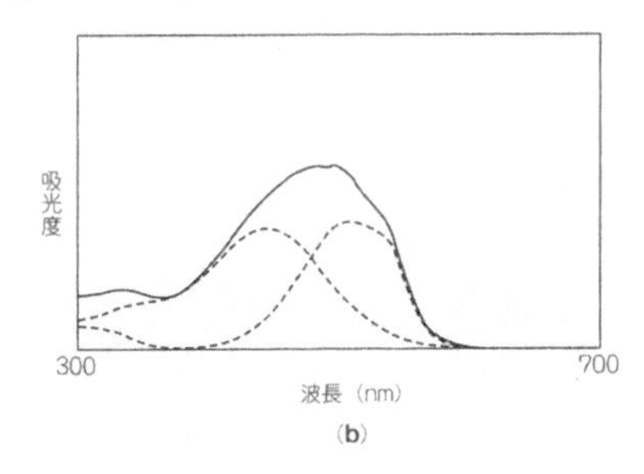

(b)

トル（点線）に分離して表したものである．この図を見ると，混合物スペクトルがどのような成分のスペクトルの重ね合わせであったかがよくわかる．同じデータについて最小2乗法，重み付き最小2乗法も実行し比較してみたが，非負拘束付き最小2乗法が，負値を避ける効果を発揮してもっとも高い推定精度を与えた．

9.3　未知混合物の成分数の推定法

成分量推定では，成分スペクトルの情報が得られている以前に，混合物中の成分の個数がわかっていなければならない．もし一つでも未知な成分が存在すると，前節で述べた手法は適用できない．そのような場合に，まず成分数を求めることも数学的に可能である．といっても，一つの観測スペクトル $\boldsymbol{x}$ をどのように処理しても成分数を決めることはできない．

ここでは成分量の異なる L 個の未知混合物のスペクトル $\boldsymbol{x}_1$, $\boldsymbol{x}_2$, …, $\boldsymbol{x}_L$ が観測されたとする．このようなデータは，たとえば，化学反応過程において未知の反応中間体が生成し，それらの成分量が刻々と変化する混合状態においてスペクトルを L 点の時刻で測定した場合や，成分ごとに空間分布の異なる混合物試料について L 箇所のポイントでスペクトルを測定した場合（多重分光画像）などで得ることができる．式（9.1）の線形な関係をここでも仮定し，混合物スペクトル $\boldsymbol{x}_1$, $\boldsymbol{x}_2$, …, $\boldsymbol{x}_L$ を横に並べた $N \times L$ 行列を $[\boldsymbol{X}]$，各混合物の成分量 $\boldsymbol{c}_1$, $\boldsymbol{c}_2$, …, $\boldsymbol{c}_L$ を並べて $N \times L$ 行列 $[\boldsymbol{C}]$ とすると，

$$[\boldsymbol{X}] = [\boldsymbol{S}][\boldsymbol{C}] \qquad \text{(9.6)}$$

という式が与えられる．この式において，成分スペクトル $[\boldsymbol{S}]$ も成分量 $[\boldsymbol{C}]$ がともに未知で

あったとしても観測スペクトルのセット $[\boldsymbol{X}]$ だけから成分数を求めることができる．

この解法は，線形代数学の**階数**(rank)という考え方にある．M 個の混合物スペクトルは成分量の違いによってさまざまな波形となるが，それらはまったく任意の波形ではなく，各成分のスペクトルの重ね合わせである以上，形の自由度は M しかない．すなわち，観測混合物スペクトルのセットがつくるベクトル空間の次元は M である．したがって，行列 $[\boldsymbol{X}]$ の階数を求めれば成分の個数 M が得られる．行列 $[\boldsymbol{X}]$ の階数すなわち成分数は，第6章で説明した固有値解析を利用すれば，自己相関行列 $[\boldsymbol{R}]$

$$[\boldsymbol{R}] = [\boldsymbol{X}]^t [\boldsymbol{X}] \quad \cdots\cdots (9.7)$$

の固有値のうち0でないものの個数として与えられる．ただし，観測スペクトルに含まれる雑音により，固有値にもばらつきが生じるので，雑音の分散よりも小さい固有値は0とみなし，分散以上の固有値の個数を成分数とする．

9.4　重畳波形からの成分スペクトルの分離推定

9.2節では成分量の解析法について述べたが，逆に成分量がわかっている場合に混合物スペクトルから成分スペクトルを推定することも，最小二乗法で行える．では，成分スペクトル $[\boldsymbol{S}]$ も成分量 $[\boldsymbol{C}]$ もわからない，すなわち試料はまったくの未知物質であった場合，観測混合物スペクトル $[\boldsymbol{X}]$ だけから成分の情報を得ることはできるだろうか？

成分数 M は $[\boldsymbol{S}]$, $[\boldsymbol{C}]$ ともに未知でも，前節で説明した手法で推定できる．しかし，成分数 M が決まったとしても，式(9.6)の行列の大きさが定まるだけであり，行列 $[\boldsymbol{S}]$ と $[\boldsymbol{P}]$ のすべての要素が未知のままでは，数学的に式(9.6)を解くことができない．測定波長数 N や混合物の個数 L を増やしても，方程式の数以上に未知数の個数が増加して解法にはつながらない．しかしこのような場合でも，式(9.6)以外の先験情報を付加することによって成分スペクトル $[\boldsymbol{S}]$ と成分量 $[\boldsymbol{C}]$ を同時に解析できる．このことについて，以下詳述しよう．

● 固有ベクトル展開と非負拘束条件による解法

まず，第6章で述べた固有ベクトル展開を用いて未知数の個数を減らす操作を行う．混合物スペクトル $[\boldsymbol{X}]$ は，$[\boldsymbol{X}][\boldsymbol{X}]^t$ の固有(列)ベクトルを横に並べた行列 $[\boldsymbol{U}]$ と $[\boldsymbol{X}]^t[\boldsymbol{X}]$ の固有(行)ベクトルを縦に並べた行列 $[\boldsymbol{V}]$ を用いて，

$$[\boldsymbol{X}] = [\boldsymbol{U}][\boldsymbol{S}][\boldsymbol{V}] \quad \cdots\cdots (9.8)$$

と分解できる．$[\boldsymbol{S}]$ は $[\boldsymbol{X}]^t[\boldsymbol{X}]$ または $[\boldsymbol{X}][\boldsymbol{X}]^t$ の固有値の平方根を対角要素に並べた対角行列である．固有値のうち0でないものは成分数 M と同数だけであり，したがって固有値0の

要素を除くと式(9.8)は$N \times M$行列$[\boldsymbol{U}]$，$M \times M$行列$[\boldsymbol{S}]$，$M \times L$行列$[\boldsymbol{V}]$で表される．さらに，これらの行列を用いると成分スペクトル$[\boldsymbol{S}]$と成分量$[\boldsymbol{C}]$は，それぞれ，

$$[\boldsymbol{S}] = [\boldsymbol{U}][\boldsymbol{T}] \quad \cdots\cdots (9.9)$$

$$[\boldsymbol{C}] = [\boldsymbol{T}]^{-1}[\boldsymbol{S}][\boldsymbol{V}] \quad \cdots\cdots (9.10)$$

と表すことができる．ここで，$[\boldsymbol{T}]$は$M \times M$係数行列である．式(9.9)，式(9.10)において，行列$[\boldsymbol{U}]$, $[\boldsymbol{V}]$, $[\boldsymbol{S}]$は固有値・固有ベクトル解析によって観測混合物スペクトル$[\boldsymbol{X}]$から求まるので，$[\boldsymbol{S}]$と$[\boldsymbol{C}]$を推定するための未知数は行列$[\boldsymbol{T}]$のM^2個の要素だけに整理することができる（スペクトル波形を面積で規格化する条件を加えると$M(M-1)$個の未知数となる）．しかし，式(9.6)の線形関係から解析できるのはここまでであり，観測データ$[\boldsymbol{X}]$だけから行列$[\boldsymbol{T}]$に関する情報を得ることはできない．

そこで，線形関係以外に試料についてあらかじめわかっている物理的な先験情報を利用して解を求める手法を導入する．まず，9.2節でも述べたように，成分量はどの成分の分量も負の値になることはない．また，スペクトルは発光強度や吸光度の波形であるから，すべての成分のスペクトルはいかなる波長においても負とはなり得ない．これらの物理的先験情報は，次の非負拘束条件として用いることができる．

$$[\boldsymbol{S}] \geqq [\boldsymbol{0}] \quad \cdots\cdots (9.11)$$

$$[\boldsymbol{C}] \geqq [\boldsymbol{0}] \quad \cdots\cdots (9.12)$$

式(9.11)，式(9.12)は方程式ほどには解を拘束しないが，全成分，全混合物，全波長についての膨大な個数の不等式であり，未知係数行列$[\boldsymbol{T}]$の解を強力に拘束する条件となる[6]．その結果，スペクトル$[\boldsymbol{S}]$は，一意的には求められないが，かなり狭い範囲にまで解をしぼり込むことができ，通常，波形を十分認識できる程度に決定づけられる．また，成分量$[\boldsymbol{C}]$についても同様に式(9.10)からある範囲内の値として推定することが可能である．

● 最小エントロピー規範を用いた解法

非負拘束条件は多くの物理パラメータに適用できるが，これ以上に解を拘束する物理的先験情報は一般的になかなか見あたらない．そこで，固有ベクトル展開と非負拘束条件で求まった各成分のスペクトルと成分量の取り得る範囲内から，さらに一意的に解を得るための方法として，1984年にエントロピー規範を利用した手法を提案した[7]．この方法は，各成分スペクトルの波形としての特徴情報を使って最適解（もっとももっともらしい解）を決めようというものである．

式(9.11)，式(9.12)の非負拘束条件を満足する$[\boldsymbol{S}]$の解の集合$[\boldsymbol{S}_{\mathrm{min}}] \leqq [\boldsymbol{S}] \leqq [\boldsymbol{S}_{\mathrm{max}}]$は，求めようとしている真の成分スペクトルのセットを含んでいるが，それ以外の解は非負拘束条

件を満足するものの，複数の成分のスペクトルが重畳し，それぞれの成分の特徴（ピークなど）が互いに影響し合った波形となっているはずである．

そこで，真の成分スペクトル$[\boldsymbol{S}]$を$[\boldsymbol{S}_{\mathrm{min}}]$と$[\boldsymbol{S}_{\mathrm{max}}]$の間から選び出すためには，各成分の推定スペクトルができるだけ似通っていない，すなわち，互いに波形として特徴的なものを捜せばよいと考えられる．これは情報エントロピーの最小化の考え方に対応しており，次式のHsを最小にするような解$[\boldsymbol{S}]$を求めればよい．

$$H_s = -\sum_{j=1}^{M}\sum_{k=1}^{N} a_{jk}\, ln\, a_{jk} \quad \cdots\cdots (9.13)$$

$$a_{jk} = \frac{\left|S_j''(\lambda_k)\right|}{\sum_{k=1}^{M}\left|S_j''(\lambda_k)\right|} \quad \cdots\cdots (9.14)$$

ただし，$S_j''(\lambda_k)$は$\boldsymbol{S}$のj番目の成分スペクトルの波長軸に関する二次微分（差分）を表し，a_{jk}は，それを各物質ごとに面積で規格化して絶対値をとったものである．この規範は，スペクトルのピークをできる限り局在させる働きがあり，各成分のピークの特徴を損なうことなく，かつほかの成分に干渉されないように解を選び出す．式(9.11)，式(9.12)の非負拘束条件下において式(9.13)のHsを最小にする解を求めるためには，さきほどと同様に黄金分割法，SUMT（Sequential Unconstrained Minimization Technique）などの非線形最適化アルゴリズムを利用する．

● 黄金分割法のアルゴリズム

黄金分割法は直接探索法の一つであり，一つの未知数tの関数$H(t)$を最小にする解を求めるアルゴリズムである[8]．スペクトル分離における係数行列$\boldsymbol{T}$の未知数の個数$M(M-1)$は2成分混合物($M=2$)については2個だが，未知数1個ずつについて式(9.13)のH_sを最小にする解を求めても最適解が得られることが理論的に示されている（3成分以上の場合には複数の未知数について同時に最適化する必要がある）．したがって，黄金分割法を2成分スペクトル推定に適用することができる．最適化の具体的な手順を示すと，

①式(9.11)，式(9.12)の非負拘束によるtの最小値t_{min}と最大値t_{max}を初期推定区間($t_{min}{}^{(0)}$, $t_{max}{}^{(0)}$)とし，また二つの初期探索点$z_{min}{}^{(0)}$，$z_{max}{}^{(0)}$を，

$$z_{min}{}^{(0)} = \tau\, t_{min}{}^{(0)} + (1-\tau)\, t_{max}{}^{(0)} \quad \cdots\cdots (9.15)$$

$$z_{max}{}^{(0)} = (1-\tau)\, t_{min}{}^{(0)} + \tau\, t_{max}{}^{(0)} \quad \cdots\cdots (9.16)$$

と与える．ただし，τは黄金分割比

$$\tau = (5-1)/2 \sim 0.618 \quad \cdots\cdots (9.17)$$

である．

②探索点 $z_{min}{}^{(m)}$，$z_{max}{}^{(m)}$ について，$H(z_{min}{}^{(m)})$ と $H(z_{max}{}^{(m)})$ を求め，$H(z_{min}{}^{(m)}) > H(z_{max}{}^{(m)})$ ならば，

$$
\begin{aligned}
t_{min}{}^{(m+1)} &= z_{min}{}^{(m)} \\
t_{max}{}^{(m+1)} &= t_{max}{}^{(m)} \\
z_{min}{}^{(m+1)} &= z_{max}{}^{(m)} \\
z_{max}{}^{(m+1)} &= t_{max}{}^{(m)} - (z_{max}{}^{(m)} - z_{min}{}^{(m)})
\end{aligned}
\quad \cdots\cdots (9.18)
$$

$H(z_{min}{}^{(m)}) > H(z_{max}{}^{(m)})$ ならば，

$$
\begin{aligned}
t_{min}{}^{(m+1)} &= t_{min}{}^{(m)} \\
t_{max}{}^{(m+1)} &= z_{max}{}^{(m)} \\
z_{max}{}^{(m+1)} &= t_{min}{}^{(m)} + (z_{max}{}^{(m)} - z_{min}{}^{(m)}) \\
z_{max}{}^{(m+1)} &= z_{min}{}^{(m)}
\end{aligned}
\quad \cdots\cdots (9.19)
$$

とする.

③ $m = m+1$ として②に戻る.

以上の操作を推定区間が十分小さくなるまで繰り返し，最終の推定値としては $t_{min}{}^{(m)}$ と $t_{max}{}^{(m)}$ の平均値をとる．この黄金分割法を係数行列の要素について行えば各成分のスペクトルを推定できる.

● キシレン異性体のスペクトル分離推定への適用例

図9.4に実験例を示す[7]．**図9.4**(**a**)はキシレンの三つの異性体(o-，m-，p-)をさまざまな成分量で混ぜ合わせた19種類の混合物試料について赤外吸収スペクトルを観測したデータである.

これらは，いずれも**図9.4**(**b**)の3種類の成分のみから構成されているが，それぞれにおいて成分量比が違うために異なったスペクトル波形になっている.

図9.4(**a**)のスペクトル波形のセットについて式(9.7)の自己相関行列を計算し，その固有値を求めると，**表9.2**のような結果が得られる．4番目以降の固有値は雑音レベルより十分小さく，成分数は3個であることが示されている.

表9.2　キシレン混合物スペクトルデータの固有値解析結果

	Eigenvalues
1	0.59
2	0.39 × 10⁻¹
3	0.11 × 10⁻¹
4	0.56 × 10⁻⁴
5	0.45 × 10⁻⁵
6	0.31 × 10⁻⁶
7	0.15 × 10⁻⁶
8	0.11 × 10⁻⁶
9	0.76 × 10⁻⁷

主成分分析(固有ベクトル解析)を行うと，**図9.4**(**c**)の三つの固有ベクトルが求まる．**図9.4**(**b**)の成分スペクトル波形は式(9.9)より**図9.4**(**c**)の三つの固有ベクトルの線形結合で表わせるはずである．式(9.11)，式(9.12)の非負拘束条件を満足する行列 $\boldsymbol{T}$ の範囲を式(9.11)に代入して各成分スペクトル波形の存在域を求めた結果が図

図9.4　実験例

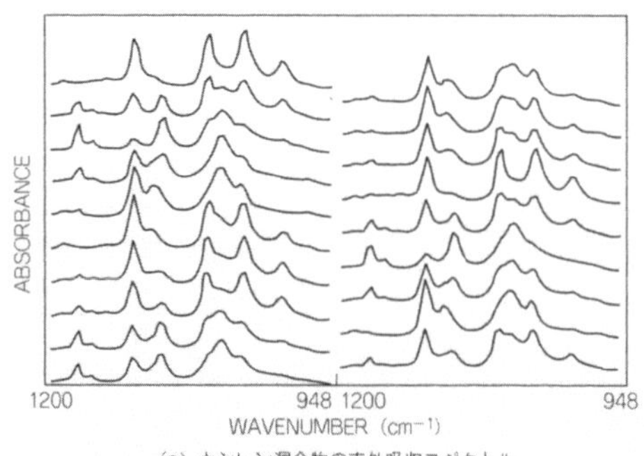

(a) キシレン混合物の赤外吸収スペクトル

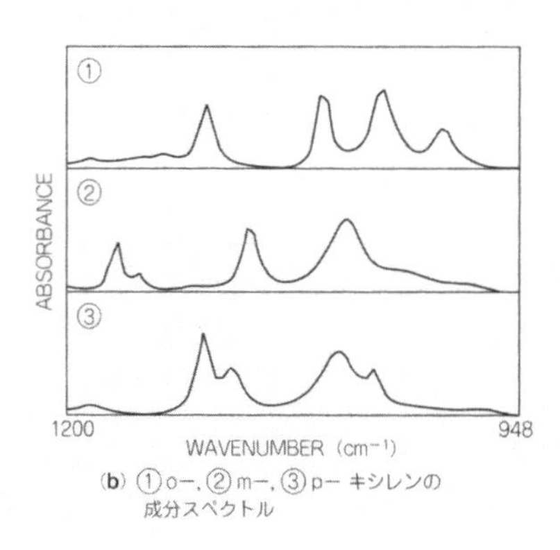

(b) ①o－, ②m－, ③p－ キシレンの成分スペクトル

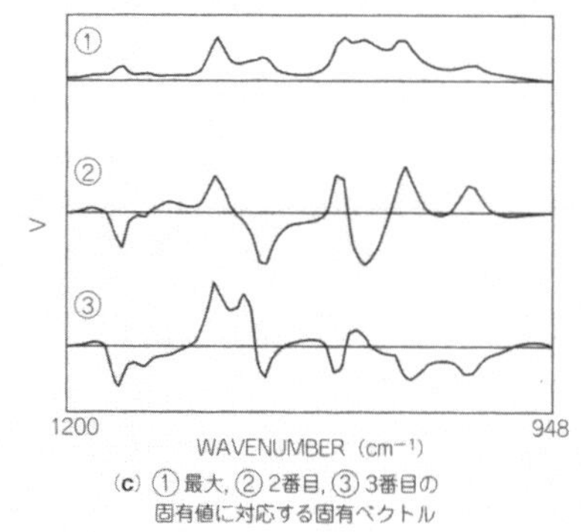

(c) ①最大, ②2番目, ③3番目の固有値に対応する固有ベクトル

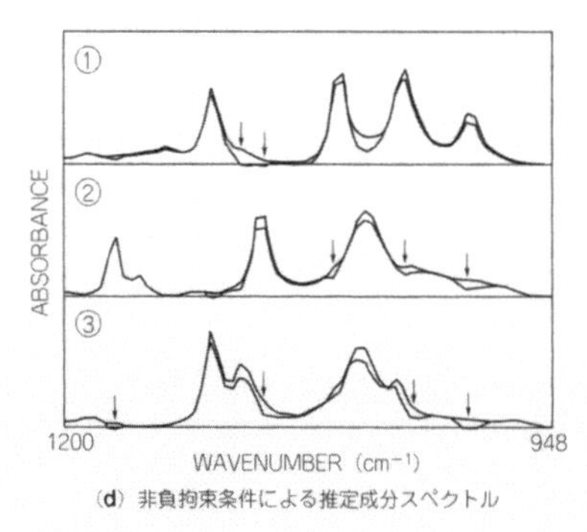

(d) 非負拘束条件による推定成分スペクトル

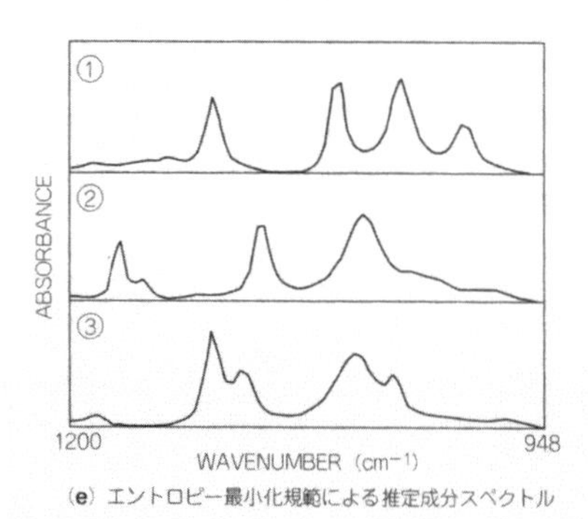

(e) エントロピー最小化規範による推定成分スペクトル

9.4(d)である．解は一意的ではなく，上限と下限を定めたバンドとして与えられているが，ピーク位置などの情報はこの図から十分認識できる．さらに，**図9.4**(**d**)の成分スペクトルのバンドの中から，最小エントロピー規範によりもっとも尤もらしい成分スペクトルを推定した結果を**図9.4**(**e**)に示す．これらは，三つのキシレンの異性体の純粋成分スペクトル〔**図9.4**(**b**)〕に非常によく一致しており，本手法の有効性が示されている．

9.5 独立成分分析法による成分スペクトル推定

脳波解析などの分野では，**独立成分分析**と呼ばれる手法がJuttenとHeraultによって1991年に提案され，広く興味がもたれている[9]．脳のいくつかの活動部位から発せられる脳波，脳磁波が重畳して観測された時系列データから，各成分の波形を分離抽出することを目的としたもので，これはスペクトル波形を脳波の時系列データで置き換えれば，これまでに扱った問題と同じである．

ただし，対象とするデータは，前節までのような決定論的な波形ではなく，脳波に見られるように一見不規則に変動する雑音のような波形を扱い，したがって確率過程として記述し統計的処理に基づいて成分波形の推定を行う手法である．ここでは脳波を例にあげて簡単に説明する．

独立成分分析においても式(9.6)の線形関係を考え，行列$\boldsymbol{S}$を構成する各成分波形$\boldsymbol{s}_1$，$\boldsymbol{s}_2$，…，$\boldsymbol{s}_M$が脳の各活動部位からの電位波形や磁場波形を表すとする．外部からの雑音や脳自体が発生する雑音も成分波形として含めることができる．独立成分分析の仮定としては，これらの成分波形がどれも確率過程として記述されるものであり，かつそれらが互いに「独立」な過程であることが条件となる．ここで独立とは，M個の成分のM次元確率密度関数$p(\boldsymbol{s}_1(t)，\boldsymbol{s}_2(t)，…，\boldsymbol{s}_M(t))$が各成分の確率密度関数の積$p(\boldsymbol{s}_1(t))\ p(\boldsymbol{s}_2(t))\cdots p(\boldsymbol{s}_M(t))$で与えられる状態をいう．

● 高次モーメントに基づく独立成分の解法

独立成分分析は，**図9.5**のニューラルネットワークを構成する[9]．ネットワークへの入力は複数の異なるセンサ(たとえば異なる位置に配置されたマイクロホン)によって得られる時系列データ$\boldsymbol{x}_1(t)$，$\boldsymbol{x}_2(t)$，…，$\boldsymbol{x}_M(t)$であり，ネットワークからの出力は各成分の推定波形$\boldsymbol{s}_1(t)$，$\boldsymbol{s}_2(t)$，…，$\boldsymbol{s}_M(t)$である．ここでは簡単のため，観測時系列データの個数と成分の個数が等しい，すなわち，式(9.6)における成分量$[\boldsymbol{C}]$が正方行列であるとする．ネットワークの係数r_{ij}〔$(i=1，…，M)$，$(j=1，…，M，i\neq j)$〕は適当な初期値からしだいに変化して適応

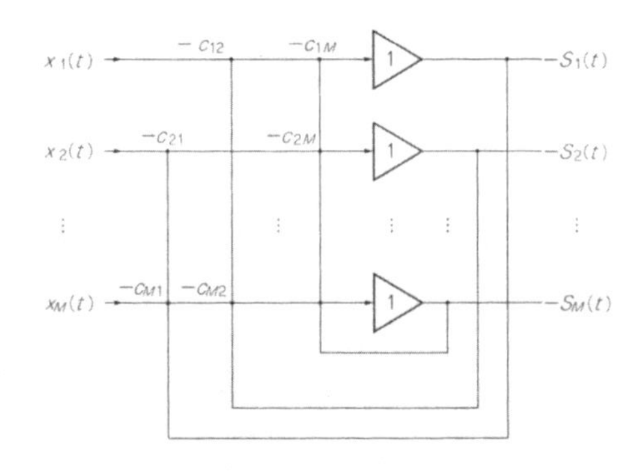

図9.5 独立成分分析のためのニューラルネットワーク

化する変数である．

r_{ij}を変化させていくルールとしては，その時点における出力$s_i(t)$，$s_j(t)$を用いて変化量dr_{ij}を，

$$dr_{ij} = \sum\sum a_m b_n s_i^{2m+1}(t)\, s_j^{2n+1}(t) \qquad \cdots\cdots (9.20)$$

で与え，これが0になるまで，あるいは十分小さい値になるまで反復を繰り返す．ここで，a_m，b_nは適当な係数であり，係数の定め方によって式(9.20)の右辺は$s_i(t)$，$s_j(t)$を変数とする逆正接関数や符合関数などの種々の非線形な奇関数の積としても与えられる．出力が収束したとき($dr_{ij}=0$)，奇数次のモーメント$\langle s_i^{2m+1}(t)\ \ s_j^{2n+1}(t)\rangle$ ($\langle\cdot\rangle$は期待値を表す)はすべての次数n，mについて0になる．これは，$s_i(t)$，$s_j(t)$が互いに独立であるときに成り立ち，したがってニューラルネットワークは観測時系列データ$x_1(t)$，$x_2(t)$，…，$x_M(t)$の線形結合でかつ確率過程として独立な波形を出力$s_1(t)$，$s_2(t)$，…，$s_M(t)$として与えることになる．

● 相互情報量を規範とした独立成分分析法

独立成分分析法には奇数次のモーメント以外にも種々の規範を用いた手法が提案されている．ここでは，**相互情報量**を用いた独立成分分析法について説明する[10]．

本手法の手順としては，まず，式(9.8)の固有ベクトル展開を行い，成分波形を式(9.9)のように未知行列$\boldsymbol{T}$で表す．行列$\boldsymbol{T}$を決めるための規範としては，独立という仮定から，成分波形の相互情報量

$$k=\int P(s_1(t),\ s_2(t),\cdots,\ s_M(t))\ ln\frac{P(s_1(t),\ s_2(t),\cdots,\ s_M(t))}{\prod_{d=1}^{M}P(s_j(t))}ds_1ds_2\cdots ds_M \quad \cdots (9.21)$$

をもっとも小さくする解を求める．この相互情報量とは，専門的な言葉を使うと，各成分の周辺確率密度関数から求めた情報エントロピーの総和から全成分の同時確率密度関数の情報エントロピーを差し引いた値である．

理論的に，相互情報量は負の値をとることはなく，各成分波形が独立のとき0になる．こ

の特性から独立性の指標として一般に用いられている．相互情報量を最小化する行列$\boldsymbol{T}$の解を求めるには，これまでと同様に，非線形最適化アルゴリズムが使われる．式(9.20)の奇数次のモーメントに基づく手法は式(9.21)の相互情報量を多項式によって近似したものと考えることができる．

ここで，すでに紹介した最小エントロピー法とこの独立成分分析法を比べてみると，どちらも固有ベクトル展開で直交化，無相関化する操作を行う点では同じだが，対象とするデータに対する取り扱いが前者が決定論的な波形とするのに対し，後者は確率過程論に波形を見る(それは事実とは異なるが…)点で本質的に異なっており，また，成分分離のために注目するポイントが，前者はピークなどの特徴であるのに対し，後者は確率過程論的，独立性である点において違っている．

ところが，推定手法の中でもっとも重要である成分分離規範は，式(9.13)と式(9.21)を見比べてわかるように，どちらも情報エントロピーに関する値であり，きわめて類似する．まったく異なる分野で開発された二つの手法だが，結果的にどちらも情報エントロピーの概念からもっとも尤もらしい成分波形を求めようという考え方が共通するところは興味深い．

9.6　先験情報や経験的規範を使わない成分スペクトル推定法：2重固有値解析法

前節まででは，最小エントロピー，あるいは独立性という規範を導入したが，これらの方法はその規範の下での尤もらしい解を与えるものの，真の解が必ず得られるとはかぎらない．あくまで規範の下での最適解が得られるだけである．しかし，観測データの次元を上げることができれば，非負拘束条件などの先験情報や最適化規範をまったく用いずに，成分スペクトルと成分量を一意的に決定することができる[11]．この手法は，理論的にもエレガントであり，かつ解法としてもきわめてシンプルなものであり，規範を用いず正しい成分分析を行うことのできる有効な手法である．

ここで必要な条件は，「ある物理パラメータを変えると成分スペクトルが形状を変えずに全体の高さ・面積が変化し，その変化量が成分ごとに異なる」ことである．これはたとえば，蛍光スペクトル測定において，励起する光の波長(ある物理パラメータ)を変えると，成分によって吸収係数の波長依存性が異なるため励起される効率が変化し，蛍光スペクトルに異なる強度変化が現れるが，スペクトル形状は成分に固有で変化しない，といった場合に対応する．この例を用いて以降説明する．

いま，成分量の異なるL個の未知混合物試料を異なる二つの波長λ_1，λ_2の光で励起し，それぞれに観測波長を変えて蛍光スペクトルを測定したとする．二つの励起波長についての観測蛍光スペクトルのセット$\boldsymbol{X}_1$，$\boldsymbol{X}_2$は，式(9.6)と同様に，

$$\boldsymbol{X}_1 = \boldsymbol{S}_1\boldsymbol{C} \quad \cdots\cdots (9.22)$$

$$\boldsymbol{X}_2 = \boldsymbol{S}_2\boldsymbol{C} \quad \cdots\cdots (9.23)$$

と与えられる．ここで，行列$\boldsymbol{S}_1$，$\boldsymbol{S}_2$は，λ_1，λ_2の励起光に対する各成分の蛍光スペクトルを表す．成分の分量$\boldsymbol{C}$は励起波長とは関係ないので式(9.22)，式(9.23)で共通である．したがって観測データが$\boldsymbol{X}_1$，$\boldsymbol{X}_2$，未知行列は$\boldsymbol{S}_1$，$\boldsymbol{S}_2$，$\boldsymbol{C}$の三つとなる．

ここで，励起光の波長を変えても各物質の蛍光スペクトルの形状は変わらないことから，$\boldsymbol{S}_1$と$\boldsymbol{S}_2$は，未知の対角行列$\boldsymbol{A}$を用いて次式のように結びつけることができる．

$$\boldsymbol{S}_2 = \boldsymbol{S}_1\boldsymbol{A} \quad \cdots\cdots (9.24)$$

ただし，$\boldsymbol{A}$の対角要素は各成分について二つの励起波長における蛍光強度の比を並べたものであり，これはλ_1，λ_2における吸収係数の比として与えられる．式(9.24)を式(9.23)に代入し，かつ$\boldsymbol{X}_1$の固有ベクトル展開を式(9.8)と同様に，

$$\boldsymbol{X}_1 = \boldsymbol{USV} \quad \cdots\cdots (9.25)$$

と表し，式(9.9)，式(9.10)で導入した未知行列[$\boldsymbol{T}$]を使うと，

$$\boldsymbol{X}_2 = \boldsymbol{UTAT}^{-1}\boldsymbol{SV} \quad \cdots\cdots (9.26)$$

となる．ここで，行列$\boldsymbol{B}$を，

$$\boldsymbol{B} = \boldsymbol{U}^t\,\boldsymbol{X}_2\,\boldsymbol{V}t\,\boldsymbol{S}^{-1} \quad \cdots\cdots (9.27)$$

と定義し，これを式(9.25)に代入して変形すると，

$$\boldsymbol{TBT}^{-1} = \boldsymbol{A} \quad \cdots\cdots (9.28)$$

となる．$\boldsymbol{A}$が対角行列であることより，式(9.28)は行列$\boldsymbol{B}$の固有値，固有ベクトルをそれぞれ並べた行列が$\boldsymbol{A}$と$\boldsymbol{T}$であることを示している．

したがって解析手順としては，まず励起波長λ_1についての観測蛍光スペクトルセット$\boldsymbol{X}_1$の固有値，固有ベクトルを計算して行列$\boldsymbol{U}$，$\boldsymbol{S}$，$\boldsymbol{V}$を求め，これらと励起波長λ_2の観測スペクトルセット$\boldsymbol{X}_2$を式(9.27)に代入して行列$\boldsymbol{B}$を計算し，さらにもう一度，この行列$\boldsymbol{B}$の固有値と固有ベクトルを解析すると行列$\boldsymbol{A}$と$\boldsymbol{T}$が求められる．この$\boldsymbol{T}$を式(9.9)，式(9.10)に代入すれば各成分の蛍光スペクトル波形と成分量が一意的に決定されるとともに，二つの励起波長における吸収係数の比も$\boldsymbol{A}$によって与えられる．

以上の操作には，明らかに先験情報や経験的規範は用いておらず，観測データに励起波長の次元が加わっただけで未知行列が一意的に推定できるのである．本手法の応用例としては，

アクリジン・オレンジで染色した細胞の多重蛍光分光画像からDNAとRNAのスペクトル成分推定と各成分の空間分布パターン解析を行った実験がある[11].

参考文献

1) G. W. Ewing, *Instrumental Methods of Chemical Analysis*, McGraw-Hill, 1960

2) 奥野忠一ほか,『多変量解析法』, 日科技連, 1971

3) 牧之内三郎, 鳥居達生,『数値解析』, オーム社, 1975

4) D. J. Leggett, "Numerical Analysis of Multicomponent Spectra", *Analytical Chemistry*, 49, 276-281, 1977

5) C. L. Lawson and R. J. Hanson, *Solving Least Squares Problems*, Prentice-Hall, 1974

6) K. Sasaki, S. Kawata, and S. Minami, "Constrained Nonlinear Method for Estimating Component Spectra from Multicomponent Mixtures" *Appl. Opt.*, 22, 3599-3603, 1983

7) K. Sasaki, S. Kawata, and S. Minami, "Estimation of Component Spectral Curves from Unknown Mixture Spectra" *Appl. Opt.*, 23, 1955-1959, 1984

8) S. Kawata, H. Komeda, K. Sasaki, and S. Minami, "Advanced Algorithm for Determining Component Spectra Based on Principal Component Analysis" *Appl. Spectrosc.*, 39, 610-614, 1985

9) C. Jutten and J. Herault, "Blind Separation of Sources, Part I: An Adaptive Algorithm Based on Neuromimetic Architecture" *Signal Processing*, 24, 1-10, 1991

10) 池田思朗,「独立成分解析の信号処理への応用」,『計測と制御』, 38 461-467, 1999

11) K. Sasaki and S. Kawata, "Component Pattern Separation of Unknown-Mixture Images by Double Eigenvector Analysis" *J. Opt. Soc. Am. A*, 7, 513-516, 1990

付録 FORTRAN,BASICユーザーのためのC言語解説

本書に掲載したプログラムは，すべてC言語(C++)で記述してある．C言語は，近年広く使用されるようになってきたが，FORTRANやBASICを使ってきた方には，まだまだなじみの薄い言語かもしれない．そこでここでは，FORTRANやBASICユーザーのためにC言語を解説する．FORTRANやBASICと比較しながら，言語間でプログラムを移植する際の注意点などについて解説する．

はじめに ―― C言語について

C言語は，1972年にUNIXシステム上で最初に設計された．それ以来，CはUNIXシステムの標準的なプログラミング言語として使われている．近年，UNIXは小型のパーソナルコンピュータから超大型のスーパーコンピュータまで，そのオペレーティングシステム(OS)として幅広く使用されているので，それとともにCもさまざまなコンピュータ上で使われている．これほどまでにUNIXが幅広く使われるようになった理由の一つは，UNIXそのものがCでプログラミングされていたからである．

OSやデバイスドライバなどの基本プログラムは，ハードディスクやディスプレイ，キーボードなどコンピュータのハードウェアを直接制御しなければならないので，それらを開発するには，機械語(もしくはアセンブリ言語)が用いられていた．しかし機械語で書かれたプログラムは可読性が非常に悪く，プログラムの修正や移植が困難だった．それに対しC言語は汎用のプログラミング言語でありながら比較的低水準な言語であるので[注1]，C言語でも，ハードディスクユニットのハードウェアなどを直接コントロールするような基本的なプログラムも容易に記述できる．

注1：コンピュータのプログラミング言語では，人間の言葉に比較的近い言葉でプログラミングできる言語を「高水準言語」と呼び，コンピュータが直接理解・実行できる機械語に近い言語を「低水準言語」と呼ぶ．つまり，アセンブリ言語のように機械語と1対1に対応したようなものが低水準言語であり，FORTRAN, BASICなどは高水準言語である．C言語は，機械語よりは高級言語であるが，FORTRAN, BASICよりは低水準な処理も記述できる言語であると位置づけられる．

OSやデバイスドライバなどの基本プログラムが機械語より高水準なC言語でプログラミングできるようになると，プログラムの読みやすさや移植性が向上し，結果としてOSそのものの開発効率が向上する．しかもCコンパイラ自体もCでプログラミングできるので，新しく作ったOS上にも容易に移植できる．すると新しく開発した高機能なOS上で，さらに高機能なOSやCコンパイラが作成される．このように，まるで自己増殖するかのようにOSやC言語の処理系自身が発達していった．OSや言語処理系が発達すると，当然のことながらそのOS上で使用できるアプリケーションソフトも多く開発される．これがUNIXならびにC言語が急速に進化し，世界中のコンピュータに幅広く広がっていった理由の一つである．

繰り返しになるがC言語は汎用のプログラミング言語なので，特定のOSと結びついていない．C言語がもつ「低水準な処理もプログラミングできる」という特徴は，科学計測ならびにその後のデータ処理にも非常に有効な武器となる．パソコンなど小型コンピュータの性能が非常に向上してきた現在，計測とその後のデータ処理を同じコンピュータで同時に行うのはもはや当然で，専用の計測装置で測定したデータを，磁気テープや磁気ディスクに入れて大型コンピュータへ移してから処理するというのはもはや過去の話である．つまり1台のコンピュータは，計測機器を直接コントロールするという低水準な仕事と，データ処理という比較的高水準な仕事を同時にこなさなければならない．

C言語はこのような要求に柔軟に対応できる．本書では，こういった背景をもとに，『科学計測のための波形データ処理』，『科学計測のための画像データ処理』でBASICや機械語で書かれていたプログラムを，C言語に書き直してある．

近年では，いろいろな言語処理系が開発されているため，細かなところまで比較することは困難である．ここでは標準的な処理系について比較を行いながら，FORTRAN，BASICユーザーがCで書かれたプログラムを解読したり，実際にプログラミングできるようにC言語を解説する．

1. プログラムの構造

C言語で書かれたプログラムは，実際の処理を記述する一つ以上の”関数”からなる．C言語における関数は，FORTRANやBASICの関数やサブルーチンと同じである．関数は，関数名の次にカッコ()で囲まれた引き数のリストを書き，その次に関数そのものを構成する実行文を中カッコ{}で囲んで定義する．関数を呼ぶときは，その名前の後ろにカッコ付きの引き数リストを書けばよい．関数の引き数リストを示すカッコ()は必ず必要で，関数に引き数がない場合でも空のカッコを書く．関数には好きな名前をつけてよいが，main()という名前は特別な名前として定義されており，プログラムの実行は必ずこのmain()の先頭から始まる．つまりCのプログラムには，必ず一つのmain()がある．このmain()はFORTRANにおける主プログラムと同じものと考えればよい．

C言語のプログラムでは，FORTRANやBASICと異なり小文字が使用される．変数名や関数名には大文字も使用できるが，大文字と小文字は区別されるので，先ほどのmain()をMAIN()と書くと別の関数として扱われ，エラーになる．また，それぞれの実行文は，セミコロン";"によって区切られ，スペースや改行，タブによる段付け(インデント)は，人間がプログラムを読む際の手助けの役目しかしない．したがって，プログラムの流れや制御構造が読みやすいように適時改行，スペースを挿入して記述することができる．FORTRANでは，プログラムを書くとき，文字の開始位置までもが規定されている．またBASICでもプログラム中の各実行文は行番号によって管理されている．これらに比べるとCでは比較的自由な書式でプログラムを記述できる．

2. 変数の型

C言語においても，変数には整数型，実数型などの"型"が存在する．それぞれの言語で使用できる変数の型を**表1**に示す．表記の違いはあるが整数型，実数型に関しては，どの言語も同じように用意されている．しかし複素数型，論理型が標準で用意されているのはFORTRANのみである．

C言語では，変数を使用するには，必ずそれぞれの関数の初めで使用する変数すべてを変数の型とともに宣言しなければならない．宣言せずに変数を使用することはできない．このような変数の型宣言はFORTRANでも必要だが，FORTRANには暗黙の型宣言というものが存在する．変数名の頭文字がI，J，K，L，M，Nである場合は整数型変数，それ以外の英

表1 変数の型の比較

	C	FORTRAN	BASIC
整数型	int	INTEGER (INTEGER*4)	DEFINT, A%
実数型	float	REAL (READ*4)	DEFSNG, A!
倍精度実数型	double	DOUBLE PRECISION (REAL*8)	DEFDBL, A#
複素数型	定義なし	COMPLEX (COMPLEX*8	定義なし
論理型	定義なし	LOGICAL	定義なし
文字型	char	CHARACTER	DEFSTR, A$

* A%, A!...，それぞれ変数名の後に"%"，"!"..を付けるという意味

字の場合には実数型変数と明示的に型宣言を行わなくとも設定される．このような暗黙の型宣言は，C言語にはない．

BASICでは使用する変数を前もって宣言する必要はなく，必要なときに自由に使用してよい．数値変数の型は，BASICのシステムが自動的に判断して設定してくれるので，型を意識するのは，数値変数か文字変数かの区別だけである．ただし，数値変数であっても必要であれば**表1**に示した宣言文を用いて明示的に宣言することが可能である．また，型宣言文以外に`A!`，`A#`，`A%`，`A$`のように変数名の後ろに記号(`!`，`#`，`%`，`$`)を付加することによって変数の型を宣言することもできる．

3. 型の変換

型の変換とは，型の異なる変数間で演算や代入を行った場合の処理のことである．C言語には，暗黙の型変換が存在する．たとえば整数型と実数型の変数同士の算術演算では整数型の変数が実数型に自動的に変換されてから演算が行われる．

変数間の代入の場合，たとえば実数型変数の値を整数型変数へ代入した場合は，実数変数の小数部が切り捨てられて(四捨五入でない)，整数型変数へ代入される．このような暗黙の型変換に関する細かなルールについては，C言語の解説書を参照してほしい．Cでは，この暗黙の型変換に加えて，明示的に型変換を行うことができる．C言語ではこれを「キャスト」と呼ぶが，変数の型名(`int`，`float`など)を丸括弧でくくったものを変数の前に書くことにより，強制的に型変換することができる．下の例は整数型変数`a`を実数型にキャストして変数`b`に代入している．

```
int a;
float b;
b = (float) a;
```

暗黙の型変換は便利な機能ではあるが，うっかり実数型変数を整数型変数に代入したために，勝手に小数点以下が切り捨てられてしまうといったトラブルも起こりうる．プログラムの読みやすさ，安定性，移植性を考えると，明示的に型変換するほうがよい．

FORTRANでは，Cと同じように暗黙の型変換があり，型変換にともなうルールもほぼ同じである．また，明示的に型変換を行うことも可能で，それには型変換関数(`REAL`，`DBLE`，`CMPLX`)を用いる．

BASICでは，型の違う変数間で演算を行った場合や，型の違う変数に代入を行った場合の型変換は，すべて自動的に行われる．この機能は非常に便利なものであるが，この機能のためBASICのユーザーは「変数の型」に関しての注意が不足しているように思う．C言語のプログラミング経験が少ないBASICユーザーは，この変数の型につねに注意を払う習慣をつけるべきである．

4. 文字変数と文字列

C言語では文字と文字列は明確に区別されており，文字列は文字型変数の配列によって実現する．また，文字列定数は，ダブルクォート「"」でくくって宣言するが，ここで注意すべきことは，文字列の最後には必ず文字列の終わりを示す記号として，nullバイト「\0」が置かれることである．つまり，文字列「abc」は，合計4バイトの記憶容量が必要になる．これに対し，文字は，シングルクォート「'」でくくって表し，たとえば，'A'，'a'のように書く．つまり，Cでは，"a"と'a'は全く別のものであり，前者は文字数が1文字で全体として2バイトの文字列であるのに対し，後者は文字そのもので1バイトの大きさである．

FORTRANでは，Cとは逆に「文字」が長さ1文字の「文字列」として定義されている．そして文字列の長さは，変数の宣言時に同時に宣言する．

たとえば，

```
CHARACTOR  A*20, B*25
```

は，A,Bがそれぞれ最大20，25文字の文字列であることを宣言している．長さ1文字の文字列である「文字」を宣言するときは，「*1」は省略可能である．

BASICの文字型変数には，文字と文字列の区別はない．したがって，文字型変数A$には，文字と文字列のどちらでも代入することが可能である．また，文字列の長さも自由で，プログラムの実行中に任意に変更してよい．

5. 配列

C言語の文字列が文字型変数の配列であることを述べたので，次に配列の記述方法について述べる．各言語における配列の宣言方法と添字に関する規則ならびに配列の各要素へのアクセス方法をまとめて**表2**に示す．

Cでは，配列の宣言は変数の型宣言と同時に行い，宣言文で書く数字は配列要素の数である．添字は必ず0から始まるので，char a[10];と宣言した場合は，a[0] ～ a[9]までが

表2 配列の宣言方法

		C	FORTRAN	BASIC
配列の宣言	整数型	int a[10];	INTEGER A(1:10)	DIM A(10)
	実数	float a[10];	REAL A(1:10)	DIM A(10)
	文字列型	char a[10];	CHARACTOR A(1:10)	DIM A$(10)
多次元配列		int a[10][10];	INTEGER A(1:10,1:10)	DIM A(10,10)
添字		0から始まる	任意	0から始まるただし1から始まるように変更可能
アクセス法		a[0] ～ a[9]など	A(1)～A(10)など	A(1)～A(10)など

使用できる．また，文字列配列を宣言する場合に注意すべきことは，Cの文字列の最後には文字列の終了を表すnull文字'\0'が入っている点である．"abc"を代入できるような文字配列を宣言する場合は，char a[3]ではなく4文字分の容量をもつ，char a[4]としなければならない．

FORTRANは，添字を任意に選ぶことができ，INTEGER A(-1:1)とすると，A(-1)，A(0),A(1)の三つの要素が宣言できる．なおA(1:10)と添字の下限が1の場合は，省略してA(10)と書くことができる．また，配列を宣言するためだけに用意されたDIMENSION文もある．これを用いる場合は，変数の型宣言文にその名前だけを書き，DIMENSION文を用いてそれが配列であることを宣言する．

```
REAL A
DIMENSION A(0:10)
```

BASICでは，配列の宣言文で書く数字は，要素の数ではなく添字の最大値である．この点がCと異なる．BASICでも標準では添字は0から始まるので，DIM A(10)と書くとA(0) ～A(10)の11個の要素を宣言したことになる．ただし，OPTION BASEという命令を使用すると，添字の最小値を1にすることも可能である．その時は，DIM A(10)は，A(1) ～A(10)の10個の要素が宣言される．

以上のように，配列の取り扱い方は各言語間で微妙に異なるので注意が必要である．

6. 変数の有効範囲

変数の有効範囲とは，宣言した変数が参照，変更可能なプログラム中の範囲のことである．C言語には，FORTRANと同様に変数の有効範囲が存在する．C言語では，変数の有効範囲は，原則としてその変数が定義された中カッコ{}の中と決められている．変数の有効範囲を示すためのプログラム例を**表3**に示す．

表3　変数の有効範囲－局所変数の例

プログラム	1 main()
	2 {
	3 int i;
	4 i = 1;
	5 printf("i = %d\n" , i);
	6 {
	7 int i;
	8 i = 2;
	9 printf("i (second) = %d\n" , i);
	10 }
	11 printf("i = %d\n" , i);
	12 }

実行結果	i = 1 i (second) = 2 i = 1

プログラムの3行目で定義された変数iと7行目の変数iは別のものであり，7行目で定義された変数iは7行目から9行目の間でのみ有効で，11行目になると消滅する．実行結果も，このことを示している．5行目と11行目で変数iの値を出力した場合は，4行目の定義通り1が出力されているが，9行目での出力は，8行目で代入された2が出力されている．

3行目で定義された変数iは，本来は2行目から12行目までの全領域で有効である．しかしこの例では，7行目で同じ名前の変数iが定義されているので，6行目から10行目の間では新たに宣言された変数に置き換えられている．もし7行目の変数名が"i"でなければ，6行目から10行目までの領域でも参照可能である．

先に述べたようにC言語の関数も中カッコで囲んで定義するので，「変数の有効範囲は，その変数が定義された中カッコ{}の中」という原則に基づくと，ある関数の中で定義された変数は，その関数の中のみで有効で，その関数の外側では消滅することになる．これを示すプログラムを**表4**に示す．

この例のようにmain()内の変数iは1が代入されているのに対し，関数a()内の変数iには10を代入している，この二つの変数iは同じ名前だが，まったく別のものとして扱われる．このような変数を「局所変数」と呼ぶ．

FORTRANにおいても，別々の関数やサブルーチンで宣言された変数はやはり局所変数で，その内部のみで有効である．これに対し，BASICでは，一度宣言もしくは使用した変数は，プログラム全域にわたって有効で，メインルーチンならびにサブルーチンの区別なくどこででも参照や代入が可能である．つまりBASICには「局所変数」や「変数の有効範囲」という概念がない(新しいBASIC処理系では局所変数を扱えるものも存在するが，それらにつ

表4 変数の有効範囲－関数間での変数の有効範囲

<table>
<tr><td>プログラム</td><td><pre>main()
{
      int i = 1;
      printf("function main -> %d\n" , i);
      a();
      printf("function main -> %d\n" , i);
}
a()
{
      int i = 10;
      printf("function a -> %d\n" , i);
}</pre></td></tr>
<tr><td>実行結果</td><td><pre>function main -> 1
function a -> 10
function main -> 1</pre></td></tr>
</table>

いては各処理系のマニュアルを参照してほしい）．この部分は，BASICなどで書かれたプログラムをCに移植する場合にもっとも注意を要する部分である．

Cのプログラムでも外部変数を用いることにより，BASICの変数のようにプログラム中の任意の場所で参照，変更できる変数（広域変数）を宣言できる．外部変数を宣言するには，変数をすべての関数の外側で宣言すればよい．この例を**表5**に示す．

この例では，変数`i`は関数`main()`，`a()`の外で宣言されている．このようにすべての関数の外側で宣言された変数は，どの関数内でもアクセス可能になる．たしかに`a()`の中で書

表5 変数の有効範囲－外部変数の例

<table>
<tr><td>プログラム</td><td><pre>int i;

main()
{
      i = 1;
      printf("main -> %d\n" , i);
      a();
      printf("main -> %d\n" , i);
}
a()
{
      printf("a -> %d\n" , i);
      i = 2;
}</pre></td></tr>
<tr><td>実行結果</td><td><pre>main -> 1
a -> 1
main -> 2</pre></td></tr>
</table>

き換えた値が，main()においてもそのまま参照されている．

このようにC言語では，外部変数を使えばBASICと同じように広域変数を宣言できる．しかし，広域変数を用いるのは必要最小限にとどめるべきである．BASICのプログラムでは，別のサブルーチンやプログラムの始めのほうと終わりのほうで，偶然同じ名前の変数を別の目的で使用してしまい，プログラムが思ったように動かないと悩まされることがある．このように，広域変数をむやみに使用すると各関数の独立性が失われ，それぞれの関数の汎用性を損ねるのみならず，思わぬところで変数の値が書き換えられてしまい，プログラムが思ったとおりに動作しなくなる恐れがある．

7. 関数(サブルーチン)間のデータの受け渡し

変数の有効範囲と関連して，関数へのデータの渡し方の違いを述べる．

C言語では，外部変数を用いないかぎり各々の変数はその関数内でのみ有効なので，メインルーチンからサブルーチンへ値を渡すには，引き数を用いなければならない．これはFORTRANでも同じだが，この引き数の渡し方が，CとFOTRANとでは異なる．

C言語では，関数へのデータの渡し方はCall by Value(値を渡す方式)で渡されるのに対し，FORTRANでは，Call by Reference(変数のアドレスを渡す方式)で渡される．たとえばCでは，変数iを別の関数へ引き数として渡したとしても，変数そのものが渡されるのではなく，変数iの値がコピーされ，それが関数に渡される．しかしFORTRANでは，変数Iのアドレスが渡されるため，変数Iそのものが渡されたことになる．この両者の違いを示すプログラム例を**表6**に示す．

実行結果が示すように，Cのプログラムでは変数iの値(この場合は1)がコピーされて関数a()に渡っているので，いくら関数a()で引き数の値を書き換えてもmain()の中の変数iにはまったく影響がない．ところが，FORTRANでは変数Iそのものがサブルーチン A()に渡っているので，サブルーチン内で変数の値を書き換えると，MAINの変数Iも書き換えられる．

今度は引き数をサブルーチンからメインルーチンへ値を戻すために使う場合を考える．Cのプログラムにおける引き数はたんなる値のコピーなので，サブルーチン内部でいくら値を書き換えてもメインルーチンの変数には何の影響も及ぼさない．つまりCのプログラムでは，親関数に数値を返す目的で引き数を使うことができない．これを示すためにあえて失敗する例を**表7**に示す．

表6　データの受け渡し方法の比較- Call by value と Call by reference

<table>
<tr><th></th><th>C</th><th>FORTRAN</th></tr>
<tr><td>プログラム</td><td><pre>main()
{
    int i = 1;

    printf("main -> %d\n" , i);
    a(i);
    printf("main -> %d\n" , i);
}

a(x)
int x;
{
    printf("a -> %d\n" , x);
    x = 2;
}</pre></td><td><pre>PROGRAM MAIN
INTEGER I

I = 1

WRITE(*,*) I
CALL A(I)
WRITE(*,*) I

END

SUBROUTINE A(X)
WRITE(*,*) X
X = 2
END</pre></td></tr>
<tr><td>実行結果</td><td><pre>main -> 1
a -> 1
main -> 1</pre></td><td><pre>1
1
2</pre></td></tr>
</table>

表7　関数の戻り値の受け渡し（失敗する例）

<table>
<tr><td>プログラム</td><td><pre>main()
{
    int x = 1;
    int y = 2;
    int add=0;
    int sub=0;

    AddandSub(x, y, add, sub);
    printf("x+y = %d, x-y = %d\n" , add, sub);
}

add(x, y, add, sub)
int x, y, add, sub;
{
    add = x + y;
    sub = x - y;
}</pre></td></tr>
<tr><td>実行結果</td><td><pre>x+y=0,x-y=0</pre></td></tr>
</table>

関数AddandSub()は，引き数xとyの値の和と差をそれぞれaddとsubに入れて返すようにプログラミングしている．しかし意図したとおりには動作せず，関数main()には計算結果が返っていない．つまり引き数addとsubを使ってAddandSub()の計算結果をmain()に返すことはできない．

この問題を解決するため，Cのプログラムでは関数を呼ぶ際に変数そのものを引き数とし

表8　関数の戻り値の受け渡し（ポインタの使用例）

<table>
<tr><td>アドレス</td><td>

```
1  main()
2  {
3    int x = 1;
4    int y = 2;
5    int add=0;
6    int sub=0;
7
8    AddandSub( x, y, &add, &sub);
9    printf( “x+y = %d, x-y = %d¥n” , add, sub );
10 }
11
12 addandSub(x, y, addp, subp)
13 int x, y;
14 int *addp;
15 int *subp;
16 {
17   *addp = x + y;
18   *subp = x - y;
19 }
```

</td></tr>
<tr><td>実行結果</td><td>x+y = 3, x-y = -1</td></tr>
</table>

て渡すのではなく，変数のアドレス（これをCではポインタと呼ぶ）を渡すことにより実質的にCall by referenceを実現する．こうすれば親関数の変数を子関数が書き換えることができるようになる．先のプログラムを書き直した例を**表8**に示す．

8行目の関数呼び出しで，`AddandSub(x,  y,  add,  sub)`ではなく`AddandSub(x, y,&add,  &sub)`となっている点がミソである．`&add`は変数`add`そのものではなく，変数`add`のアドレスである．`&add`を引き数とすることで`add`が存在するメモリ上のアドレスを関数`AddandSub()`にわたしている．関数`AddandSub()`では，14行目において引き数を`int*addp`と宣言している．"`int *`"は変数`addp`が整数型変数のポインタ（つまりアドレス）であることを宣言している．また17，18行目では，"`*addp`"，"`*subp`"という表現が使われているが，これは`addp`番地の内容そのものにアクセスする記号である．つまり17行目では`addp`番地のメモリに直接`x+y`の結果である3を書き込んでいる．`main()`の変数`add`が存在するアドレスの内容が，関数`AddandSub()`によって直接書き換えられたことになるので，9行目で変数`add`を表示してみると3になっているわけである．

この例のように，Cではポインタを用いてメモリの内容を直接読み出したり書き換えることができる．ポインタは，ハードウェアを直接制御するような低水準な処理をC言語で記述できるようにするための強力な機能の一つである．ポインタに関する詳しい説明はC言語の解説書を参照していただきたい．

なお，C言語でも配列(変数の型によらず配列ならなんでも)を受け渡しする場合は，配列が存在するメモリの先頭アドレスが関数に渡される．つまり配列の場合は，Call by referenceで引き数の受け渡しが行われる．

8. 算術演算子

C言語においても，FORTRANやBASICと同じような算術演算子が用意されている．四則演算に関しては，C，FORTRAN，BASICすべてにおいて同じ記号を使用する．四則演算以外の演算子については，それぞれの言語で若干の違いがある．それぞれの言語で定義されている演算子を**表9**にまとめて示す．

C言語にはべき乗に対する演算子は定義されておらず，関数`pow()`を用いて実現する．FORTRAN，BASICではともに専用の演算子が用意されている．C言語に特有な演算子として，インクリメント演算子とデクリメント演算子がある．これらはそれぞれ変数に1を加えたり，減じるもので，

```
a++, ++a
--a, --a
```

と表記する．

この演算子で注意を要するのは，`++`，`--`が単体ではなく，代入文や計算式中に現れた場合である．このときは，`++a`，`--a`と`a++`，`a--`では意味が異なる．変数の前に`++`もしくは`--`が置かれた場合は，変数の値が評価される前にプラス1，マイナス1が行われるのに対し，変数の後ろに置かれた場合は，変数の値が評価された後に，プラス1，マイナス1が行われる．

表9 算術演算子の比較

	C	FORTRAN	BASIC
和	+	+	+
差	−	−	-
積	*	*	*
除	/	/	/
剰余	%	関数MOD	MOD
符号反転	−	−	-
べき乗	関数pow()	**	^
インクリメント演算子	++	定義なし	定義なし
デクリメント演算子	−−	定義なし	定義なし

つまり，

```
int a, b, x;
x = 1;
a = ++x;
b = x;
```

の場合は，先にxの値がプラス1されてから値の評価（代入）が行われるので，aには2が代入されるのに対し，

```
int a, b, x;
x = 1;
a = x++;
b = x;
```

の場合は，プラス1の前に代入が行われるので，aには1が代入される．なお，bに代入されるのは，いずれの場合も2である．

Cのプログラムでは，ある変数に演算を施しそれを同じ変数に代入する場合は，簡略化した書き方が許されている．例をあげると，

```
a = a + 2;
```

は，

```
a += 2;
```

と記述できる．これらの書式は，四則演算子ならびに剰余演算子で使用できる．

9.　関係演算子

条件判断文などで用いられる関係演算子も，C言語では他の言語と同じように用意されている．各言語の関係演算子を**表10**にまとめた．

C言語では代入演算子とイコール演算子は，それぞれ"=", "=="と区別されている．BASICでは同じ記号"="を使うので，うっかりまちがえないよう注意しなければならない．たとえば，変数iの値が1ならば文1を実行したいというプログラムを書く場合に，BASICに慣れている人がうっかり

```
if ( i = 1 )
      文1
```

と書いてしまうと，これはiと1を比較しているのではなく，iに1を代入している．Cの代

表10
関係演算子の比較

	C	FORTRAN	BASIC
A<B	A<B	A.LT.B	A<B
A≦B	A<=B	A.LE.B	A<=B または A=<B
A=B	A==B	A.EQ.B	A=B
A≠B	A!=B	A.NE.B	A<>B または A><B
A>B	A>B	A.GT.B	A>B
A≧B	A>=B	A.GE.B	A>=B または A=>B

入文では代入した値がそのまま式の値として評価される．またC言語では式の値が0のとき「偽」，0以外のとき「真」と定義されているので，この例のように代入した値が0以外の場合は，この条件判断文は常に成功して文1が実行されてしまう（逆に条件式がi＝0だと，この条件判断文は常に失敗する）．

さらにこのプログラムが問題なのは，これが文法的には何ら問題がない点である．プログラムの内容はプログラマが意図したものではないが，文法的には正しいのでCコンパイラもエラーを出さずそのまま実行されてしまう．このようなプログラムミスは発見するのが非常に難しい．Cのプログラミングに慣れていないプログラマは，十分注意すべきである．

また，C言語では，A≦B, A≧Bを判定する大小の比較演算子として定義されているのは，"<=", ">="だけである．"=>", "=<"は使用できない．一方，BASICでは，"<=","=<", ">=", "=>"のいずれもが使用できる．

10. 論理演算子

条件判断文などで二つ以上の条件を複合して判断するために用いられる論理演算子を**表11**にまとめた．

否定，論理積，論理和はどの言語でも定義されているが，C言語では，排他的論理和，論理等価，論理非等価，包含は定義されていないので，否定，論理積，論理和を組み合わせて実現しなければならない．

表11
論理演算子の比較

	C	FORTRAN	BASIC
否定	!	.NOT.	NOT
論理積	&&	.AND.	AND
論理和	||	.OR.	OR
排他的論理和	定義なし	.NEQV.	XOR
論理等価	定義なし	.EQV.	EQV
包含	定義なし	定義なし	IMP

11.　ビット操作演算子

ビット操作を行うための演算子を**表12**に示す．ビット操作は特定のビットのマスクや，特定のビットパターンを混合するために必須の機能であり，計測機器などのハードウェアの制御には欠かせないものである．

C言語では，ビット操作演算子と先に示した論理演算子は異なる記号を用いる．ビット操作を行うための論理積ANDは，"&"であり，論理演算を行うための論理積ANDは，"&&"である．この両者についても先ほどの"="と"=="と同じように，まちがえて使用してもCのプログラムとしては文法上問題がなく，そのままコンパイルされてしまうことが多い．注意が必要である．

FORTRANにはビット操作を行う演算子は定義されていない．BASICでは，ビット操作演算子は定義されているが，論理演算子と同じ記号を用いる．

	C	FORTRAN	BASIC
論理積	&	定義なし	AND
論理和	¦	定義なし	OR
1の補数	~	定義なし	NOT
排他的論理和	^	定義なし	XOR
包含	定義なし	定義なし	IMP
同値	定義なし	定義なし	EQV

表12
ビット操作演算子の比較

12.　制御構造

12.1　ループ処理

C言語では，ループ処理を実現するための制御命令が四つあり，プログラムの構造によってそれらを使い分ける．**表13**に各言語で定義されているループ処理用の制御命令をまとめて示す．

C言語の`while`文，`do-while`文に対応する制御構造はFORTRANでは定義されていない．BASICでこれに対応するのは，`WHILE-WEND`文である．

C	FORTRAN	BASIC
While do - while		WHILE - WEND
for	DO	FOR - TO - NEXT
goto	GOTO	GOTO

表13　ループ処理用の制御命令

while文の書式と制御構造を**表14**に示す．while文では，まず式1が評価され，結果が真であれば処理1が実行される．処理1の実行後は再度式1が評価されこれが繰り返し行われる．式1が偽になった場合は，while文の次の処理2へ実行が移る．ループ内の処理が複数行にわたる場合は，それらを中カッコでくくって複文にすればよい．

たとえば，

```
while( 式1)
{
  処理1;
  処理2;
  処理3;
}
```

と書く．

表14　while文の書式とプログラムの流れ

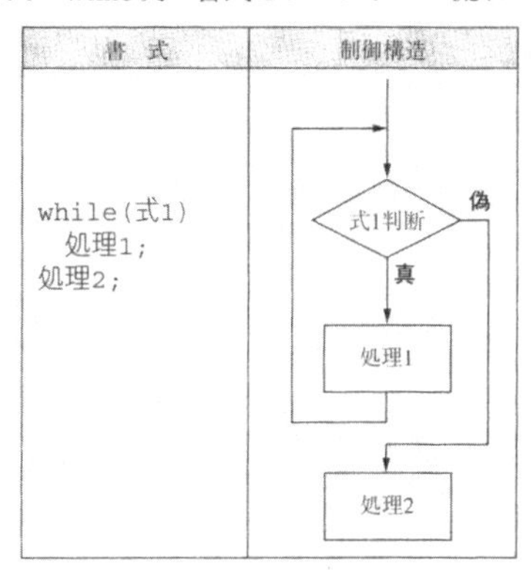

while文で注意すべきことは，最初に式1が評価される点である．もし最初に式1を評価したときこれが偽であれば，処理1は1回も実行されない．

Cのプログラムでは，while文を用いた処理のうち，FORTRAN，BASICでは見慣れない書き方をすることがある．

たとえば，

```
while(1)
{
  処理1;
}
```

は，式1の所に数値の1だけが書かれている．C言語では，先に述べたように式の値が0なら偽，それ以外なら真と定義されているので，この論理式は常に真となる．したがって，このプログラムは，処理1を繰り返し実行する無限ループとなる．このようにCのプログラムでは無限ループを書くのに，while文や後述のfor文を使うことが多い．一方，FORTRAN,BASICでは通常，無限ループを表現するのにGOTO文が使用される．

C言語に特有のdo - while文の書式と制御構造を**表15**に示す．do-while文でも，式1が真の間，処理1が実行される．先述のwhile文との違いは，式1を評価するタイミングである．do-while文では，まず処理1が実行された後で式1が評価されるので，たとえば，

```
do {
```

表15　do-while文の書式とプログラムの流れ

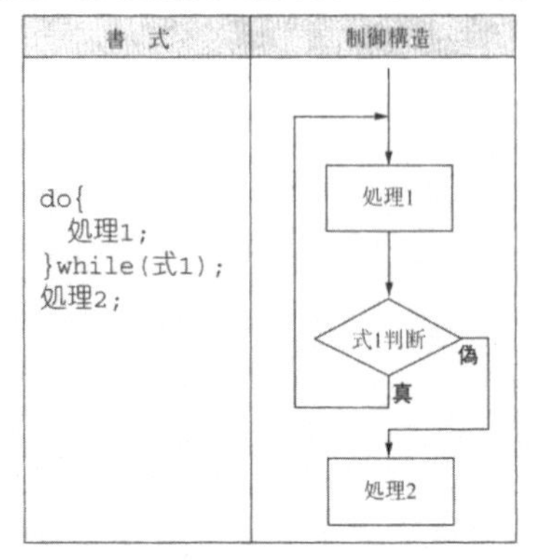

表16　for文の書式とプログラムの流れ

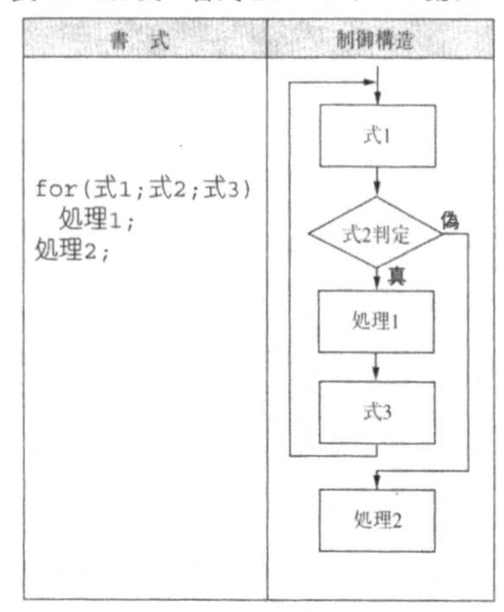


```
  処理1;
}while( 1 < 0 );
```

といった明らかに偽にしかならない論理式であっても必ず1回は処理1が実行される．

C言語のfor文はFORTRANのDO文やBASICのFOR - NEXT文とほぼ同じ形式なので，互いに変換が容易である．for文の書式と制御構造を**表16**に示す．

for文は，たとえば，

```
for( i = 0; i < 10; i++ )
{
    処理1 ;
}
```

のように使用する．この例ではまず式1に対応する部分が実行され，変数iに0が代入される．その後に式2が評価される．つまり変数iが10より小さいかどうかが評価される．評価の結果が真であると，処理1が実行され，その後式3が実行される（変数iの値が1増加）．その後再度式2の評価し，その結果に応じて，処理1を実行するかどうかが決まる．式2の評価が偽になれば，for文の次に処理が移る．もし最初式1を実行した後，式2を評価したときにその評価が偽であった場合は，処理1は一度も実行されずに次の文に処理が移る．このプログラムをそれぞれFORTRANとBASICに変換すると，次のようになる．

(FORTRANの場合)

```
 DO 10 I=0, 9, 1
 処理1
10 CONTINUE
```

(BASICの場合)

```
FOR I = 0 TO 9 STEP 1
処理1
NEXT
```

while文のところでもふれたが，for文を使っても無限ループを書くことができる．よく使われる表記は，

```
for(;;)
  処理1
```

で，Cのプログラムではこれでも無限ループになる．この例では，式1，2，3が入るところに何も書かれていないが，何も書かれていないということは0ではないから，論理式は常に真となり，無限ループになる．

12.2 条件判断

条件判断でもっともよく使われるのは，"if文"である．C言語でもif文は定義されている．これは，いずれの言語にも用意されていて，ほぼ同じように機能する．**表17**にそれぞれの言語で定義されているif文の表記法をまとめた．いずれの例も，変数iの値が1の場合は処理1を，2の場合に処理2を，そしてそれ以外の場合は処理3を行うプログラムである．

if文に似たものとして，それぞれの言語には，変数の値に応じて処理をいくつかに分岐させる命令が用意されている．C言語では，switch文が定義されている．このswitch文は，FORTRANのGOTO文やBASICのON～GOTO文に対応する．これらを**表18**に比較して示す．いずれの場合も整数型変数iの値によって，処理1，処理2，処理3と分岐する．これらを用いると，**表17**のようにIF～ELSE IFが何重にも重なってしまうのを省略できる．

Cのswitch文で注意しなければならないのは，処理1，2，3の後ろに"break"が入っていることである．"break"は，「これが書かれているもっとも内側の中カッコを抜け出す命令」である．**表18**の例では，もしどこにも"break"がないと，i=1の時に処理1を実行した後プ

表17　条件判断文1－if文の比較

C	FORTRAN	BASIC

if (i == 0)
　　処理1;
else if(i == 1)
　　処理2;
else
　　処理3;
	IF I .EQ. 0 THEN
	　　処理1;
	ELSE IF I .EQ. 1 THEN
	　　処理2;
	ELSE
	　　処理3;
	END IF
		IF I = 0 THEN 処理1 ELSE IF I = 1 THEN 処理2 ELSE 処理3

表18 条件判断文2－switch文とその比較

C	FORTRAN	BASIC
witch(i) {	GO TO (10,20) I	
case 1:	10 処理1	
処理1;	20 処理2	
break;	30 処理3	ON I GOTO 100, 200
case 2:		100 処理1
処理2;	または,	200 処理2
break;		300 処理3
case 3:	GO TO I (10,20)	
処理3;	10 処理1	
break;	20 処理2	
}	30 処理3	

ログラムの上から下へ処理2，3が順次実行される．i=1のときは処理1だけを実行し，処理2，3を実行してはならない場合は，必ず処理1の後ろに"break"が必要となる．

Cに慣れた人が書くプログラムには簡略された表現が使われることが多い，たとえば変数iが0かどうかによってプログラム処理を分けるような場合，たとえばBASICでは，

```
IF I = 0 THEN 文1 ELSE 文2
```

と書くところをCのプログラムでは，

```
if( i )
    文2
else
    文1
```

と書くことができる．C言語ではわざわざ関係演算子や論理演算子を用いて，

```
if( i == 0 )
    文1
else
    文2
```

と書かなくとも，式を評価した値が0なら偽，0以外なら真とされるので，変数iに0が入っていると，if文は偽になり文1が実行され，それ以外だと文2が実行される（文1と文2の位置が逆転していることに注意）．このようにCでは変数や式の値が0かどうかを確かめるだけなら，関係演算子は必要ない．Cの初心者はこのような簡略した表記に慣れる必要がある．

12.3 無条件ジャンプ命令

C言語でも，ほかの言語と同様に無条件ジャンプ命令が定義されており，goto文を用いて記述する．それぞれの言語のgoto文の表記法を**表19**にまとめて示す．いずれの場合も処理1をスキップして処理2が実行される．C言語のgoto文では，プログラム中で定義したラベ

表19　無条件ジャンプ命令

C	FORTRAN	BASIC
goto abc; 　処理1; abc: 処理2;	GO TO 100 　処理1 100 処理2	10 GOTO 100 20 処理1 100 処理2 または 10 GOTO *A 20 処理1 100 *A 110 処理2

ル名を書くことにより，その部分に処理を移す．FORTRANのGOTO文では行番号を，またBASICでは行番号もしくはラベルを書く．Cのラベル名は，文字数の制限はないが最初の8文字までが有効で，それ以降は解釈されない．

goto文のように任意の場所へジャンプするわけではないが,やはり強制的に処理の流れを変更する命令としてC言語にはbreak文とcontinue文が定義されている．これらはC言語特有の命令であり，FORTRAN，BASICには該当する命令はない．

breakは，先にも述べたように「今行っている処理を中断して，breakが書かれているもっとも内側の中カッコから抜け出す命令」である．例を次に示す．

```
while(1) {
    while(1) {
        printf( "A" );
        break;
    }
    printf( "B" );
}
```

これは無限ループが2重になったプログラムである．printfという関数を使用して，文字"A"を表示した後，break文により内側の無限ループから抜け出す．したがって，次に処理されるのは，文字"B"を画面に出力するという処理になる．このbreakは，たとえば，条件判断文と一緒に用いられて，ある条件になったらループから抜け出すなどの目的に使用されることが多い．簡単な例を次に示す．

```
i = 0;
while(1) {
    if( i > 10 )
        break;
```

表20　continue文による処理の流れの変化

	while	do-while	for

プログラム	while(式1) {
	　処理1;
	　continue;
	　処理2;
	}
		do {
		　処理1;
		　continue;
		　処理2;
		} while(式1);
			for(式1; 式2; 式3)
			{
			　処理1;
			　continue;
			　処理2;
			}

プログラムの流れ	式1評価 処理1 continue; 式1評価 処理1 ...	処理1 continue; 処理1 continue; 処理1 (この場合は無限ループになる)	式1 式2評価 (結果が真なら) 処理1 continue; 式3 式2評価 (結果が真なら) 処理1

```
        printf( "A" );
        i++;
    }
```

このプログラムでは，iの値を一つずつ増やしながら画面に"A"を表示させ，iが10より大きくなった時点で，無限ループ(while(1))を抜け出すプログラムである．このbreakは，do-while文，for文などのループ命令でも同様に使用される．

break文がループから抜け出すのに使われたのに対し，continue文は，「ループの先頭に制御を戻す」ために使用される．while文，do-while文，for文中にcontinue文が使用されたときの処理の流れを**表20**にまとめた．

continue文が実行されると，while文の場合は，それ以降の処理を中断し，論理式の評価を行う．do文の場合は，ループの先頭に処理が戻る．またfor文の場合は，式3の評価へ処理が移る．FORTRANには，CONTINUE文というものがある．これは実行時には「何もしない」文であり，C言語のcontinue文とはまったく機能の異なるものである．

13.　C++について

本書では，一部のプログラムをC++を用いて記述した．C++はCの機能を包含し，さらにオブジェクト指向プログラミングが可能なように設計された言語である．C++の詳細な機能の説明はC++の専門書にゆずるが，ここではC++を用いる利点を一つ述べよう．

科学計測データの処理においては，FFTなど複素数の演算を必要とすることが頻繁にある．

しかし，**表1**で示したように，C言語には複素数型が定義されていない．そこで通常は複素数の実数部と虚数部を別々に宣言し，各演算を関数の形で定義して処理する．ところがこれでは二つの複素数の足し算を行うだけでも，いちいち関数を呼び出さなければならず，プログラミングがめんどうであることに加え，作成したプログラムも読みづらい．

この問題に対し，C++のクラス定義機能とオペレータの再定義機能が役に立つ．C++では，プログラマが必要とするデータ構造をもった変数型を新たに宣言できる．これを「クラス」と呼ぶが，たとえば実数部と虚数部という二つの要素をもったクラスを複素数型として定義することが可能である．

これだけならCにおいても構造体というものを用いて実現できるが，C++では定義したクラスに対して，そのクラスに対する算術演算子までも定義できる．つまり「+」という演算子を考えてみると，複素数同士の足し算は，実数部は実数部同士，虚数部は虚数部同士で加算を行い，それを答えとしての複素数にするといった処理を行わなければならない．これは加算を2度行わないといけないので，たんなる実数同士の加算とは処理が異なる．C++では演算子を新たに再定義し，定義したクラスに応じた処理を実行することができる．しかも，プログラマが明示的に示さなくても，実数同士の「+」は，本来定義されていた通常の加算処理を実行し，複素数同士の「+」では，新たに再定義した処理が実行される．いつ実数用の加算処理を行い，いつ複素関数用の新しく定義した加算処理を実行すべきかは，データの型に応じてコンパイラが自動的に判断してくれる．本書では，第3章のFFTプログラムなどで，`complex`という複素数のデータ型を新たに定義し[注2]，complex型の変数同士の演算を＋や－といった通常の2項演算子で記述している．こうすることによって，プログラムの可読性が飛躍的に向上する．

ここで述べたC++の機能は一例にすぎないが，この複素演算のためだけにC++を使用するとしても十分に価値がある．

参考文献

1)　B. W. Kernighan, Dennis M. Ritchie 共著, 石田晴久訳, 『プログラミング言語C』, 共立出版, 1981
2)　小池慎一, 『Cによる科学技術計算』, CQ出版(株), 1994
3)　『N88-日本語BASIC (86)　Ver6.2　リファレンスマニュアル』, 日本電気(株)
4)　浦昭二, 『FORTRAN 77 入門』, 培風館, 1982
5)　B.ストラウストラップ著, 宇佐見徹訳, 『プログラミング言語C++』, ㈱トッパン, 1993

注2：実際の定義は，`complex.h`というファイルの中で行っている．このcomplex.hはほとんどのC++処理系で用意されている．

本書に登場する用語の説明

● 第１章 ●

● フーリエ変換分光法（Fourier transform spectroscopy）

分光法の一つで，光の干渉現象を利用する方法．被測定光を2光路に分割し，一方の光路長を時間的に変化させ，再び結合すると，干渉光強度は時間の関数の波形（インターフェログラム）となる．これは，含まれる光の波数に比例した周波数をもつコサイン波の合成形であり，フーリエ変換することにより，光のスペクトルが得られる．S/N比，エネルギ利用効率，波数精度などの点で，赤外領域において回折格子を用いた分光法より優れている．

● インピーダンス（Impedance）

抵抗値．入力インピーダンスが高いほど，他から電流を集めないのでいい回路（装置）であり，出力インピーダンスが低いほど，他へ電流を供給しても壊れないいい回路（装置）である．線形回路網の端子対電圧のラプラス変換$V(s)$に対する端子対電流のラプラス変換$I(s)$の比．

● 第２章 ●

● カオス（Chaos）

決定論的な方程式にしたがう系でも，周期性をもたずに一見不規則でランダムな挙動を示すことがある．このような状態をカオス状態と呼ぶ．このカオスについて，数学的に厳密な定義は与えられていないが，系のリヤプノフ指数が正であることがカオスの一つの条件であるとされる．

● 期待値（Expection value）

集合平均（アンサンブルアベレージ）．時間平均と対比的な意味．繰り返し確率現象を発生させて得られる平均値．E[・]で表す．相関関数も二つの確率変数の積の期待値である．

● 白色雑音（White noise）

パワースペクトルが連続スペクトルをもち，かつ周波数によらず一定である雑音．白色が光スペクトルで周波数によらず（ただし可視域で）一定であることから名付けられた．白色雑音は，その信号自身異なる時刻の間で自己相関がなく，同じ波形は二度と現れない．一方，スペクトルが連続ではあるが，山をもつ場合，その信号（雑音）はピンク雑音と呼ばれている．

● Heisenbergの不確定性原理（Uncertainty principle）

量子力学においては，位置と運動量など互いに正準共役関係にある二つの物理量が同時に確定し得ないという原理．不確定性原理は，時間とエネルギとの間にも成り立つ．

● フラクタル（Fractals）

フラクタル集合のこと．数学的には厳密な定義は存在しないが，非整数のハウスドルフ次元をもち，自己相似構造をもつ集合のこと．

● エルゴード性（Ergodicity）

定常確率過程において，時間平均による平均値と自己相関関数が，集合平均による平均値と自己相関関数に一致するものをエルゴード的という．したがって，定常エルゴード過程の場合のみ，時間平均と集合平均を等価に扱うことができる．

● 相関関数（Correlation function）

二つの定常な時間波形$x_1(t)$と$x_2(t)$において，異なる時点t_1，t_2での観測値の積の期待値をx_1とx_2の相関関数という．とくに，t_1とt_2の差$\tau\ (=t_1-t_2)$だけの関数として表現できる場合は，

$$R(\tau)=E[x_1(t)\,x_2(t+\tau)]$$

と表される．$x_1=x_2$の相関関数を自己相関関数（autocorrelation function），$x_1 \neq x_2$の相関関数を相互相関関数（cross-correlation function）という．

● マルコフ過程（Markov process）

時刻tに偶然量のとる値の分布が過去の任意の時刻にとった値だけに関係し，それ以前の履歴には影響されない確率過程のこと．

● パワースペクトル（Power spectrum）

定常確率過程の自己相関関数のフーリエ変換のこと．測定波形のスペクトル強度，すなわち周波数の強度分布のことで，スペクトルの2乗である．

● 熱雑音（Thermal noise）

抵抗や半導体などで，キャリアの熱運動による揺らぎにより素子の両端に現れる不規則な電圧差のこと．ジョンソン雑音ともいう．

● 量子雑音（Quantum noise）

光や電子の量子的性質により生じる雑音．真空管などにおけるショット雑音や光通信にお

ける光子数のゆらぎなど．通常は，極低温や光領域の周波数でなければ熱雑音に隠れて問題にならない．

● 第3章 ●

● フーリエ変換 (Fourier transform)

ある関数(あるいは測定波形) $x(t)$ に対し，次の操作を行うことを指す．フーリエ積分と同義．

$$X(\omega)=\int_{-\infty}^{\infty}x(t)\,\mathrm{e}^{-j\omega t}dt \qquad \cdots\cdots (1)$$

ω は角周波数であり，$X(\omega)$ はしばしばスペクトルと呼ばれる．また，$X(\omega)$ から $x(t)$ を求める操作は，フーリエ逆変換と呼ばれる．

● ウェーブレット変換 (Wavelet transform)

関数展開法の一つ．範囲が限られた一つの関数を親ウェーブレットとして固定し，これに平行移動と拡大，縮小を施した関数系を用いて，ある関数 $f(t)$ を展開する操作．

● ヒルベルト変換 (Hilbert transform)

区間（$-\infty$，∞）で定義された関数 $f(x)$ に対して，

$$F(y)=\frac{1}{\pi}p\int_{-\infty}^{\infty}\frac{1}{x-y}f(x)dx \quad (-\infty<y<\infty) \qquad \cdots\cdots (2)$$

（P はコーシーの主値をとることを意味する．）

で表される変換のこと．光学における屈折率と吸収率の関係（クラマース-クローニッヒの関係式）は，このヒルベルト変換の関係である．

● サンプリング定理 (Sampling theorem)

連続波形を横軸上の離散点に対する値で代表させる操作をサンプリング（標本化）と称し，サンプル値の系列が元の波形に含まれる情報をすべてもつようにサンプル間隔を規定する定理をサンプリング定理という．信号の周波数が WHz 以下に限定されている場合は，$1/(2W)$ の時間間隔でサンプリングすれば，元の信号の情報は失われない．

● 第4章 ●

● 最大エントロピー法 (MEM Maximum entropy method)

観測現象（波形）の周波数分布（スペクトル）を，現象のほんの一部分のデータだけから高精度，高分解で推定する方法．情報エントロピーを最大にする規範の下で，観測データだけでは求まらない長いラグの自己相関関数値まで推定することにより，スペクトルを求める．

● **自己回帰モデル（Autoregressive model）**

ある時刻におけるデータ値をそれより前の時刻のデータ値の係数和と白色雑音の線形結合で表すモデルをいう．太陽の活動周期と年気温変動との相関など，周期の長い自然現象の解析のほか，信号処理，音声処理，さらには経済の予測などにも用いられている．

● 第５章 ●

● **PLL（Phase locked loop）**

位相比較器，低域通過フィルタ，誤差信号増幅器，電圧制御発信器からなる負帰還回路．

● **z 変換（z-transform）**

周期 T の離散値で構成される関数 $g(t)$ に関して，

$$G(z) = \int_0^{\infty} z^{-(1/T)g(t)} dx \qquad \cdots\cdots (3)$$

で与えられる関数 $G(z)$ を，$g(t)$ の z 関数と呼ぶ．

● **ラプラス変換（Laplace transform）**

区間 $(0, \infty)$ で定義された関数 $f(t)$ に対して，

$$F(s) = \int_0^{\infty} f(t)\, e^{-st} dt \qquad \cdots\cdots (4)$$

で与えられる操作を行うことを指す．

● 第６章 ●

● **多変量解析（Multivariate analysis）**

観測値が複数の値からなるデータを統計的に扱う手法．因子分析，クラスタ分析，主成分分析などがある．

● **最小２乗法（Least-squares method）**

観測値とその理論モデルから導出される値との誤差の２乗和が最小になるように，理論モデルのパラメータを推定する方法．

● **正則化最小２乗法（Regularized least-squares method）**

数学的に悪条件（ill conditioned）なシステムで最小２乗法を使用するとき，システムの数学的条件をあらあかじめ改善しておき，最小２乗解が雑音の影響を受けにくくすること．

● 第７章 ●

● **ラマン散乱（Raman scattering）**

物質に光を入射させると，光は散乱するが，その中に，分子の振動を励起することによっ

て，ドップラーシフトによって散乱光の波長が変化した成分を含む．この現象をいう．非弾性散乱の一種．

● 第8章 ●

● コンボリューション（Convolution）

たたみ込み積分．二つの関数$x(t)$，$y(t)$に対して，

$$\int_{-\infty}^{\infty} x(\tau)y(t-\tau)d\tau$$

として定義される．一般に計測装置からの出力波形は，入力波形と装置関数とのコンボリューションとなる．

● デコンボリューション（Deconvolution）

De（否定，逆転）+ convolution（畳み込み積分）であるので，畳み込み積分を解く，という意味．実際には積分方程式，

$$x(t)=\int y(t')h(t-t')dt'$$

を，$x(t)$と$h(t)$を既知として，$y(t)$に関して解くことをいう．線形システムにおいては，$y(t)$は入力，$h(t)$はインパルスレスポンス，$x(t)$は出力と考えられる．

● インバースフィルタ，インバースフィルタリング（Inverse filter, Inverse filtering）

Inverse（逆）+ filterであるので，日本語では逆フィルタ，その意味は与えられたフィルタ関数に対してその逆関数であるということ．フーリエ変換とフーリエ逆変換を続けて行うと元の信号に戻るが，まさにこれと同じである．信号にあるフィルタ関数をかけ逆フィルタ関数をかける（インバースフィルタリング）と，元の信号に戻るようなフィルタをいう．一般に，$H(\omega)$というフィルタの逆フィルタは$1/H(\omega)$である．ただし，$H(\omega)=0$となる周波数ωでは逆フィルタは定義できない．この部分を近似的に補ったフィルタを疑似インバースフィルタという．

● 逆問題（Inverse problem）

これまでのように直接信号を測るだけでなく，超解像における信号回復，デコンボリューション，劣化像からの像再生のように，さらに積分方程式や微分方程式を解くことによって，より真値に近い，あるいはより品質の良い信号を再生・再構成する計測問題一般を指した言葉．もっと広義には物理，生物，化学，医学の多くの学問分野において，それぞれ「逆」をとることが望まれる場面があり，それらをも含めて総称する．

● **超解像（Superresolution）**

システムがもつ固有の遮断周波数，帯域を超えて外側のスペクトル成分まで回復し，信号再生，像再生する技術．一方，デコンボリューションや逆フィルタは，帯域内での信号回復を行うものである．

● **外挿（Extrapolation）**

失われた帯域外スペクトルを内側のスペクトルから求めること．超解像とほぼ同義．

● **NNLS法（Nonnegative Least-Squares）**

解の各要素が非負値をもつような拘束条件の下で行う最小二乗法．線形計画法の一種．

● 第9章 ●

● **主成分分析（Principal component analysis）**

多変量解析の手法の一種で，外的な基準のない標本データからそのデータの特性を示す主成分を取り出すこと．互いに関係をもつ多数の変量を関係のない少数の変量に要約することを目的としたもので，次元の減少法とも呼ばれる．観測データに線形変換を施すことにより，変換後の座標が互いに無相関で，かつ各座標の分散が大きい順に0になるまで座標を選ぶ操作を行う．

● **共分散行列（Covariance matrix）**

複数の変量について，それぞれの平均からの差の相関値をすべての組み合わせについて並べた行列をいう．対角要素は各変量の分散であり，変量が互いに無相関であれば非対角要素は0である．主成分分析などの多変量解析で用いられる．

● **最小エントロピー規範（Minimum entropy criterion）**

与えられた解の集合の中で情報エントロピーを最小にする解をもっともらしい解（最適解）として求める規範をいう．個々の波形のピークなどの特徴ができるだけ似通っていない，すなわち互いに特徴的な波形を抽出する働きがある．

● **固有ベクトル解析（Eigenvector analysis）**

正方行列 $|\boldsymbol{A}|$ について，

$$|\boldsymbol{A}|\ \boldsymbol{u} = \sigma\ \boldsymbol{u}$$

を満足するベクトル $\boldsymbol{u}$（$\neq 0$）を求める操作をいう．ただし，aは複素数である．$\boldsymbol{u}$ と σ は，それぞれ固有ベクトル，固有値と呼ばれる．多変量解析において，共分散行列から互いに無相関で分散が大きい順に0になるまで並べた座標系を求める過程で用いられる．

● 独立成分分析（Independent component analysis）

混合物の波形から成分波形を分離する手法の一つであり，成分波形が独立な確率過程として記述でき，混合物波形がそれらの線形結合で表されることを条件とする．脳のいくつかの活動部位から発せられる脳波，脳磁波が重畳して観測された時系列データから各成分の波形を分離抽出する目的に応用されている．

● モーメント（Moment）

確率変数xについてx^kの期待値をk次のモーメントという．平均は1次のモーメントであり，分散は2次のモーメントから平均の2乗を引いたものである．正規確率密度分布をもつ確率変数の3次以上のモーメントはすべて0である．

● 対角行列（Diagonal matrix）

非対角要素a_{ij} $(i \neq j)$がすべて0である正方行列$|\boldsymbol{A}|$をいう．行列を固有ベクトルで線形変換すると，固有値を要素とする対角行列が得られる．変量が互いに無相関であるときの共分散行列も対角行列となる．

索　引

［ア　行］

［カ　行］

［サ　行］

[タ　行]

[ナ　行]

[ハ　行]

[マ　行]

[ヤ　行]

[ラ　行]

[英　字]

[数　字]

科学計測のためのデータ処理入門 ［オンデマンド版］

2002年1月10日　初版発行
2014年8月 1日　第8版発行
2021年4月 1日　オンデマンド版発行

監修者　南　茂
編著者　河　田
発行人　小　澤　拓
発行所　CQ出版株式会
〒112-8619　東京都文京区千石4-29-
電話　編集　03-5395-21
販売　03-5395-21

乱丁・落丁本はご面倒でも小社宛てにお送りください．
送料小社負担にてお取り替えいたします．

ISBN978-4-7898-5278-4

印刷・製本　大日本印刷株式会
Printed in Japa